文化伟人代表作图释书系

An Illustrated Series of
Masterpieces of the Great
Minds

非凡的阅读

从影响每一代学人的知识名著开始

知识分子阅读，不仅是指其特有的阅读姿态和思考方式，更重要的还包括读物的选择。在众多当代出版物中，哪些读物的知识价值最具引领性，许多人都很难确切判定。

"文化伟人代表作图释书系"所选择的，正是对人类知识体系的构建有着重大影响的伟大人物的代表著作。这些著述不仅从各自不同的角度深刻影响着人类文明的发展进程，而且自面世之日起，便不断改变着我们对世界和自身的认知，不仅给了我们思考的勇气和力量，更让我们一次次实现了对自身的突破。

这些著述大都篇幅宏大，难以适应当代阅读的特有习惯。为此，对其中的一部分著述，我们在凝练编译的基础上，以插图的方式对书中的知识精要进行了必要补述，既突出了原著的伟大之处，又消除了更多人可能存在的阅读障碍。

我们相信，一切尖端的知识都能被轻松理解，一切深奥的思想都可以被真切领悟。

Elements of
Chemistry

马焕庆 / 译

化学基础论

〔法〕安托万-洛朗·拉瓦锡 / 著

重庆出版集团 重庆出版社

图书在版编目（CIP）数据

化学基础论 /（法）安托万-洛朗·拉瓦锡著；马焕庆译. —重庆：
重庆出版社，2023.5（2024.8重印）

ISBN 978-7-229-17615-0

Ⅰ.①化… Ⅱ.①安… ②马… Ⅲ.①化学 Ⅳ.①O6

中国国家版本馆CIP数据核字（2023）第078382号

化学基础论

HUAXUE JICHU LUN

〔法〕安托万-洛朗·拉瓦锡 著 马焕庆 译

策 划 人：刘太亨
责任编辑：刘 喆
特约编辑：张月瑶
责任校对：何建云
封面设计：日日新
版式设计：曲 丹

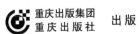 重庆出版集团
重庆出版社 出 版

重庆市南岸区南滨路162号1幢 邮编：400061 http://www.cqph.com

重庆三达广告印务装璜有限公司印刷
重庆出版集团图书发行有限公司发行
全国新华书店经销

开本：720mm×1000mm 1/16 印张：26 字数：360千
2023年7月第1版 2024年8月第2次印刷
ISBN 978-7-229-17615-0

定价：58.00元

如有印装质量问题，请向本集团图书发行有限公司调换：023-61520678

前　言

　　法文初版《化学基础论》（*Traité élémentaire de Chimié*），是自西方文艺复兴时期现代科学诞生以来，经过了足够长的历史检验的革命性科学经典。《化学基础论》是安托万–洛朗·拉瓦锡（Antoine-Laurent de Lavoisier, 1743—1794年）的代表作。

　　拉瓦锡是法国贵族，著名化学家、生物学家，现代化学的奠基人之一。他出生于巴黎，父亲是当地小有名气的律师。在父亲的意愿下，拉瓦锡在大学读的是法学专业，但由于他经常旁听鲁埃尔教授的化学课，因此对化学产生了浓厚的兴趣。当时作为拉瓦锡老师的盖塔尔看出了拉瓦锡在化学方面的天赋，就引导他研究地质学和矿物学。他们曾一同在法国东北部的孚日山考察当地的地质地貌。在考察期间，拉瓦锡表现出极大的工作热情，并且认识到了精确的测量对于科学的重要性。这为他日后的化学研究奠定了方法论基础。1768年，拉瓦锡凭借着优秀的成绩入选法国科学院，正式开始了他的化学家生涯。为了筹集更多资金进行化学研究，拉瓦锡曾参加"包税集团"并任税务官，除了向国王上缴税款，还可以从中牟利。不幸的是，1789年法国爆发大革命，拉瓦锡因其税务官的身份而获罪，被送上断头台。著名的法籍意大利裔数学家拉格朗日悲愤地说："他们可以眨眼间就把他的头砍下来，但像他那样的脑袋，即使再等一百年，也再长不出一个了！"

　　在拉瓦锡登上历史舞台之前，化学远远落后于物理学、数学和天文学。尽管那个时代的化学家们已经发现了大量独立的化学现象，但并没有一个适当的理论框架来统筹这些游离的零碎的信息。例如，当时人们普遍相信，"燃素说"即物质可以燃烧的原因在于它含有"燃素"。物质（比如木头）在燃烧过程中会释放出燃素，所以将变得更轻。拉瓦锡用事实猛烈地批判了"燃素说"，

□ 拉瓦锡在断头台上

　　拉瓦锡认为身为包税官，自己的工作合乎国家法律，不应当有罪，于是主动进入了监狱。1794年5月，拉瓦锡接受审讯时，有人为其辩护，指出他在化学方面的发现足以功过相抵，但审判长却答道："共和国不需要学者，只需要正义！"因此，拉瓦锡便被推上了断头台。

　　并与一些志同道合的化学家们合作制定出了化学物质命名规则，创立了化学物质分类新体系。此外，拉瓦锡还根据从化学实验所得的经验，收集了大量翔实的数据，用清晰的语言阐明了质量守恒定律及其在化学中的运用。这些工作，特别是他所提出的新观念、新理论、新思想，为现代化学的发展奠定了重要的基础，被后世尊称为"现代化学之父"。拉瓦锡之于化学，犹如牛顿之于物理学，因此可以说该书的出版是化学史上具有划时代意义的事件。

　　英文原版可能由于出版时间太仓促，存在几处错误，中文译文已经作了注释（以C表示）或修改。如第一篇的第十六章内"第4节 石灰、苦土、重晶石与黏土"一节的倒数第二段开头一句"与前三种物质相比"，此处的"前三种"

根据上下文推测应该是"前两种";如附录部分的附录7内"附表7.5.1各种液体比积表"一表,当乙醇(酒精)的体积为4份,水的体积为12份时,比重数据应为0.973 3,而根据相邻数据判断,原文的0.673 3应该是疏忽造成的错误。

原文中的"charcoal"一词既表示反应物"炭"又表示元素"碳",在翻译为中文时进行了区分,即当作反应物时表述为"炭",而为了符合现在的习惯将其在表示元素和反应产物等时表述为"碳",如碳酸或碳氢化合物等;尽管在作者生活的时代,现代化学中的各种元素尚未称之为元素,但为了表达得通俗易懂,在书中还是引入了这一术语。原文中的"caloric"一词,现在的意思是"热量",是一种能量,而非物质。但考虑到作者在当时所处的年代并不清楚"caloric"是什么,甚至认为它是一种物质,故在翻译时将其译成"热素"。鉴于本书原作者在体积与尺寸计量单位多采用法制单位,于是在翻译时保留原英文版中的法制单位"吩""时""呎",其对应的体积单位为"立方吩""立方时""立方呎"等,以及温度多表示为"列氏温度(华氏温度)",附录中有法制单位与英制单位的换算关系表。

本人在整个翻译过程中一直思考:为何一部作品能被称为经典?事实上,书中所讲述的化学知识对学习化学的人早已不再重要。而拉瓦锡先生在当时的社会环境中不盲从于他人、勇于变革,其坚持独立、客观的研究思维及严谨的态度才是我们学习和仿效的榜样。

本书是在罗伯特·科尔的英文版《化学基础论》(*Elements of Chemistry*)的基础上翻译而来,是经过反复推敲和交流之后的结果。译者内疚于不能像作家们那样用优雅的语言陈述作品,无法为读者带来阅读的快乐。但译者怀着的这一份激动的心情、一份向化学先辈致敬的态度贯穿了整个翻译过程。在参考以往翻译版本的基础上,译者对书中的很多基本术语概念都进行了仔细推敲,在此也向前几版的译者们表示衷心的感谢,也向在翻译过程中给予我们帮助的编辑表示感谢;作为18世纪中叶出版的著作,原文的很多表达都是模棱两可的,直接翻译出来难以理解,因此我在保留原文意思的前提下,翻译时尽量使用较新的、更便于读者理解的表达方式。相信较于之前的翻译版本，读者会发现，这个版本更易于阅读和理解一些。好吧！让我们一起仰望先贤，穿越历史，去体验最原始的科学发现所带来的兴奋吧！

由于译者水平有限，最终成书难免会有不妥之处，恳请读者批评指正。

马焕庆
2022年5月于天津

导读（多佛版）

《化学基础论——采用全新系统顺序并包含所有现代发现》（*The Elements of Chemistry*，*in a new systematic order*，*containing all the modern discoveries*）（爱丁堡，1790年）一书，是罗伯特·科尔（Robert Kerr，1755—1813年）对现代化学奠基人安托万–洛朗·拉瓦锡的法语经典原著 *Traité élémentaire de Chimie*，*présenté dans un ordre nouveau et d'après les découvertes modernes*（巴黎，1789年）的完整翻译。1789年3月，《化学基础论》原著首次在巴黎出版[1]，多佛版《化学基础论》是为1790—1791年大学开学准备的教材，于1790年11月在爱丁堡出版。多佛版《化学基础论》的英译本在爱丁堡出版是最合适不过的；因为拉瓦锡先生的著名化学导师——约瑟夫·布莱克（Joseph Black，1728—1799年），仍积极地在当时世界领先的化学学校爱丁堡大学担任化学教授，并为大班授课。布莱克宣布接受拉瓦锡所提出的革命性变革，这对他的同事和学生产生了深远的影响。当然，这还一定要归功于当时苏格兰最大的出版商威廉·克里奇（William Creech，1745—1815年）的倡议，其出版社发行了大量的文学和科学著作及多种语言的译本。

译者罗伯特·科尔在爱丁堡是一位颇有名望的人。他出生于1755年罗克斯堡郡的布赫特里奇，他的父亲詹姆斯·科尔（James Kerr）在1747—1754年间担任爱丁堡市议员，其父亲一脉与保皇党人罗伯特·安克鲁姆伯爵一世有亲属关

---

[1] 有人说第一版有两期，但这似乎并不准确。请参阅道格拉斯·麦凯（D. Mckie）的"拉瓦锡《化学基础论》预出版副本（1789年）"，出自于《医学索引》（*Ambix*），1961年，第9卷，第37—46页。

系；他的母亲伊丽莎白·科尔（Elizabeth Kerr）是罗伯特的孙女（罗伯特是第一任洛锡安侯爵，也是1688年"光荣革命"的支持者，并担任威廉三世国王的枢密院议员）。罗伯特·科尔是在爱丁堡接受的教育，先后在中学、大学学习医学，在1774—1775年、1775—1776年和1776—1777年期间参加了约瑟夫·布莱克的化学讲座。此后他成为爱丁堡孤儿医院的一名外科医生。罗伯特·科尔是一位极具学术天赋的人，他翻译的作品不仅包括拉瓦锡的经典化学论著，还包括：《关于（通过氯气）漂白的新方法的论著》（*Essay on the New Method of Bleaching, by means of chlorine*）[都柏林，1790年；第二版，爱丁堡，1791年，法国作家克劳德·贝托莱（C. L. Belthollet）的论文]；《哺乳动物王国》（*Animal Kingdom Mammalia*）[伦敦，1792年，林奈（Linnaeus）所著拉丁语版《自然系统》（*Systema Naturae*）的第一部分]；《卵生四足动物和蛇类的自然史》（*Natural History of Oviparous Quadrupeds and Serpents*）[爱丁堡，1802年，拉塞佩德（Lacépède）编撰的两卷法文版《自然史百科全书》（*Histoire Naturelle*），是对布冯（Buffon）遗著的补充]；《地球理论》（*Essay on the Theory of the Earth*）[爱丁堡，1813年、1815年、1817年、1822年和1825年又有四个法语版本，由杰出的矿物学家和爱丁堡大学自然史"钦定教授"罗伯特·詹姆森（Robert Jameson, 1774—1854年）作补充说明]。罗伯特·科尔编撰了《航行、旅行通史——从古至今、从海洋到陆地，航行、探险、商业起源及进展的完整历史》（*A General History and Collection of Voyages and Travels ⋯ Forming a Complete History of the Origin and Progress of Navigation, Discovery and Commerce, By Sea and Land, From the Earliest to the Present Time*）（爱丁堡，18卷，1811—1824年）系列的一部分；他为农业委员会撰写了《贝里克郡农业总览》（*General View of the Agriculture of the County of Berwick*）（伦敦，1809年和1813年）和《罗伯特一世（布鲁斯）统治时期的苏格兰史》（*History of Scotland during the reign of Robert* I, *surnamed the Bruce*）（爱丁堡，2卷，1811年）；他还编辑了印刷商、自然学家、古文物学家和《大英百科全书》第一任编辑威廉·斯梅利（William Smellie, 1740—1795年）的回忆录（爱丁堡，2卷，1811年）。1788年，罗伯特·科尔被选为爱丁堡皇家学会和苏格兰古文物学会的会员。他在出众的才华的指引下,选择投身于科学,尤其是化学。他在化学方面得到了当时杰出的教师约瑟夫·布莱克的指导,这些经历使他完全胜任翻译拉瓦锡的著作《化学基础论》这一差事。

安托万-洛朗·拉瓦锡于1743年8月26日(星期一)在巴黎出生。他的父亲让-安托万(Jean-Antoine)和祖父都是律师;但他已知的最早祖先是死于1620年的安托万·拉瓦锡,曾在巴黎东北约50英里的乡间小镇维勒-科特雷茨(Villers-Cotterets)担任王国的邮差;他的母亲埃米莉·蓬克蒂斯(Émilie Punctis),是巴黎议会中的辩护人克莱门特·蓬克蒂斯(Clément Punctis)的女儿。因此,他双亲的家庭都很富裕。拉瓦锡的母亲在他五岁时便去世了,他和小妹妹(生于1745年)以及父亲一起住在寡居的外祖母蓬克蒂斯夫人家里,由当时22岁的姨妈康斯坦斯·蓬克蒂斯(Constance Punctis)悉心照顾。拉瓦锡的妹妹于1760年早逝,年仅15岁。

1754—1760年,拉瓦锡在巴黎的马萨琳学院(他父亲的母校)接受教育,并开始接触科学。但为遵循家族传统,刚毕业离开学院后的他开始学习的是法律,并于1763年获得了学士学位,1764年获得了律师执业资格。然而在学习法律的那些年里,他一直保持着最初在学校时对科学的兴趣并进行了深入研究,他向让-艾蒂安·盖塔(Jean Étienne Guettard, 1715—1786年)学习地质学(盖塔是法国最杰出的地质学家,是地质调查和地质制图的先驱,也是蓬克蒂斯·拉瓦锡家的密友),他还参加了另一位院士纪尧姆·弗朗索瓦·鲁埃尔(Guidaume-Francois Rouelle, 1703—1770年)在皇家植物园举办的那场振奋人心的化学讲座。他还在尼古拉斯-路易斯·德·拉卡伊(Nicolas-Louis de Lacaille, 1713—1762年)的指导下学习天文学和数学,在伯纳德·德·朱西厄(Bernard de Jussieu, 1699—1777年)的指导下学习植物学。这两位都是院士。他还学习了解剖学,并对气象学也非常感兴趣,每天多次记录家中气压计的读数。这种兴趣后来促使他在法国其他地区和其他国家组织这种观测,目的是发现大气层的运动规律并制定预报天气的方法。

但拉瓦锡的主要研究方向还是化学，由于受到盖塔的影响，他也涉猎地质学和矿物学。他在皇家植物园学到的化学与三十年后他离世时已经截然不同；我们需要尽可能简短地了解一下这门科学在18世纪中叶时的情况，才能更好地理解他所带来的变革。

长期以来，化学理论继承的是古希腊哲学家的"四元素说"，根据这一理论，所有物质都是由土、空气、火和水这四种元素以无限多种不同的比例组合而成。每种元素都有两种性质：土是寒冷和干燥的，水是寒冷和潮湿的。根据这一纯推断理论，一种物质可以通过调整重量而转化为另一种物质；同样，通过适当调整每种和所有物质中普遍存在的四种元素的比例，任何一种物质都可以相互转化。物质是一个统一体，物质间可以相互转化。在拉瓦锡当时所处的年代，这一理论并未消亡，爱丁堡大学的布莱克就是以此来教导他的学生，说水可以转化为土。

17世纪，约翰·巴普蒂斯塔·范·赫尔蒙特（Johann Baptista van Helmont，1580—1644年）在其遗著全集《医学起源》（*Ortus medicinae*）（阿姆斯特丹，1648年）中提出了关于物质构成的另一种理论：除了空气以外，水是所有物质的最初来源。为了证明这一点，他用一棵小柳树做了著名的定量实验。这个实验共花费五年时间，他从中得出结论：这棵树之所以能够长大完全是由于他在这段漫长的时间里给它提供了水。他的理论有一个非常伟大的支持者，即艾萨克·牛顿（Isaac Newton，1643—1727年），牛顿接受了这一理论并在《自然哲学的数学原理》（1687年）中提到。然而，赫尔蒙特最重要的贡献是认识到所谓"气体"的物质性质。他用这个通用名称来指代那些以前被认为仅仅是精神和非物质的化学反应产物。他向化学家们解释说，自己曾在密封或密闭的容器中进行实验反应时，许多熟知的破坏性爆炸粉碎了其玻璃仪器；这是"一种野性精神"或"气体"的释放。他以一种简单的方式观察了不同来源气体之间的差异，但未能分离出任何气体以进行精确区分，而且有时将一种气体与另一种气体混淆。尽管如此，赫尔蒙特的关于气是物质的证明，推动了那个时代的化学的发展。

最近的理论是"燃素说"，它由约翰·约阿希姆·贝歇尔（Johann Joachim Becher，1635—1682年）创立，并由乔治·恩斯特·施塔尔（Georg Ernst Stahl，1660—1734年）补充扩展。该理论在某种程度上源自于存在火元素的古老信仰，一般适用于金属、矿物和可燃物质：假设所有可燃物体都包含一个共同的要素，即一种被命名为"燃素"的元素，在燃烧过程中，有时以火焰，有时还以光的形式释放出来。燃烧只能在有限的空气中进行，这是几代观察者早已熟知的事实。因此，他们解释说：有限的空气只能吸收物质燃烧后所释放出来的有限数量的"燃素"；对于相应的、众所周知的事实，即在有限

□ 乔治·恩斯特·施塔尔

乔治·恩斯特·施塔尔（Georg Ernst Stahl，1660—1734年），德国化学家、医学家。他是贝歇尔的学生，继承了他关于"燃素"的理论，并成为"燃素说"的集大成者。尽管"燃素说"后来被证实是错误的，但施塔尔的观点与现代化学理论却都认为：化学反应发生时，有某种东西从一种物质转变为了另一种物质。

的空气中呼吸停止，动物也同样失去了生命，也给出呼吸类似于燃烧并释放出"燃素"的解释；"燃素"在不同可燃物中的比例差异很大，在能熄灭火焰、不可燃物体中仅含有很少量的"燃素"或根本没有；另一方面，据观察，木炭、油、脂肪、酒、小麦、面粉在燃烧时要么完全消失，要么留下忽略不计的残留物，为此能得出这些物质一定或几乎全部由"燃素"组成的结论。

"燃素说"对金属的应用产生了重要的影响。很早以前人们就知道，当金属在空气中加热时，金属特性会消失，并变成称为"石灰"（calces，意思是灰烬）的粉末。早在提出"燃素说"前，同样众所周知的是，金属"石灰"在同木炭一起加热后重新转变为原金属，而且形状和光泽等所有金属特性也得到了

恢复。似乎"燃素"在"石灰"的恢复过程中重新形成了金属，而这些金属也和可燃物一样含有"燃素"这一相同成分，显然"燃素"从木炭转移到石灰，即从一种物质转移到了另一种物质。但是和闪电一样，"燃素"不能从物质中分离出来，不能放在瓶子里并贴上标签保存。然而在那个时代，化学家们满足于仅通过观察各种物质，就证实存在"燃素"，并应用该学说来解释物质的化学特性和一般化学变化。事实上，化学理论的确是在这一基础上开始系统化的。尽管"燃素说"被证明是错误的，但它给化学思想带来了巨大的变化，而这种变化却很少被强调；因为旧的"四元素说"或甚至其变种——帕拉塞尔斯（Paracelsus，1493—1541年）的"三元素说"——我们在这里没有篇幅作详细介绍。该学说只是一种关于物质基本化学组成理论，而"燃素说"不仅可以用来解释化学组成变化，甚至已经被用来系统解释迄今为止庞大无序、不断增加的化学反应和化学过程。尽管"燃素说"是错误的，但它仍然是第一个伟大且系统化的化学理论，它几乎为18世纪欧洲所有的著名化学家所接受，他们的姓名多得不胜枚举；而且，如果有一件事比其他事情更有益于科学家的话，那就是历史表明，他们从错误中吸取了教训。

尽管"燃素说"在那个时代取得了成功并被广泛接受，甚至在拉瓦锡将他那天才的综合能力用于重新考虑化学现象之前，它就已经缓慢地在不知不觉中失去威信了。早在一个世纪前，罗伯特·波义耳（Robert Boyle，1627—1691年）在《怀疑派化学家》（Sceptical Chymist，1661年）中就对"四元素说"和帕拉塞尔斯的"三元素说"进行了猛烈批判，指出了这两种理论都不符合化学的基本事实。一般的化学家都认为火可将所有物质分解成单质，但波义耳指出，无论是在平炉上还是在蒸馏器中，产物数量会因使用火的方式不同而有所不同。他举了一个显而易见的例子，木材在露天燃烧时会产生灰烬和烟尘，但在蒸馏器中烧制就会产生油、酒、醋、水和木炭；因此，根据加热方法的不同，同一种物质会产生两种或五种产物，要么比帕拉塞尔斯最近的"三元素说"少一种，要么比古希腊人的"四元素说"多一种。此外，如果使用一种由已知成分制成的物质，如肥皂由脂肪和碱制成，用火处理并不能再现这些成分，而是形成了两种完全不同的产物，波义耳尖锐地补充说，这些理论对制造肥皂来说毫无用处。他称，火并没有把物质分解成单质，正如化学实验所证明的那样，相反火却把物质成分粒子重新排列并形成截然不同的化合物。他敦促化学家们对所做过的许多实验予以重新考虑，进而设计出新的实验。为了解决什么是化学单质的问题，他拟订了一个全新的定义，该定义剔除了17世纪繁琐的措辞，将单质定义为"不能再分解成任何单质的物质"。一百多年后，拉瓦锡又重新使用了这个定义。然而在此期间，虽然波义耳对公认的化学要素理论进行了猛烈批判，但由于缺乏更好的理论，化学家们仍继续使用"四元素说"或"三元素说"，甚至两者都使用。而且这个问题也并没有引起他们的足够重视。他们在书中

□ 罗伯特·波义耳

罗伯特·波义耳（Robert Boyle，1627—1691年），英国物理学家、化学家。波义耳在其著作《怀疑派化学家》中驳斥了许多古老理论，包括亚里士多德的"四元素论"和帕拉塞尔斯的"三元素论"。他指出，它们根本就属于混合物质，没有理由相信这些元素就是构成宇宙的本质。波义耳关于元素的说法与现代元素的概念已非常接近，他也接受"原子论"观点，认为可以用它来解释化学吸引力。但是，波义耳未能对元素之间的化学反应进行量化工作，他甚至认为，各种微粒可能具有不同的形状和性质。

经常忽略了它，他们更关心的往往是描述物质的制备过程和特性。波义耳还坚称，"假设这本伟大的自然之书是用密码写成的，而密码只使用了四个字符，要进行破译就太过于简单了；化学要素的数量很可能既不是三个也不是四个，更可能是远多于这些。"

长期以来，空气被认为是一种毋庸置疑的元素。在对空气的研究上，波义耳开辟了一个新的研究方向，最终采用一种非常间接的方式对空气进行更紧密的化学研究。他使用罗伯特·胡克（Robert Hooke，1635—1703年）建造的气泵进行了关于燃烧和呼吸的实验，并在《物理机械新实验》（*New Experiments Physico-*

Mechanicall，1660年）中报告了这些实验，发现当气泵将接收瓶中的空气抽出时，依次放入各种正在燃烧的物质和小动物，火和生命都会快速地消失；虽然他知道，这两个过程在开放的环境中都会持续存在，但他认为可得出唯一结论，即空气以某种尚不为人知的方式支持火和生命。然而与他同时代的胡克对此研究得更深入，并在其著作《显微图谱》（*Micrographia*，1665年）中认为：由于某些含有硝石的可燃物混合在水中，就算在没有空气的情况下也会燃烧，因此普通的空气和硝石物质都含有某种支持燃烧的成分。波义耳和胡克都曾多次提到这个问题，在此不一一列举。1670年，波义耳在报给《英国皇家学会学报》的报告中指出，呼吸作用并未使空气减少，因为他将一只老鼠和一只鸟放在一个装有汞压力计的密封玻璃容器中，并未检测到压力降低；他在一些《短文》（*Tracts*，1674年）中指出，在一个玻璃容器中用点燃的油或酒精灯，燃烧同样未能使气体体积减少[1]。胡克在前一年，即1673年，曾在报给《英国皇家学会学报》的报告中提到过一个显示空气因燃烧而减少的实验，但他未能在学会面前重复这一实验。波义耳根据摆在他面前的实验数据便得出结论，普通空气中含有某种微量的"重要物质"，这些物质支持着火和生命存在。同时，约翰·梅奥（John Mayow，1641—1679年）在其《医学生理学研究》（*Tractatus Quinque Medico-Physici*，1674年）中改进了之前的实验技术，不是将燃烧的可燃物（如点燃的蜡烛）和小动物（小鼠）放在玻璃容器中并密封，而是放在水面上密封，以此表明空气因燃烧和呼吸而减少[2]。然而，他的结论似乎没有引起同时代科学家进一步研究这个问题的兴趣。关于多年以来的实验的讨论就到这里。但需要注意的是，这三位杰出的实验学家都得出相同的结论：空气中含有

---

〔1〕在波义耳所做的这些实验中（1670年和1674年），压力不会发生变化，我们现在已经知道，原因是氧气被转化为同等体积的二氧化碳。

〔2〕正如我们现在所知的，蜡烛的燃烧和小鼠呼吸产生的二氧化碳可溶解于水，从而导致空气体积减少，波义耳使用的实验技术无法揭示这一结果。

支持燃烧和呼吸的物质，对波义耳来说，尽管这种物质存在的比例很小[1]。但在17世纪该结论对金属燃烧研究并没有起到重要作用——（拉瓦锡在一个世纪后才最终解决空气成分的问题），尽管梅奥曾断言煅烧的金属从空气中吸收"含硝气颗粒"；虽然波义耳在著作《化学家的故事》（*Essays of Effluviums*，1673年）中通过一系列长期实验确立了一个重要的永久性实验结果，即金属在煅烧时重量增加，但他把这种重量的增加归因于被称作火的物质颗粒的加入，称这些粒子已经与金属"融合"为一体。[2]

波义耳还把古希腊哲学家德谟克里特（Democritus）的"原子论"应用到化学变化上，使化学理论又一次发生了重大变革。这一理论主张物质世界由原子和虚空组成。原子是最小的、不可再分割的粒子；原子质量上都是相同的。由于原子在数量、形状和排列上的不同，构成了世界上令人困惑的各种不同物质。这种机械哲学，正如其名称一样，波义耳在他的化学研究中一直在应用该哲学，后来因皮埃尔·伽桑狄（Pierre Gassend，1592—1655年）的结论而更为突出。如果一种物质具有这种结构，那么就可以仅仅通过将其粒子重新排列成新的结构而变成另一种物质。因此，物质的统一性和互换性同样隐含在"原子论"和"四元素说"中。但波义耳和那些志同道合的同代人并不能因此而被简单地称为炼金术士；因为炼金术士的目标是调整四种品质（热、冷、干、湿）和四种元素的比例，而不是重新排列原子以形成新结构物质。艾萨克·牛顿追随波义耳，也接受了传统"原子论"，并且更加坚持，他在《光学》（*Opticks*，

---

〔1〕关于这个问题的详细历史，见道格拉斯·麦凯的《生命之火》，载于《科学》（*Science*），《医学史》（*Medicine and History*）（为纪念查尔斯·辛格而写的关于科学思想和医学实践演变的论文，E. 阿什沃斯-安德伍德版），伦敦，1953年，第Ⅰ卷，第469—488页。

〔2〕关于这些论文的详细研究，详见道格拉斯·麦凯的《科学进展》，1935年，第29卷，第253—265页；同见《科学进展》，1936年，第31卷，第55—67页"对波义耳实验的当代批判"。

1717年）中写道，"稠密的物体，即固体，自身可以被稀释成气体，而这些气体又可重新转化为固体。"牛顿的评论后来被斯蒂芬·黑尔斯（Stephen Hales, 1677—1761年）在其专著《植物静力学》（*Vegetable Staticks*，伦敦，1727年）中引用。黑尔斯对称量好的各种物质加热，并收集在加热过程中释放的气体；然而与牛顿不同的是，他认为"气"这一物质作为气体存在于他使用的物体中。但他已经证明，"气"广泛地包含在众多物体中，或者如他所说"固定"在这些物体中。为了进行实验，黑尔斯设计了一种早期形式的气体收集装置，在该装置中，他让用于收集产物的接收部件与产生"气体"的仪器部件分开，让两个部件通过输送管连接。这是仪器方面的一次重要改进。1660年，波义耳早先在《物理机械新实验》中描述了一种酸和金属作用产生"气"的简单收集方法（上文已经提到）。它由一个装满稀酸的玻璃瓶组成，并在一个装有水的平底托盘中倒置，金属在倒置前被分成小块放入玻璃瓶中。波义耳没有给出这个仪器的插图，但后来在1674年梅奥的《医学生理学研究》中对之作了说明。波义耳和梅奥都以这种方式获得了氢气和氮氧化合物，他们都认为自己获得了"气""重新生成的气"。无论是黑尔斯还是他的前辈，都没有怀疑过可能存在不同的"气"（物质），或者像我们现在所说的"气体"。然而，黑尔斯观察到了一种有趣的现象，即磷和硫燃烧时会吸收大量的气体。

18世纪下半叶，关于这一领域的研究进展相对缓慢。1754年，约瑟夫·布莱克在申请爱丁堡大学的医学博士学位时提交了一篇用古拉丁文写的论文[1]，其内容是关于食物在美格尼西·阿尔巴（Magnesia Alba，白镁，又称为泻盐，一种最近引入医学的新药）的作用下产生酸液；一年后，他在学会（1783年称为爱丁堡

---

[1]《食物中的酸和白镁》（*De Humore Acido a Cibis Orto，et Magnesia Alba*），爱丁堡，1754年。

皇家学院）上宣读了一份内容更翔实的报告，并于1756年出版[1]。在医学论文的补充实验部分，布莱克从中得出结论：温和状态下的美格尼西·阿尔巴和其他碱性物质含有被他称为"固定空气"的物质，而在腐蚀性状态下则不含有这种气体。此外，他通过化学方法证明"固定空气"不同于普通空气，又将化学向前推进了一大步。布莱克使用天平称量了由热作用产生的弱碱在将它们转化为腐蚀性形式时重量的变化。尽管他没能分离出"固定空气"（我们现代将其称为二氧化碳），但他在后来的演讲中指出，该气体是由木炭燃烧、蜡烛燃烧、呼吸作用和发酵产生的。至此，人们第一次在化学上将"气体"与大气中的普通空气区分开来。在十年后的1766年，亨利·卡文迪许（Henry Cavendish，1731—1810年）分离出"易燃气体"（氢气），并研究了它的化学性质和物理性质[2]。然后在1772年，丹尼尔·卢瑟福（Daniel Rutherford，1749—1819年）指出，从被老鼠呼吸或煤炭燃烧消耗的空气中去除"固定空气"后，还残留一种被他称为"有害气体"（氮气）的毒性气体，他补充称，这种气体也是硫或磷燃烧以及煅烧金属后的残留物[3]。1772—1777年间，约瑟夫·普利斯特里（Joseph Priestley，1733—1804年）极大地扩展了这一新的研究领域，分离并确认了其他七种新"气体"，分别是"含氮气体"（一氧化二氮）、"酸性气体"或"盐酸气体"（氯化氢）、"碱性气体"（氨气）、"减弱氮气"（一氧化二氮）、"矾酸气体"（二氧化硫）、"脱燃素气体"（氧气）和"硝酸蒸气"（二氧化氮）。[4]

---

〔1〕"关于美格尼西·阿尔巴、生石灰和其他一些碱性物质的实验"，论文观察，物理文学，爱丁堡学会发表前读物，爱丁堡，1756年，第2卷，第157—225页。

〔2〕《哲学汇刊》（*Philosophilal Transactions*），1766年，第56卷，第141—159页，第253—265页；同见《科学进展》，1936年，第31卷，第55—67页"对波义耳实验的当代批判"。

〔3〕《固定空气》（*De Aere Fixo Dicto，Aut Mephitico*），爱丁堡，1772年版。

〔4〕《哲学汇刊》，1772年，第62卷，第147—264页；《对不同种类气体的实验和观察》（*Experiments and Observations on Different Kinds of Air*），伦敦，第3卷，1774年、1775年、1777年。

需要特别指出的是，普利斯特里的这一发现在当时具有重要意义。1774年8月1日，他通过加热氧化汞获得了一种新的"气体"（氧化汞气体，通过加热汞制备）。该气体具有特殊的性质：它虽然不溶于水，但能极大增强蜡烛的燃烧性能。但因他要去欧洲大陆旅行，实验被迫中断。1774年11月，他在巴黎遇到了拉瓦锡和其他相关领域的科学家，并向拉瓦锡讲述了最近的研究发现。普利斯特里当时在巴黎的声誉已经很高，他是英国皇家学会的会员。一年前，即1773年11月30日，他因1772年在《哲学汇刊》上发表了关于"气体"的论文而被授予该科学院的最高奖项科普利奖[1]。回到英国后他重新开始做实验，并在1775年3月发现可用于呼吸的新"气体"，因为该气体在呼吸作用中的损耗速度和程度很小，甚至比大气中的空气更易于呼吸，它同时也是一种更好的助燃物质。考虑到它显然对燃烧和呼吸有支持作用，普利斯特里将其命名为"脱燃素气体"，该气体可不间断地从火中、从会呼吸的动物和发酵物体中倾泻而出[2]，因此它一定不是大气中普遍存在的"燃素"。因此，新"气体"是从通常含有"燃素"的物质中释放出来的普通空气。拉瓦锡对这些信息非常感兴趣，我们现在就来介绍他的早期工作。

在这样做之前，我们应该了解拉瓦锡第一次化学研究所处年代的学术环境，那时"四元素说"已被普遍接受，尽管人们常常默认或者说由于没有更好的理论来解释而没有拒绝这一学说；波义耳对化学单质的定义早在一个多世纪前就已无人提及；金属的燃烧和煅烧都被视为分解过程；空气和水的化学成分仍处于未被发现甚至是未知状态，其他大量不太常见或不太熟悉的物质也是如此；因此，"燃素说"成为主导的化学理论。而拉瓦锡仅用二十年时间就改变了这一切。

---

〔1〕详见道格拉斯·麦凯发表于《医学索引》，1961年，第9卷，第1—22页的文章，"约瑟夫·普利斯特里和科普利奖章"。

〔2〕《哲学汇刊》，1775年，第65卷，第384—390页。

拉瓦锡在盖塔、鲁埃尔以及其他我们提到的院士门下学习后，为给法国地质规划图收集资料，拉瓦锡与盖塔一起工作了三年；并在1767年夏天，他陪同盖塔在阿尔萨斯和洛林进行了地质调查。早在1764年，他就向皇家科学院提交了一份关于石膏特性以及由石膏制作巴黎地质模型的学术论文，研究严谨且精确，这是他在化学领域所做的第一个贡献。而后，其他学术论文也随之而来。1765年，他向科学院组织的一次竞赛提交了一篇关于城市和大型城镇夜间照明问题的论文。其中不仅包括许多科学实验，还包括对经济成本的分析。虽然他没有因此获奖，但他却因这项杰出研究而被国王特别授予了一枚金质奖章。之后他继续他的野外地质工作，此时他似乎已决定放弃法律职业而去追求科学。1768年，25岁的拉瓦锡被选为科学院

□ 《拉瓦锡夫妇》 油画 大卫 1788年

这幅油画由法国画家大卫所作，画面描绘了拉瓦锡和夫人玛丽伉俪情深的温馨场景。拉瓦锡的夫人玛丽是拉瓦锡在"包税集团"同僚的女儿，其婚后对丈夫的化学实验产生了浓厚的兴趣，逐渐成为了丈夫的得力助手。拉瓦锡能够推翻"燃素说"离不开她的工作。她曾师从大卫，有着很深的艺术造诣，本书图版中记录的实验仪器即由玛丽绘制。她还帮助拉瓦锡翻译了许多英文文献，其中包括普利斯特里和卡文迪许的著作。

的初级助理院士。在那年的早些时候，他以税务官助理的身份进入包税组织，但下场却令人痛心，这是他一生中所做的招致最大不幸的行为。后来，他继承了母亲留给他的财产，希望利用投资收入使他能有尽可能多的时间做科学研究。1771年，他与总税务官雅克·保罗兹的女儿玛丽·波尔茨（Mary Paulze）结婚。拉瓦锡夫人是一位很有能力且受过良好教育的女性。为了帮助丈夫阅读大量科学文献，她学习英语；由于她的丈夫忙于包税组织繁重的行政工作，多次长期离开巴黎前往各省进行监督和检查而缺乏足够的时间，因此她还帮助处理实验并在他的实验笔记本上记录观察结果和实验数据，为仪器绘制草图；

拉瓦锡在《化学基础论》一书中使用的13幅图版就是由他夫人绘制而成的。

　　随着拉瓦锡更积极地投入巴黎的科学研究，人们围绕着改善该城市饮用水供应及提高水质进行了大量讨论。在与盖塔一起进行实地调查期间，他就用比重计测量并记录了河流和泉水的比重，甚至对他们所住旅店用水的比重也进行了测量。他之所以采用这种物理方法，是因为当时还没有化学方法来确定水的纯度。此外，由于当时人们仍然普遍认为水在加热时总会有一少部分转化为土，因此分析水的问题似乎一点都没有希望解决这些问题。但拉瓦锡认为：如果这种想法是有根据的，水本身在调查过程中就会缓慢而持续地转化为土，这就不可避免地会造成水的浑浊。在研究了所有已发表的关于水转化为土的论文后，拉瓦锡得出结论：所有的研究结果都不可信，并决定有必要进一步进行实验。受波义耳在密封容器中研究金属煅烧方法的启发，从1768年10月24日至1769年2月1日，他在一个称重好的密封玻璃容器中对一定量的水进行加热，通过反复蒸馏，获得纯净的水——炼金术士使用的鹈鹕形蒸馏器——液体可以在其中不断蒸馏。当这个漫长的实验结束时，未开封的容器及其内容物的总重量与一百多天前实验开始时相同。显然这让他想到了波义耳的实验结论。因为波义耳在这项阶段研究上得出的直接结论是：没有火或任何其他外部物体的物质粒子穿透鹈鹕形蒸馏器的玻璃壁。然后，他打开鹈鹕形蒸馏器并将里面的物质倒入另一个玻璃容器后进行称重。一些泥土沉淀已经形成，其颗粒在水中清晰可见。但他发现鹈鹕形蒸馏器减少的重量几乎与所获得土壤的重量相等，因此土壤是由水对鹈鹕形蒸馏器玻璃的分解侵蚀作用产生的，而不是由水转变而来的。在当时的化学背景下，这是一个最引人注目的成果，一个坚持了20个世纪并且依然被与他同时代的许多人所接受的理论，已经被这一持久且艰难的精巧研究驳倒。

　　1772年初，拉瓦锡与科学院的一些同事合作研究钻石是否可燃，并用科学院配备的契尔恩豪森（Tschirnhausen）透镜进行了一系列燃烧实验。实验结果表明，如果钻石在真空条件下，就不会受到热的影响。而用契尔恩豪森的另一个燃烧透镜进行进一步实验表明，钻石是可燃的。后来在1772年，他对磷和硫又进行了燃烧实验。同年10月20日，他在向科学院提交的一份报告中指出：磷在燃烧时会吸收空气并与空气化合产生"磷酸精"（磷酸），并且由于与空气化合还增加了重量。12天后，即11月1日，他将一封密函提交给了科学院秘书，称在他同意之前不得打开。他在这份历史性的文件中指出：他发现硫和磷在燃烧时重量没有损失，相反重量还增加了；增加的这些重量是由于硫和磷与"大量空气"化合而成的；又称他关于硫和磷燃烧的这些发现，可能在所有因燃烧和煅烧而重量增加的物质中均会发生；而且他在使用木炭还原铅石灰（铅酸钙）时，发现大量气体被释放出来，其体积要比所使用铅石灰的体积大一千倍左右，并称这一结果充分证实了他的猜想。可以回顾一下，黑尔斯曾观察到磷和硫的燃烧都吸收了大量的空气，与现在拉瓦锡所报道的相比，这是一个不太重要，但却是不可忽视的细节观察。

三个月后，拉瓦锡于1773年2月20日在他的实验笔记本上写道，"他计划对与物质化合或从物质中解放出来的气体进行大量实验"，"要进行一系列重要实验"，"注定要在物理学和化学史上引起一场变革"。他以重复布莱克和其他人所做的实验作为这个计划的开始，并将结果发表在1774年1月出版的《物理和化学小论文集》（*Opuscules Physiques et Chymiques*，1774年）中。当这项漫长的研究结束时，拉瓦锡得出：在煅烧过程中与金属化合的气体，不能肯定就是布莱克认为的"固定空气"。他更倾向于那些气体是普通空气或普通空气中含有的某种"弹性流体"（我们现在称之为气体）；并给出后面结论的依据：金属不能在没有空气的容器中煅烧，金属在空气中暴露的表面积越大则煅烧程度越高，而且当将金属石灰用木炭加热恢复成金属时会释放出一种"弹性流体"。此外，他发现用木炭加热金属灰时产生的"弹性流体"与布莱克的"固定空气"相同，这可能是这一系列实验中最重要的结果；重6～7格令的磷在固定体积的空气中点燃，由于吸收了10～12格令的气体而重量增加。而在另一个实验中，89格令的磷在燃烧过程中吸收了154格令的气体，这证明空气本身或"我

们呼吸的空气中含有一定比例的其他弹性流体"；磷的燃烧使空气体积减少了1/6～1/5，拉瓦锡检测到体积最大可减少约1/5。通过这些研究，他确信金属的燃烧和煅烧都涉及与某种气体化合，且同时会增加化合物重量。

在1774年最初的几个月里，拉瓦锡继续进行金属燃烧的研究，他在4月14日提交的一份学术论文中报告了研究成果，并于11月12日在科学院的一次公开会议上宣读。他再次借助波义耳在《化学家的故事》中使用的方法，将称量好的金属在密封的容器中加热，然后再次称量重量。但是他认为波义耳的方法在一个重要的细节上存在错误；因为波义耳为证明火单质颗粒可穿过玻璃并与金属化合，在煅烧完容器内物质后和密闭的容器打开之前，他都没有称重，只是通过从容器中取出煅烧过的残余物并将其重量与最初的重量进行比较来确定重量的增加——他本来应该在打开密闭容器之前对其进行称重的。因此，拉瓦锡重复了这些实验，并在程序上作了必要的改变，在加热前后分别对铅和锡称重。这样操作后，他发现在煅烧之后和打开之前，容器及其器内物质的总重量保持不变，所以没有任何物质透过玻璃壁进入。当打开密封容器时，他可以听到空气冲入时发出的"扑哧"声。容器在打开后增加的总重量，约等于从容器中取出燃烧过的金属，并单独称重后其所增加的重量；金属在大容器中煅烧的重量增加量要比在小容器中更大；因此，容器内金属在燃烧过程中重量的增加是由于与器内所包含的空气化合在一起造成的；这些实验为分析大气中的普通空气提供了一种手段。迄今为止，空气仍被认为是一种单质。而现在几乎可以肯定的是，它如果不是一种化合物，至少也是一种混合物。由于科学院的公开会议时间太短，无法提供完整的细节，但他所读的学术论文几乎立即发表在阿贝·罗齐尔（Abbé Rozier）编辑新期刊的下一期月刊（1774年12月）上[1]。

　　在学院宣读这篇学术论文的几周前，拉瓦锡在巴黎接待了普利斯特里，并知道了普利斯特里在前一年8月份进行的实验可从"红色汞"（即一种具有特殊性质的汞烧渣）中分离出新"气体"，并在加热时无须添加木炭即可还原为金属状态。拉瓦锡重新进行燃烧实验研究，在1775年4月26日的学院公开会议上宣读了另一份学术论文及结论：金属在煅烧过程中不是与所有气体化合，而是与一种纯气体或称作"空气中的最纯净气体"化合；通过加热"红色汞"可回收到的这种纯净气体，要比普通空气更能支持燃烧和呼吸。而当用木炭加热"红色汞"时会产生"固定空气"。但本来同普利斯特里很有价值、很有意义的交流显然让他感到困惑，他暂时放弃了在前一年11月所表达的观点：空气是一种混合物甚至可能是一种化合物，而金属煅烧时会与其中一种成分化合在一起。这篇学术论文立即发表在罗齐尔期刊的后一期月刊上（1775年5月）[2]。

　　由于《科学院文集》年卷的出版时间滞后，甚至有时滞后数年，拉瓦锡得以在1774年和1775年对这两篇学术论文进行修改，其修改后的内容出现在1778年出版的同年书卷中。拉瓦锡在修改第一篇学术论文时，又回到了他1774年的结论，即空气中只有一部分——现在被命名为"有益气体"——与金属化合；空气是两种非常不同的"弹性流体"混合物，一种可支持燃烧和呼吸，另一种不可支持燃烧和呼吸。从其他方面考虑，他认为前者比普通空气稍重一些，后者要轻一些[3]。在第二篇学术论文的新版本中，他将空气中活跃的部分称为

---

〔1〕《物理学观察》（*Observations sur la Physique*），1774年，第4卷，第448—451页。

〔2〕《物理学观察》，1775年，第5卷，第429—434页。

〔3〕《科学院文集》（英国皇家化学学会期刊），1774年（1778年出版），第351—367页。

"可呼吸的气体"，并指出"固定空气"是木炭与普通空气中这一活跃部分形成的化合物[1]。本书没有讨论他实验的篇幅，但应该指出在1778年8月8日，向科学院宣读第二篇学术论文时，拉瓦锡展示了进行空气成分分析的经典实验仪器——拉瓦锡夫人所绘的插图，此后这些图作为《化学基础论》的插图（见图版Ⅵ，图2）。

现在，普通空气的化学成分问题得到了解决，拉瓦锡在一系列学术论文中运用这一结果表明在磷酸和矾酸中包含"适宜于呼吸的气体"成分，也包含在"氮"（硝）酸中，它通过呼吸和蜡烛燃烧可转化为"固定空气"或"酸性气体"，并能与非金属物质化合形成酸，为此他在1779年将其更名为"酸素"或"氧素"（我后来明白是源于希腊语的ό ξύς和 γεινομαι）。他使用"碳酸气体"这个词来表示在燃烧和呼吸中不活跃的那部分空气。他还应用布莱克的潜热发现来解释"弹性流体"（气体）的一般构成：即可蒸发的液体或挥发性固体与"火单质"或热素形成的化合物。他阅读了卡尔·威尔海姆·舍勒（Carl Wilhelm Scheele, 1742—1786年）最近出版的关于空气和火的法文版著作[2]，虽然舍勒的哲学解释非常混乱，但拉瓦锡在这篇论文中发现有许多实验依据可以支持自己的理论。他在1774年把自己的著作《物理和化学小论文集》印刷版寄给舍勒，舍勒在回复中建议拉瓦锡在加热的"硝酸钠"银溶液中加入"塔塔碱"即可得到沉淀物，并用生石灰去除"固定空气"，再测试残留气体是否能让蜡烛燃烧和让动物在其中呼吸。目前，我们尚不清楚拉瓦锡是否进行了这项实验。

1782—1783年冬天，拉瓦锡与他的朋友、著名数学家皮埃尔-西蒙·德·拉

---

〔1〕《科学院文集》（英国皇家化学学会期刊），1775年（1778年出版），第520—526页。

〔2〕《空气和火的化学处理》（*Chemiscbe Abbandlung von der Luft und dem Feuer*），乌普萨拉和莱比锡，1777年；迪特里希男爵的法译本，《空气和火的化学处理》（*Traite Chimique de l'Air et du Feu*），巴黎，1781年。

普拉斯（Pierre-simon de Laplace，1749—1827年）合作，再次利用布莱克对潜热的发现设计了第一台冰量热仪（见图版Ⅵ），并测量了一系列热化学基础标志性实验中各种化学变化释放出的热素。拉瓦锡和拉普拉斯从这项研究中得出结论：呼吸也是一种燃烧，由于肺部不断释放热素来补充身体不断失去的热素，可使动物体温保持在高于其周围环境的恒定温度，正如他们所设想的一样，是由于吸入的氧气转化成为"固定空气"[1]。

拉瓦锡开始批判"燃素说"并指出，到目前为止，只有他的新理论能对许多化学现象给出更符合实验事实的解释[2]。他在篇幅较大的评论中指出："燃素说"是虚构的；"燃素"存在于金属、硫、磷等所有可燃物体中的假设毫无根据；在没有"燃素"的条件下，对燃烧和煅烧过程发生的真实现象都能以更简单和更容易的方式来解释。像波义耳在1661年所写的《怀疑派化学家》中一样，他猛烈地批判了当前的化学理论。但与波义耳不同的是，他提出了一个更好的理论。

1783年6月，拉瓦锡从当时正在巴黎访问的查尔斯·布拉格登（Charles Blagden）博士那里听说，亨利·卡文迪许（Henry Cavendish，1731—1810年）通过燃烧"易燃气体"（氢气）获得了水。在布拉格登和其他人的见证下，他匆忙进行了临时实验来验证卡文迪许的发现。在同年11月12日的一次学院公开会议上，他宣读了一篇学术论文，并报告了进一步的实验（包括铁对水的分解）结果。拉瓦锡从布拉格登那里得到的众多信息以及从蒙日（Morge）的一些新实验中总结出：水由"脱燃素气体"（奇怪的是，他用这个名字代替他自己的术语"氧气"）和"易燃气体"组成，因此水并不是一种单质。拉瓦锡已经意识到卡文

〔1〕《科学院文集》（英国皇家化学学会期刊），1780年（1784年出版），第355—408页。

〔2〕《科学院文集》（英国皇家化学学会期刊），1783年（1786年出版），第505—538页。

□ 亨利·卡文迪许

英国物理学家、化学家，英国皇家学会成员，1803年被选为法国科学院的18名外籍会员之一。1781年，卡文迪许曾将铁与硫酸反应而发现了"可燃气体（即氢气）"。他用"燃素说"来解释这一现象，并认为在酸和铁的反应中，"可燃气体"的形成是因为酸中的"燃素"被释放出来，形成了纯的"燃素"。之后，当他得知普利斯特里发现空气中存在"脱燃素气体（即氧气）"，继而将空气和氢气混合，用电火花引发燃烧反应，在燃烧中生成了水。

迪许发现的重要性，他的学术论文也随即发表在罗齐尔杂志的下一期月刊（1783年12月）上[1]。关于拉瓦锡在这一阶段的历史工作，及关于所谓的"水物质争论"中的优先权问题已经写了很多。我们在此只需回顾一下，当卡文迪许发现无论是在普通空气中还是在"脱燃素气体"中，水都由"易燃气体"燃烧形成，他都认为实验所形成的水是从这两种空气中沉积下来的，并且最初以某种成分存在于两种气体中；拉瓦锡得出结论，水是"易燃气体"和"脱燃素气体"的化合物；而卡文迪许在其发表的学术论文实验结果中否定了这种解释[2]。对水化学成分问题的解决，标志着拉瓦锡完成了对燃烧的研究。

拉瓦锡关于燃烧和煅烧的新理论一开始并未被普遍接受。1784年之前的某个时间，爱丁堡大学的布莱克给他的学生讲授了该理论。拉普拉斯可能在之前就已经接受，贝托莱在1785年，居顿·德·莫维（Guyton de Morveall）在1786年，德·佛克罗伊（de Fourcroy）在1787年，后来蒙日（Morge）、梅斯尼埃（Meldsnier）和夏普塔尔（Chaptal）都接受了该理论。同时，莫维也一直在酝酿对化学命名法进行改革。从1782年起，他与拉瓦

---

〔1〕《物理学观察》，1783年，第23卷，第452—455页。后来这篇论文的补充说明发表在《科学院文集》（英国皇家化学学会期刊），1781年（1784年出版），第468—494页。

〔2〕《哲学汇刊》，1784年，第74卷，第119—153页。

锡、贝托莱和德·佛克罗伊合作设计了新的系统命名法，并于1787年4月18日在科学院公布了他们的提案。简单的说，这些改革者仍采用了波义耳的定义，即不能再分解为单质的物质应被视为（无论如何是暂时的）单质；但系统命名法的另一个目的是给各种物质命名，以取代诸如砒霜酪、锑酪、锌华等看起来似乎不合理的名称术语，使它们的名称与其化学成分相对应。在给出元素定义之后，他们开始处理含有两种元素的物质：酸，被认为是氧与其他各种元素的化合物，已命名的名称即表明了其成分，具体名称表明化合的各种元素，而类别名称（酸）表明它们属于哪一组双组分物质，例如，磷酸和硫酸；而且，如果酸是由两种相同的元素形成的，含氧比例较高的一种命名为硫酸，而含氧比例较低的一种命名为亚硫酸。双组分类别中的另一组由以前称为盐的物质组成，但现在称为金属氧化物。为这组物质提出的命名方法是，不同氧化物分别用形成金属的名称来区分，例如氧化锌。对由三种元素组成的物质命名比较困难，但如盐类被重新命名为表示组成它们的碱和酸，因此"维娜斯矾"（vitriol of Venus）变成了"硫酸铜"。其他盐的命名方法以此类推。可以说新系统命名法成为现代化学命名法的基础，而且它适用于新发现的物质。该提案以"化学命名法"（巴黎，1787年）为题出版，该卷包括新旧名称的释义以及应用新命名法的化学词典。元素清单包括光、热物质、氧、氢（以前称为"易燃气体"）、氮（以前称为"脱燃素气体"，即我们现代的氮气）、碳、硫、磷、氯（盐酸）以及硼酸和"萤石"酸的未知"根"、金属（有17种）。土碱（五种）和碱（钾、苏打和氨），以及十九种有机酸的未知"根"，用来识别五十五种元素的表格中最后三组是最不令人满意的部分。也正是由于这个原因，它才不能被视为第一个现代化学元素表。在拉瓦锡正确除去了有机酸以及碱基团之后，化学元素表首次出现在《化学基础论》中。

与新燃烧理论有关的化学术语命名随之完成，在证实了空气和水的化学组分后，化学终于开始被称为现代化学；而拉瓦锡则将研究转向了另一个非常不同的方向。正如莫里斯·多马斯（Maurice Daumas）在近期的一项纯学术性研究中所指出的那样，拉瓦锡早就计划写一本关于化学的书，也许已经筹划近十二年时间；他想编撰一本面向初学者的书，其目的之一是向那些第一次开始学习化学的人展示应该如何学习化学[1]。在他修改完各种实验论文后，于1788年形成《化学基础论》终稿，并且于1789年3月在巴黎出版。在巴黎再版了六次，分别是1789年（即首次出版的年份）的首版，1793年的第二版，1801年的第三版，1805年的另一个新版，以及1793年的两次盗版；并且有一个法国地方语言版（阿维尼翁，1804年）。科尔的译本又在爱丁堡出版了四个版本，第二版于1793年，第三版于1796年，第四版于1799年，第五版（两卷）于1802年。还有其他语言的译本，包括意大利语的三个版本（威尼斯，1791年、1792年和1796年）、两个德语版本（柏林，1792年和1803年）、一个西班牙语版本（马德里，1798年）和一个荷兰语版本（乌得勒支，1800年），以及在美国根据科尔的译本重印发行的三个版本（费城，1799年；纽约，1801年和1806年）。因此，这一科学经典著作首次出现后的17年内，总共在7个国家发行了23个版本；这还不包括德语（格赖夫斯瓦德，1794年）和荷兰语（阿姆斯特丹，1791年）的精简版，以及只有第一卷内容的不完整西班牙语版（墨西哥，1797年）[2]。毋庸置疑，这本书在当时广为流传，拉瓦锡在化学方面所做的贡献，就像一个世纪前牛顿的著作《自然哲学的数学原理》一样成为不朽传奇。

《化学基础论》第一版分两卷连续出版，共分为三个部分：第一，关于气态流体（气体）的形成和分解，单质燃烧以及酸的形成；第二，论酸与成盐碱的化合及中性盐的生成；第三，化学仪器的操作说明。附有八张供化学家使用

---

〔1〕莫里斯·多马斯，《拉瓦锡——化学理论家和实验学家》（*Lavoisier, Théoricien et Expérimentateur*）（巴黎，1955年），"关于《化学基础论》的写作历史"，详见第四章，第91—112页。

〔2〕见丹尼斯一世·杜文（Denis I. Duveen）和赫伯特·斯·克里克施泰因（Herbert S. Klickstein）的《安托万-洛朗·拉瓦锡作品参考书目1743—1794》（*A Bibliography of the Works of Antoine Laurent Lavoisier 1743—1794*），伦敦，1954年，第154—199页。这是一本最有价值的参考书，每个研究拉瓦锡的学生都应深表感谢。

的表格，包括各种重量、体积、长度和压力换算表，还有一些表格提供了气体的密度和许多矿物质的比重；科尔在他的译本中省略了其中一些，同时也添加了一些其他内容。书中有13幅图版，这些都是从拉瓦锡夫人的图纸中刻印出来的，科尔为了便于翻译对这些图版进行了重新刻制，并对图中一些不同的仪器进行了重新排列。拉瓦锡在《化学基础论》的开头几页插入了一篇"题注"，科尔译本中译为"作者自序"，自序以拉瓦锡擅长的清新散文写成，是他最著名的作品之一；自序里解释了写这样一本书的目的和原则，即把它看作是一条准则，"永远不要从已知实物推断未知实物"，"不要得出任何未经实验充分证实的结论"。《化学基础论》作为一本初级化学教科书，打破了此类作品长期以来的传统，正如其三个部分的标题所描述的不是一系列制备化学物质的实验室方法，它用大量篇幅描述化学仪器和工具并对其用途进行了详细说明。这是一本全新类型的化学教科书。

关于科尔的译本，有几个有趣的细节值得一提。在《化学基础论》译本中，科尔以"译者告白"作为其译本的开篇，其中他说图版Ⅵ的法文版本在9月中旬之前还没有到达他的手中，但出版商认为有必要在大学开学的10月底之前完成译本翻译。人们常说译本是在短短的约七周时间内完成翻译并出版的。然而1791年1月21日，科尔在给拉瓦锡的信中写道，他很幸运地在"首版发行后不久"就买到了一本[1]；由此看起来且更有可能的是，科尔在他的"告白"中提到的9月是1789年9月，而不是首版发行后不久的1790年9月。他在1790年11月出版的书中"告白"文末签署的是1789年10月23日，这一点不应被赋予过多的含义。

《化学基础论》的第一部分应用布莱克的潜热发现，解释了气体是热素与各种气体的单质形成的化合物，因此氧气是由氧和热素组成的。它还描述了大

---

〔1〕见道格拉斯·麦凯的《伦敦皇家学会笔记和记录》（*Notes and Records of the Royal Society of London*），1949—1950年，第7卷，第13页。科尔在《化学基础论》第五版（1802年）中重复了这一说法。

气的形成和组成，并首次用现在的经典仪器对其进行了分析（图版Ⅳ，图2），说明了其组成成分的名称，以及氧被硫、磷与木炭化合后形成酸和被金属化合后形成金属氧化物。接着是关于水的分解和组成的章节，表明水是氢和氧的化合物，描述了各种物质在燃烧过程中释放热素的测量实验。植物性酸由碳与氢、碳和磷组成，而动物性酸则更为复杂，一般是由碳、磷、氢和氮等单质组合而成。在关于葡萄酒发酵的一章中报告了一个定量实验，表明在这种化学变化中产物的总重量等于反应物的总重量，指出"工艺加工和自然形成的所有物质，都不是创造出来的；物质的数量在实验之前和之后相等"。这是化学史上对化学变化中物质守恒定律的第一次清晰表述。

《化学基础论》的第二部分涉及各种酸性和碱性化合物，表格给出了大量化合物。但其最有趣和最具改革性的特点是第一部分中给出的单质或元素表。这是第一个现代的化学元素表。1787年，拉瓦锡在新系统命名法的表中删除了有机酸的"根"，因为这些已被证明是碳氢化合物，但他保留了土碱物质，尽管他怀疑它们可能是化合物或是氧化物。他还略去了碱，因为它们显然是化合物。因此，清单上有包括光和热共33种元素。

第三部分，几乎占到本书篇幅的一半，对各种化学仪器及其使用方法进行了非常详细的说明。

随着《化学基础论》的出版，1773年拉瓦锡在实验笔记本上写下的化学改革终于实现了，1791年他写道："所有年轻的化学家们都在应用这一理论，由此可以肯定化学改革已经实现了。"

当1789年政治革命开始时，拉瓦锡正在为著名的呼吸作用和蒸发作用进行深入研究，但很快就被卷入了令他更绝望的事件当中。尽管他为了使学院免于灭亡而付出英勇的努力并坚持到最后一刻，1793年科学院还是被镇压了。根据1793年11月24日革命会议通过的一项法令，他和以前在包税组织被镇压的同事一同被逮捕，借口是延误了包税组织账目的提交日期。这28名"囚犯"于1794年5月8日被送上了巴黎的革命法庭，并因一项未被指控或审判的罪名而被定罪，即"与法国的敌人密谋"，并于同一天被处决。政治革命中最杰出的科学家就这样无辜地成了政治的牺牲品。

最后，我们可以将拉瓦锡与牛顿进行比较。二人都拒绝了他们应继承的科学遗产。牛顿推翻了笛卡尔主义，并在运动定律和引力平方反比定律的基础上重建了地面力学和天体力学；而拉瓦锡批判了"燃素说"，并通过发现空气和水的成分，以及承认化学元素是化学分析的最终物质而重建了化学学科。二者的成就都建立在别人的工作基础之上，但每个人都加入了自己的伟大贡献；虽然其他人在科学上也有所付出，但我们应该记住《自然哲学的数学原理》和《化学基础论》都是至高无上的科学巨著。牛顿和拉瓦锡在性格与职业上并没有完全不同；两人都很拘谨，而且在不同程度上又都彼此疏远；两人都有熟人，但朋友不多；两人都在本国的行政管理中担任过高级职务，牛顿是造币厂督办，后来是厂长，而拉瓦锡是税收总管、皇家火药局局长以及国库专员；牛顿是英国皇家学会会长，拉瓦锡是巴黎皇家科学院院长和司库。他们的人生结局截然不同。牛顿活到了八十五岁，受人尊敬，被埋葬在威斯敏斯特大教堂。而拉瓦锡在他五十一岁壮年时期被谋杀；他在科学史上的伟大地位就是他的丰碑，他把天赋才华奉献于科学仅仅二十年，同时还要从事许多公务工作[1]。

伦敦大学　道格拉斯·麦凯
1964年7月15日

---

[1] 对拉瓦锡的生活和工作有兴趣的读者可以参阅道格拉斯·麦凯的著作《安托万-拉瓦锡——科学家、经济学家和社会改革家》(*Antoine-Lavoisier, Scientist, Economist and Social Reformer*)，伦敦和纽约，1952年。

道格拉斯·麦凯教授的引言

现代化学对拉瓦锡的亏欠是无法估量的。拉瓦锡发现了空气和水的成分（他提出了"氧"这个术语）以及分析了燃烧过程，使他能够一劳永逸地葬送当时盛行的"燃素说"。他还承认化学元素是化学分析的最终物质，并与其他人一起制定了现代化学系统命名法的雏形。而他却过早地死于革命法庭之手，这无疑是科学史上最悲哀的损失之一！

拉瓦锡出版于1789年的作品《化学基础论》使他的理论得到广泛传播。罗伯特·科尔著名的英译本也在一年后出版。这本书纳入了"现代化学"的概念，详细描述了拉瓦锡得出结论的实验和推理过程，这些结论几乎一公开就被科学界普遍接受。毫不夸张地说，拉瓦锡的《化学基础论》对化学的贡献与牛顿的《自然哲学的数学原理》对物理学的贡献一样。因此，是拉瓦锡创立了现代化学。

《化学基础论》的第一篇涵盖了大气和水的组成及相关实验，其中一个结论（关于葡萄酒发酵）使拉瓦锡首次明确阐述了化学变化中的物质守恒定律。第二篇论述了酸与各种基质生成的化合物并给出了大量的化合物列表。然而，其中最重要的列表是单质或元素表——第一个现代化学元素列表。本书的第三篇详细介绍了化学仪器及其用法。书末的图版部分附有一些仪器的插图。

〔伦敦大学的道格拉斯·麦凯教授是当时世界上最杰出的科学史学家之一，他的"导读"令这部新的全译本更具权威性。麦凯教授对《化学基础论》之前的化学发展历史、拉瓦锡的主要贡献及其在其他领域的工作进行了深入细致的研究，并对本书的重要性和拉瓦锡在化学史上的贡献进行了批判性评价。这篇新介绍有助于使这本书成为现代科学最具权威性的英语版经典著作之一。〕

英译者语

拉瓦锡先生作为化学家、哲学家拥有非常高尚的品格。在许多杰出的化学家看来，他在化学理论方面所作的伟大改革，使人们一直以来都期待着有一部关于他的发现以及根据他的实验编写并建立的现代化学新理论的，能统揽全书而又深入浅出的论述出现。现在，其著作《化学基础论》的出版已经回应了这一期待；因此，用英文向读者介绍这部作品就显得非常迫切；我唯一的顾虑是，自己是否能胜任这项任务。我很愿意承认，我那合乎出版要求的语言翻译知识远不及对这门科学的热爱，我衷心期望著作能完整地呈现在世人面前，并愿意接受评判。

我竭尽全力以最严谨的方式还原作者的意思，对翻译准确性的追求远远高于对优美文笔的追求。即使我的确能通过适当的努力达到这后者，那么出于非常明显的原因，我也不得不选择与愿望相去甚远，忽略对文笔的苛求。法文版的一部分内容在9月中旬之前没有到达译者手中，但出版商认为在10月底大学开学前务必要将译本完成。

起初，我打算把拉瓦锡先生使用的所有衡量和度量单位都换算成相应的英制单位，但经过尝试，我发现这项任务在允许的时间内几乎无法完成；如果未能准确地做好这部分工作，那么对读者来说肯定是既无用又具有误导性的。以这种方式所做的所有尝试，就是在括号内添加与作者所使用的列氏温度对应的华氏温度；在附录中，还增加了将法制衡量和度量变换成英制单位的公式，当读者希望将拉瓦锡先生的实验与英国作者的实验进行比较时，就可以通过这些公式随时换算所出现的数据。

由于疏忽，这个译本的第一部分没有对木炭和其单质"碳"进行任何区分就付印了，而后者只是化学化合物的一部分，特别是与氧气或酸素化合形成碳酸的时候。这种纯元素大量存在于烧制得很好的碳中，拉瓦锡先生将其命名为"碳（carbone）"，在翻译中也应该如此；但细心的读者可以很容易纠正这个错误。图版XI中也存在一处错误，这个图版严格按照原版复制，直到印版印刷完成，《化学基础论》提到此处描绘的装置部分已经开始翻译了，都没有发现这个错误——将气体输送到碱性溶液瓶22和25内的两根管子21和24应当浸入溶液中，而排出气体的另两根管子23和26则应当在瓶内液面以上处切断。

本书增加了一些解释性说明；确实，由于原文表达得已经很严谨，需要加注释的地方很少。在极个别页面，我冒昧地在页面底部以注释的形式加上了某些附带说明，这些注释仅与原文中容易混淆意思的地方有关。作者的原著注释都是用"——A"标记的，而译者冒昧添加的少数注释则用"——E"作了标记。

拉瓦锡先生在附录中增加了几个非常有用的便于计算的表格，这些计算是学习现代化学高级课程内容时所必需的，现代化学需要做到高度精确。因此有必要对这些表格以及删除或略去其中几个表格的原因加以说明。

法文版"附录1"是盎司、格罗斯和格令向法制的十进制小数的变换表；"附录2"用来把这些十进制小数再折合成普通分制；"附录3"包含的是法制立方时数以及与确定重量的水对应的十进制小数。

译者本来很想把这些表格转换成英制衡量和度量单位；但是必要的计算一定会占用大量的时间，无法在有限的出版期限内抽出时间来进行换算。因此不得已放弃了，按照目前的状态，它们对以英语为母语的化学家来说毫无用处。

"附录4"是吩即时的十二分之几份以及吩的十二分之几份向十进制小数的变换表，主要是为了根据气体的气压计压力对气体的体积作必要的校正。由于英国使用的气压计是按时的十进制小数刻度的，因此此表几乎没有任何用处或存在的必要，只是由于作者在文中提到才将其保留在译本中。这就是本书的附录1。

"附录5"是气体化学实验中所用的广口瓶中观察到的水位高度向相应的汞柱高度的换算表，用以核算气体的体积。在拉瓦锡先生的原著中，用"吩"

表示水液位，而用"吋"的小数位表示汞柱液位，因此，基于第四个表格给出的原因，这肯定也是无用的。所以译者为此设计了一个表格用来修正计算值，其中水液位和汞柱液位都以十进制小数位表示。这个表就是本书的附录2。

"附录6"包含了法制立方吋数，以及我们著名的同胞普利斯特里博士在实验中所使用的相应的盎司制中所应用的法制立方吋数和小数位。该表增加了一列成为本书附录3而被保留下来，这一栏中所表示的是相应的英制立方吋数和十进制小数位。

"附录7"是用法制盎司、格罗斯、格令和十进制小数表示的不同气体法制单位立方呎和单位立方吋的重量表。经过相当大的努力，译者已将此表换算成英制衡量与度量，见本书的附录6。

"附录8"给出了许多物体的比重，并列出了所有物质法制单位立方呎和单位立方吋体积的重量。表内比重数据，即本书附录7被保留了下来，但对以英语为母语的哲学家来说毫无用处的表内附加栏被省略了，要将这些比重数据转换为英制单位数据，必须经过非常漫长而费力的计算。

在本译本的附录中，增补了将拉瓦锡先生使用的所有衡量和度量单位转换为相应的英制单位的公式；译者荣幸地向爱丁堡大学博学的自然哲学教授表示感谢，承蒙他为此提供了必要的资料。此外还增加了一个表格，即本书附录4，用于将拉瓦锡先生使用的列氏温度的度数转换为在英国普遍应用的华氏温度的度数[1]。

想到这个译本出版后被送到世界各地的读者手中，难免让译者有些受宠若惊；不过，译者也带着一丝欣慰，虽然它的语言与每个作家都应该努力达到的优雅、得体相距甚远，但通过译本传播著名的作者所应用的分析方法，也是对

---

〔1〕后来译者承蒙上面所提到的那位先生相助，已经能够给出与拉瓦锡先生的表格性质相同的表格，以便于计算化学实验结果。

促进化学学科的正向发展略尽微薄之力。如果目前译本中存有不足之处，还请读者们及时给我们反馈，我们将予以纠正；在修订再版时，我们还会从其他科学名家那里吸取有益的材料来补充这部作品，让它更完美。

罗伯特·科尔

1789年10月23日于爱丁堡

自　序

当我开始撰写这本书时，我唯一的目的就是，要更全面地阐述我于1787年4月在科学院公开会议上宣读的关于改革和完善化学命名法的必要性的学术论文。与此同时，我比以往任何时候都更为深刻地领悟到，阿贝·德·孔狄亚克（Abbé de Condillac）在他的《逻辑系统》（*Logic*）及其他一些作品中所述以下箴言的确定性：

"文字只是思考的媒介。

语言才是真正的分析方法。

代数，在每一种表达中都以最简单、最精确和最确切的方式与其目标相适合，它同时也是一门语言和一种分析方法。

推理的技术无非是一种精心整理的语言。"

如此一来，尽管我想到自己只是在制定一种命名法，或者我只是打算对化学语言进行一些改进，但当我动笔整理时，却一发不可收拾，这才最终形成了这部《化学基础论》书稿。

人们不可能将一门科学的命名法与这门科学本身分离开来，这是因为自然科学的每一个分支都必须由三种要素组成：作为该科学研究对象的一系列事实，阐述这些事实的理论，以及表达这些理论的术语。就像用同一枚印章在信笺上盖的三个印记一样，术语应该展现理论，而理论应当是事实的写照。而且，由于理论需要依靠术语得以留存和交流，因此必然会得出：如果不同时改进一门科学本身，我们就不能改进这门科学的语言；相反地，如果不改进该科学所属的语言或命名法则，我们也不能改进该门科学。不论这门科学的事实多么可靠，不论我们形成的关于这些事实的理论多么合理，只要缺乏用以充分表达理论的基础术语，我们向他人传授的理论就会既不恰当，也不充分。

这本论著内第一部分将对上述陈述的真实性，向那些愿意研究本书的人们提供了常见的事实证据。不过在本书章节顺序的处理上，我们不得已采用了与迄今出版的任何其他化学著作中全然不同的编排顺序，在此我应该解释一下这样做的原因。

在几何学科，甚至在一切知识门类中，都普遍遵循这一原则：在研究的过程中应该从已知的事实出发，去寻找未知的事实。幼年时期，我们的认知源自于我们的需求；需求激发了对客观事物的认知，客观事物使需求感得到满足。以这种方式，某种连续的观念秩序从一系列的感觉、观察和分析中产生，它们是如此紧密地联系在一起，以致细心的观察者在某一点上便能够追溯人类认知世界的秩序和联系。

当我们开始研究一门科学时，有点类似于小孩认知世界，都是在某种情境之中重复该科学理论；而我们取得进步的过程，恰恰与孩子们观念形成的自然遵循过程相同。在孩子身上，观念只是由某种感觉产生的结果；同样，在开始研究一门自然科学时，我们不应添加过多的主观想法，而应该遵循必要的推断，以及实验或观察的必然和直接结果。此外，当我们处于开始科学生涯之时的处境时，可能还不如一个小孩在获得初始观念时那么从容自信。自然赋予孩子各种方法以纠正他可能犯下的任何错误，让他认识到周围的事物到底是有益的还是有害的。在每种场合下，他们的判断都会被经验矫正；需求和疼痛是由错误判断所产生的必然结果；满足和快乐则是源于正确的判断。在尊重事实的理念指引下，我们会变得更富有见识；而且，当需求和痛苦是某个错误行为的必然结果时，我们很快就能学会恰当地进行推理。

在科学的研究和实践中，情况就完全不同。我们形成的错误判断既不会影响我们的生存，也不会影响我们的利益；而且我们不必因任何客观必然性而被迫去纠正它们。恰恰相反，各种判断一直在真理的界限之外徘徊，自负加上我们沉溺其中的自信搅和在一起，促使我们得出那些并非直接源自于事实的各种结论；结果我们变得有些自欺欺人了。因此，在一般自然科学中，人们经常提出假说而不是形成结论，这就不是什么奇怪的事情了。这些假说代代相传，由于权威者们的推崇而得到额外的分量，直至最后连天才人物也将其视为基本真理。

要防止此类错误发生，并在其发生后能予以纠正的唯一方法，就是尽可能充分地限制和简化推理过程。这完全取决于我们自己，而忽视这一点便是产生错误的唯一根源。我们除了事实之外什么都不必相信：自然界中的事实是客观存在的，不会欺骗我们。我们在任何情况下都应该让假设接受实验的检验，除了通过实验和观察的自然路径，寻找真理别无他途。因此，数学家们通过对资料的单纯整理可获得问题的解，通过把推理化为如此简单的步骤得出十分明显的结论，就是因为他们从来不会忽视引导他们的事实依据。

我对这些真理深信不疑，因此我永远坚持从已知事物来推断未知事物，并把这视为一条准则来要求自己；除了从直接观察和实验中产生必然的结果以外，绝不得出其他任何结论；并且始终以这样的准则来对待事实以及从中得出结论，以便使化学研究的初学者以最容易的方式去彻底理解它们。因此，我只得打乱授课和写作化学论著的通常顺序，因为它们总是假设基本的科学原理是已知的，可是却没想过在随后的课程中，在解释这些原理之前，学生或读者是不懂得这些原理的。几乎在所有的情况下，这些课程和化学论著都以论述物质的元素和解释它们之间的亲和力（化学键力）表为开端，而在要这样做的时候，他们并没有考虑到在一开始就应该把化学反应的主要现象呈现出来：他们使用尚未被定义的术语来陈述，并假设那些刚刚开始学习的人能理解科学理论。同样，我们还应考虑到，从第一门基础课程中学到的化学知识很少，少到不足以对科学语言耳熟能详或熟练操作仪器。没有三四年持之以恒的努力，要成为一名化学家几乎是不可能的。

这些不便之处，与其说是学科自身的特点造成的，不如说是错误的教学方法造成的；所以，为了避免这些不便，我主要采用一种循序渐进的新方式来编排各章节的内容。在我看来，这种编排更符合客观规律。不过我承认在努力避免这些不便时，我发现自己却陷入了另一类新的困难之中，而其中的有些困难是我无法消除的；但我相信，诸如此类的困难不是由我所采用的方式自身所引起的，而是由于化学仍然处于不完善状态的结果，但化学还要在这种不完善中艰难发展充实导致的。这门科学仍存在许多未知，这些未知破坏了事实间的连续性，因此常常使这些事实难以做到连贯一致；它不像几何学基础那样具有完善科学的优点，因为完善科学的各个部分全都是紧密相关的。然而，实际上它的进展又是如此迅速，实验事实在现代学说的指引下又衔接得如此巧妙，以至于我们有理由相信，甚至在我们所处的这个时代就可以看到它接近达到最完善的状态。

绝得不出实验无法充分证实的结论，也绝不提供不完整的事实——我从未违背过这一准则，因此我无法把涉及亲和力（化学键力）的化学分支包括在本书之中，尽管它可能是化学的各分支中计算得最好、最适合简化为一门系统的部分。乔弗罗瓦（Geoffroy）、盖勒特（Gellert）、伯格曼（Bergman）、舍勒、德·莫维（de Morveall）、柯万（Kirwan）诸位先生和其他许多人已经收集了不少关于该门学科的具体事实，这些事实只是在等待适当地编排与梳理；但是，主要的资料仍然缺失了，或者至少我们拥有的资料要么没有被充分定义，要么没有被充分证实，还无法成为构建这一重要化学分支学科的基础。这门亲和力科学或选择性吸引科学，相对于化学其他分支所处的地位，与高等几何学或超验几何学相对于几何学的简单或基础部分所处的地位是相同的；把这些绝大多数极容易被读者理解的基础知识包括在另一个非常实用和必要的化学分支学科中，仍然存在晦涩且难以理解之处，我认为这是非常不合适的。

也许在我没有察觉的情况下，某种自负情绪给这些思考带来了额外的灵感。德·莫维先生目前正忙于为《方法论百科全书》（*Methodical Encyclopaedia*）发表《亲和力》（*Affinity*）一目；而我就有更多的理由拒绝重复做他正从事的工作。

在一部论述化学基础的著作中，居然没有专门论述物质的组成或基础部分的章节，这无疑是一件令人意外的事；但我要在这里指出，把自然界中的所有物质归结为三种或四种元素源于人们的一种偏见。这种偏见从希腊哲学家那里一直传到了我们这里。"四元素说"认为，四种元素通过比例的变化可以构成自然界中一切已知物质，这种看法是一种纯粹的假说，是人们在实验哲学或化学基本原理出现很久之前所设想出来的。在当时，他们在没有掌握事实的情况下就建立理论体系；而我们已经搜集了事实，但当它们与我们的意见不一致时，我们似乎就决意抛弃它们了。这些人类哲学之父的权威仍然很有分量，甚至有理由担心它还会继续对后代人产生强烈的影响。

非常值得强调的是，尽管有许

□ "四元素"

现代人所理解的"物质"（matière）一词，其实与炼金术中这个词的含义毫不相干。炼金术学说认为，物质和精神是两个主动与被动的原始极，精神的体现要有物质的支持，而物质则必须借助于精神的内容才能得以保持。炼金术正是根据这项原理发展了一门元素理论，并且以明确的本性为基础。这些本性就是四元素。图为一幅中世纪描绘"四元素"的手卷。画面的左上方，一只蝾螈在火中燃烧；右上方，一只雄鹰在空中展翅飞翔；左下方，一位贵族装束的人端坐在雄狮上；右下方，前额饰有月牙的阿尔特弥斯在海上巡游。它们分别象征着火、气、土、水四种元素。中央射出的七束光线表示与炼金术金属相对应的七颗行星，依次是木星－锡、土星－铅、火星－铁、太阳－金、金星－铜、水星－汞、月亮－银。七个环内是七个操作阶段的隐喻图。画的中心是恩泽天国荣光的炼金术士，他双手握着炼金器具，两脚分别踏着海洋和陆地，如同《启示录》中的天使。

多哲学化学家曾支持"四元素说"，但却没有一个人根据事实证据而将更多的元素纳入到其理论中来。文艺复兴后的第一批化学家认为，硫和盐是组成大部分物质的基本物质；因此，他们承认存在六种而不是四种元素。贝歇尔（Becher）假定存在三种土质，认为各种金属就是它们以不同比例化合而成的。施塔尔对这个体系作了新的修正；而后来的化学家们则贸然给出或设想出一种类似性质的改变或增补。这些化学家都受他们生活时代思潮的影响而未作理性判断，而这种思潮却迎合了不加证明地盲目断言；或者说是以最低的可能性作为依据，得不到现代哲学"理论需要以严格的事实依据为基础"这一要求的支持。

在我看来，所有关于元素数量和性质的理论，都限于一种形而上学式的讨论。这个主题只给我们提供了不确定性的问题，这些问题可以用一千种不同的方式来解答，而很可能其中没有一种解答是遵循自然规律的。因此，我只想在这个主题上补充一点，如果我们用"元素（elements）"这个术语来表达物质是由那些简单而不可再分割的原子组成的，那么我们可能对它们一无所知；但是如果我们用"元素"或"物质的要素（principles of bodies）"这些术语来表达分析所能达到的终点这一观念，那么我们就必须承认，用任何手段进行分解所得到的最终物质都是元素。这并不是说，我们有资格断言那些我们认为是单质的物质不可能由两种要素甚至更多要素化合而成，而是说由于不能把这些要素分离开来；或者更确切地说，由于我们迄今尚未发现分离出元素的方法，它们对于我们来说就相当于单质，而且通过实验和观察验证它们处于化合状态之前，我们绝不应当去猜测它们处于化合状态。

上述对化学理论进步的思考，自然适用于表达这些理论的专业术语。1787年，在德·莫维、贝托莱、德·佛克罗伊等诸位先生和我联合撰写的关于化学命名法的著作的指导下，我已经尽可能地用简单的术语来给单一物质命名，而且我自然要先给这些物质命名。大家应该记得我们曾不得已保留了世界上早已为人们所熟知的某些物质的名称，只有在两种情况下才会进行修改：第一种情况为，新发现且尚无名称的物质，或者至少是虽被命名但时间不长且未获公众认可；第二种情况为，不论已被古代人还是当代人采用，在我们看来却是明显地表达了错误观念的名称，这些名称将适用它们的物质与那些其他具有不同或相反性质的物质给混淆了。在这种情况下，我们会毫不迟疑地代之以其他名称，它们绝大多数都是从希腊语中借用而来的。为表达这些物质最一般和最独特的性质，我们尽量用一种方式对物质命名；这样做还有一个好处，就是可以帮助初学者记忆（他们认为很难记住一个没有意义的新术语），又能使他较早地去习惯接受尚未与某种特定理论相联系的术语。

对于那些由几种单质化合而成的物体，我们按这些物质的本性所决定的化合方式，来给它们赋予新的名称；但是，由于二元化合物的数目已极为可观，因此我们能够避免混淆的唯一方法就是对它们进行分类。按照正常的观念秩序，"类"或"属"表达的是众多个体所共有的性质；相反，"种"表达的只是某些个体所特有的性质。

这些区别并不像一些人想象的那样，仅仅是形而上学的，是由自然确立的。哲学家阿贝·德·孔狄亚克说：

"指给一个孩子看第一棵树木，教他把它叫作'树'。当他看到第二棵树就会产生相同的概念，并且给它赋予同样的名称。对第三、第四棵树也照样这么做，直到最后他原先用于个体的'树'这个词，开始被他当作'类'或'属'，且包括了所有一般树木的抽象概念。但是，当他认识到所有的树木用途不尽相同、结出的果实也并不完全一样时，他就会立即学会用具体的、特定的名称去区分它们。"

这是所有科学的逻辑，自然也适用于化学。

例如，酸是由我们所接受的两种单质组成：一种构成酸性并为所有酸共有，"类"或"属"的名称应当根据这种物质来确定；另一种则为每种酸所特有，使它与其他酸区别开来，"种"的名称要根据这种物质来确定。但是绝大多数组成酸的两种单质，即酸素和被其酸化的物质可以按不同比例存在，构成所有可能的平衡点或饱和点。硫酸和亚硫酸（sulphuric and the sulphurous acids）的情况就是这样；我们通过改变特定名称的词缀来表明同一种酸的两种不同形态。

金属物质在空气和火的共同作用下会失去其金属光泽，增加重量，并呈现出土质的外观。它们在这种状态下，与酸一样，是由一种所有金属共有的要素和一种金属所特有的要素化合而成。因此，我们认为按照相同的方式，把它们归在取自共同要素的"属"的名称之下是恰当的；为此我们提出氧化物这一术语；并且用金属所归属的特殊名称将它们彼此区分。

可燃物质在酸和金属氧化物中是一种特别或特殊的要素，也能够成为许多物质的共同要素。长期以来，人们认为亚硫化合物是唯一归属于这一种类的化合物。然而，现在我们从范德蒙特（Vandermonde）、蒙日和贝托莱等诸位先生的实验中得知，除了铁以外，碳元素还可以与其他几种金属形成化合物；而且在这种按比例的化合中，可以得到钢、石墨等。我们同样从佩尔蒂埃（Pelletier）先生的实验中得知，磷能够与许多金属物质形成化合物。我们已经把这些不同的化合物归在根据共同的元素所确定的"属"的名称之下，并带上标明这种相似性的词缀，再用与各种物质相应的另一个名称一起来特指它们。

对由三种元素化合而成的物质命名仍然存在着较大困难，这不仅是因为它们的数量，更是因为我们只能用较复杂的名称才能表达其组成要素的性质。对于这一类物质构成，例如中性盐，我们就必须考虑：第一，它们全都共有的酸化要素；第二，构成特定酸的可酸化要素；第三，决定盐的特殊"种"的含盐碱、土碱或金属碱。为此，我们由属于"类"的所有物质共有的可酸化要素的名称推衍出每一类盐的名称，并通过特定的含盐碱、土碱或金属碱的名称来区分它们所特有的各个种类。

一种盐，尽管由三种相同要素化合形成，但仅仅由于它们的比例不同，就可能处于三种不同的状态。假如我们一直采用的命名法没有体现出这些不同的状态，那么它就有缺陷；而我们主要通过改变一致适用于不同盐的相同状态的各种盐的词缀来实现这一点。

总之，我们已经取得了这样的进展，仅从一个单独名称就可以立即明白参与化合的可燃物质是什么；该可燃物质是否与"酸素"化合，以何种比例化合；酸的状态如何；它与什么碱化合；饱和是否准确；酸或碱是否过量。

也许人们很容易就能想象到，在某些情况下如果不脱离既定习惯，而采用那些看上去就外行和不严谨的术语，就不可能达到这些目标。但我认为人们很快就会接受新术语，当它们与普遍且合理的命名体系相对应时更是如此。而且以前使用的名称，譬如阿尔加罗托粉（powder of algaroth）、阿勒姆布罗斯盐（salt of alembroth）、庞福利克斯（pompholix）、崩蚀性溃疡水（phagadenic water）、泻根矿（turbith mineral）、铁丹（colcathar）等，既不规范又不常见。通常来说，读者需多次练习才能记住这些名称所对应的物质，而且这要比记住它们所属的化合物更为困难。潮解酒石油（oil of tartar per deliquium）、矾油（oil of vitriol）、砒霜酪和锑酪（butter of arsenic and of antimony）、锌华（flowers of zinc）等名称就更为不妥，因为它们暗示了错误的命名规则；在整个矿物界，尤其是在金属物质中，并不存在诸如酪、油、华之类的品种；总之，给物质冠上这些荒谬名称的方式无异于误导大众。

化学命名法的论著发表时，人们指责我们改变了大师们所讲的语言，这些语言是以大师的权威性来区分的，而且已经传授给了我们。但那些指责我们的人却忘记了，正是伯格曼和马凯尔本人的教诲激励我们进行这项改革。学识渊博的乌普萨拉大学教授伯格曼先生去世前不久在写给德·莫维先生的信中说，"不要吝啬任何不恰当的名称；那些博学的人总会理解，那些初学者不久也会熟悉。"

对于我要奉献的这部更通俗易懂的基础化学著作，人们也有异议。因为我没有考虑那些前辈同行的建议，也没有理会其他人的看法。这使我没能客观公正地对待我的同事，尤其是外国化学家，虽然我本想公正地对待。但我恳请读者考虑一下，假如我用一大堆语录塞满一整部基础性著作，假如任由我对科学史以及研究科学史的著作发表冗长的论述，那么我必定会忘记写作的初衷，而写成的书必定让初学者极为反感。它不是科学史，也不是人类思想史，而是一部专注于基础的论著。我唯一的写作风格应当是轻松和清晰的，应格外谨慎地

□ 拉瓦锡和贝托莱

贝托莱与拉瓦锡同为法国科学院院士，是研究上的亲密伙伴。贝托莱支持拉瓦锡的"新燃烧学说"，并与拉瓦锡共同编制了化合物的命名系统。这套新的化学语言代替了从前炼金术中晦涩难懂的符号和名称，大大精简了物质的命名。图片描绘的是这两位化学家正在实验室中交流的场景。

避免一切会分散学生注意力的内容；为了使学习过程更为顺畅，所以尽力忽略了不相关的内容。即使我们不再增加额外的难度，科学本身也已呈现出了足够多的曲折与坎坷。除此之外，化学家们可以在本书的第一篇内容里看到，除了我本人所做的实验，我很少用到其他人的任何实验：无论何处内容。如果我采用了贝托莱、德·拉普拉斯和蒙日先生的实验与观点，或者用了那些与我本人相同的原则而又未注明，应归于以下原因：即我们经常往来，并经过充分交流，我们观察及思考问题的方式已经相互习惯，并形成了共同的见解，以至于很难再具体分清楚哪个观点是由谁提出的。

以上所述，主要围绕编撰本书中各章之间要遵循的秩序以及各章的实验依据和理论基础，这仅仅适用于本书第一篇。第一篇也是唯一包含我所应用理论要点的部分，我希望它将是一个非常基础的形式。

第二篇主要由中性盐类的命名表组成。我只在这些表格中增加了一般性的解释，其目的是指出获得不同种类已知酸的最简单的实验过程。这一部分不包含任何我自己创作的内容，只是摘录了不同作者著作中的实验过程与结果。

第三篇则详细记述了与现代化学有关的所有实验操作。长期以来，我一直认为人们非常需要这一部分内容，而且我相信这些内容一定会对读者有益。人们应该但尚未普遍了解，进行实验，特别是现代化学实验的方法；我在提交给科学院的每篇学术论文中，要是有更多关于实验操作的细节，就可以更好地帮助大家理解，在学习科学的道路上也就会取得更快速的进步了。在我看来，第三部分有关不同实验仪器的内容，顺序几乎是随机的；而我所注意到的唯一顺序，就是在每一章中彼此联系最紧密的实验操作被归在了一起。可以肯定的是，这部分内容从未借鉴其他任何著作中的内容，其所包含的主要实验装置都是由我亲自设计，并没有借助其他任何人之力。

我将逐字抄录阿贝·德·孔狄亚克的一些言论来结束这篇自序，我认为这些言论极为真实地描述了与我们相距不远的某个时期化学的发展状况。这些言论是就某门不同的学科所发表的；如果对这些言论的理解是正面的，那么其说服力也自然不会减弱。这些言论具体为：

对于我们希望了解的事物，我们不是应用观察，相反却愿意去想象它们。从一个毫无根据的假设推进到另一个毫无根据的假设，我们最终在一堆错误中迷失了自己。而这些成了偏见的错误却被当作真理来接受，因此我们更加迷惑。我们进行推理的方法也同样荒谬；我们滥用尚不理解的术语，并将其称为推理的技术。当问题发展到这个程度，当错误一再积累，只有一种补救措施可以恢复正确的判断；那就是忘记我们所学到的一切，沿着真理产生的顺序去追溯思想的起源。正如培根（Bacon）勋爵所说，重新构建人类的认知架构。

而我们自认为学识越多，这种补救措施就越难有效。难道那些基于敏锐的洞察力、极其精确和有序的方式而编撰的科学著作，能让每个人都理解吗？事实上那些从未做过任何研究的人，要比那些已做了大量研究，尤其要比那些写过大量著作的人理解得更透彻。

在《逻辑系统》第五章的结尾处，阿贝·德·孔狄亚克补充说：

但是科学毕竟取得了进步，因为哲学家们已更加注重观察，并统一了他们在观察中所使用的那种精准的语言。在他们纠正语言的过程中，他们也就能更好地进行推理了。

目 录 CONTENTS

图版部分 / 343

第一篇
关于气态流体的形成和
分解，单质燃烧及酸的形成

　　本部分的第一章解释了气体是热素与各种单质气体形成的化合物，因此氧气是由氧和热素组成的；第二章至第四章介绍了大气组成的普遍观点，并首次用现在的经典仪器对其进行了分析，说明了其组成成分的名称；第五章至第七章阐述了氧被硫、磷与木炭化合后形成酸，和被金属化合后形成金属氧化物；第八章阐述了水的分解和组成，表明水是氢与氧的化合物；第九章介绍了各种物质在燃烧过程中释放热素的测量实验；第十章介绍了可燃物之间的化合；第十一章至第十二章分析了几种氧化基和酸化基，以及在加热条件下植物物质和动物物质的分解；第十三章为一个定量实验报告，表明在某种化学变化中产物的总重量等于反应物的总重量，指出物质的重量在实验前和后相等；第十四章和第十五章分别解释了物质的腐化发酵和亚醋发酵；第十六章介绍了中性盐及不同基的生成；第十七章继续分析了中性盐的生成及成盐基质。本部分包含了拉瓦锡在全书中所应用的理论要点，是全书的基础。

第一章

论热素的化合，弹性气态流体或气体的形成

波尔哈夫（Boerhaave）在很久以前就完全确立了一条著名的自然公理或普遍真理：一切物体，无论是固体还是流体，其体积会因受热而增大。人们为了反驳这一真理的普遍性而引用一些事实依据，然而提供的只是一些错误的结论，或者这些论据至少是由于无关的原因而让事实变得更加复杂，从而让人作出了错误的判断。不过，当我们分别考虑这些情况，以根据它们分别所属的原因演绎出各个结果时，就容易得出自然界的一个恒定、普遍的规律——加热促使粒子分离。

如果我们已经把一个固体加热到一定程度，使其粒子相互分离，然后再让该物体冷却，其粒子将会以与升温分离时相同的比例相互接近；该物体以它原先膨胀时相同的程度恢复原状；而且，如果将它恢复到实验开始时的温度，它就会恢复到与以前完全相同的体积。但由于我们仍然远远不能达到绝对零度或者隔绝一切热，而且也不知道且难以推测物体能够被进一步冷却的极限程度，因此我们仍然无法使物体的终极粒子尽可能靠近彼此，故而，所有物体的粒子不会在迄今为止已知的任何状态下相互接触。虽然这是一个非常奇怪的结论，但却让人无法否认。

假定物体的粒子在受热时就这样不断地相互分离，它们之间不存在任何联系，那么自然界就不会有固体了，除非有某种额外的力量使它们聚合在一起，或者说把它们束缚在一起；无论这种力量作用的原因或方式是什么，我

们均称之为吸引。

因此，我们可以认为，所有物体的粒子都受到两种相反力的作用，一种为排斥力，另一种为吸引力，它们之间处于平衡状态。只要吸引力较强，物体必定处于固态；相反，受热会使这些粒子彼此远远分离而超出吸引力的范围，它们相互之间就失去了原先所具有的黏性，该物体就不再呈固体状态。

事实上，水就是一个普通、常见的例子。当水温在法式温度零下或华氏32°以下时以固体存在，被称为冰；在该温度以上，其粒子不再相互吸引而固定在一起，水就以液体存在；当我们将其温度升高到80°（212°）[1]以上时，受热引起的排斥力便会起作用，水就从液体变成气体。

可以肯定的是，自然界的一切物质都与此相同，或者说，与它们所受的热相比，其结果也基本相同：它们是固体、液体，或是弹性气体（蒸气状态），都取决于物体的粒子固有的亲和力和热作用引起的排斥力之间的比例。

不承认物质状态的改变是由某种真实存在的物质或是由极为微小的流体巧妙地进入物质粒子之间使其彼此分离的结果，就难以理解这些现象；即使承认存在这种流体是一个假说，我们也将在后面看到，它以一种非常令人满意的方式解释了这类自然现象。

无论这种物质是什么，它都是因加热而引起的，或者换句话说，我们称为"暖和"的感觉就是由这种物质的积聚引起的，所以按照严格规范的术语，我们不能用术语"热素"来表示它，因为用同一个术语既表示原因又表示结果不太恰当。为此，我在1777年出版的学术论文[2]中将其命名为"热

---

〔1〕在本书中，凡是出现热度的地方，都是作者根据列式温度计的刻度来标明的。括号内的度数是华氏温度所对应的度数，此为译者添加。——E
〔2〕见当年的《法国科学院文集》第420页。

流体（igneous fluid）和热素（matter of heat）"。从那时起，在德·莫维先生、贝托莱先生、德·佛克罗伊先生和我本人发表的关于化学命名法改革的著作中[1]，我们认为有必要废除所有繁冗的语言，这些语言使表述既冗长又乏味，且不明确，甚至经常不能充分地传达所要表述的主题。因此用"热素（caloric）"这个术语来表述物体变热的原因，或用来表述使物体变热的那种极富弹性的流体。这一表述除了在我们所应用的系统命名法中实现了我们的目标，还具有更大的优势，即符合各种理论，因为严格地说没有必要认定它是一个真实存在的实体；正如在本书的后面一部分将更清楚地陈述，不管热素是什么，都可以被认为是产生排斥力的原因，它只要能把物质粒子彼此分开就足够了。因此，我们仍可以自由地应用抽象和数学的思维来研究其影响。

就我们目前的知识水平，还无法确定光是热素的一种变体，或者相反地，热素是光的一种变体。然而无可争辩的是，在一个只接受既定事实的系统中，我们尽可能地避免去假设任何不能确定存在的事物，暂时用不同的术语来区分这些已知会产生不同效果的事物。因此，我们把光和热素区分开来；尽管我们并未因此而否认这些事物具有某些共同性质，而且在某些情况下，它们几乎以同样的方式与其他物质化合，在某种程度上产生同样的结果。

根据上面所陈述的内容，或许已足够对热素这一术语形成概念上的认识；但是要给出一个恰当的概念，说明热素作用于其他物体的方式，仍须做出更艰难的努力。因为这种细微的物质可以穿透所有已知物质的孔隙，没有任何容器可以阻止它逃脱，它也不能被任何容器保存，所以我们只能通过短暂的、难以弄清的现象来了解它的性质。特别是对于那些既看不见也摸不着的事物需要防止对其过度想象，过度的想象总是超越真理的界限，很难被限

---

[1] 即《化学命名法》。

制在固定的事实范围内。

我们已经看到，同一种物质以固态、液态或气态形式存在，取决于热素渗透的数量；或者更严格地说，是根据热素所施加的排斥力等于、强于或弱于它所作用的物质粒子的吸引力。

不过，如果只存在这两种力，物体成为液体的温度区间就会十分微小，而且几乎一瞬间就由固体聚集状态转化为气体弹性状态。例如，水在它不再是固体的那一瞬间就会开始沸腾，并转变为气态流体，其粒子毫无限制地分散到周围空间。这种现象没有发生，就意味着必定存在某种起作用的另外的力。大气压力阻止了这种分离，使水在温度升至法式温度计上的80°（212°）之前一直处于液态，水在低于该温度时所得到的热素量不足以克服大气压力。

由此看来，如果没有这种大气压力，任何液体都不能长期存在，只有在物质熔化的瞬间才能看到其处于液体状态，因为就算增加的热素很少，物质粒子也会立即分离开，并通过周围介质消散。如果没有这种大气压力，我们甚至不会有任何气态流体，因为严格地说，热素在产生排斥力克服吸引力的那一刻，粒子将无限制地分散开来，没有任何东西可以限制粒子的膨胀，除非它们自身的重力能够使它们聚集起来形成气体。

对最普通的实验进行简单思考，就能了解这些看法的真实性。下面的实验更具体地验证了这一点，该实验论文发表在1777年《法国科学院文集》的第426页。

在一个直径为12～15吩的细小玻璃瓶*A*内装满硫醚[1]（图版Ⅶ，图

---

[1] 由于我随后将给出定义，并解释被称为醚的液体的特性，因此我在此只先提到，它是一种非常易挥发的易燃液体，其比重比水或乙醇（酒精）都低很多。——A

17），瓶底P端触地，用湿气囊包覆并用线在瓶颈处多紧绕几圈扎牢；为提高安全性，可以使第一个气囊上再蒙一个气囊固定。容器中装满硫醚，在这种液体和气囊之间的空气含量会降至最低。现在将玻璃瓶放置在接通气泵的容器BCD之下，容器的上部B处应安装一个皮质密封盖，让尖端F通过非常尖锐的钢丝EE′穿过密封盖；同时容器应安装一个气压计GH。整个装置安装完成后，抽空容器内的空气，然后推动钢丝EF向下并在气囊上穿一个孔。硫醚立刻剧烈沸腾起来，变成弹性气态流体并充满容器内空间。如果硫醚的量足够多，在蒸发结束之后玻璃瓶里还将剩余部分液滴，那么弹性气态流体产生的压力就与气泵相连的气压计的汞柱液位压力相同，冬季维持在8~10吋热素而夏季维持在20~25吋热素[1]。为了使这个实验更完善，可以把一个小温度计插入装有硫醚液体的玻璃瓶A内，这样在液体蒸发时就可以观察到温度明显下降。

由于大气通常会对硫醚液面产生压力，因此设计该实验的唯一目的就是要消除大气压力的影响；假如不存在大气压力，可以证明在地球上的常温条件下硫醚总是以气体状态存在，还可证明硫醚由液态转化为气态的过程中伴随着热素的大大减少；因为一部分热素在蒸发前处于游离状态，或者起码在周围物体中处于平衡状态，而在蒸发时则与硫醚化合变成气态。

同样的实验，在所有可蒸发的液体如乙醇、水甚至是汞中都获得了成功。但有一点不同，那便是乙醇产生的气体仅仅使安装气压计的汞柱液位，在冬季大约维持在1吋，而在夏季通常维持在4~5吋；在相同的情况下，水形成的气体只会使汞柱液位升高几吩，而汞蒸发产生的气体则使汞柱液位上升不到1吩。因此，由乙醇汽化产生的气态流体要比由硫醚汽化产生的气态流

---

〔1〕如果作者能具体说明气压计中水银柱达到这个高度时的温度计的度数，就更令人满意了。——C

体少，由水汽化的比由乙醇汽化的少，而由汞汽化的要比由乙醇和水汽化的更少；所以消耗的热素越少，温度下降得也越少，这就使这些实验的结果完全一致。

　　另一个实验非常明显地证明，液态转化为气态受温度和液面承受压力的双重影响。1777年，在德·拉普拉斯先生和我在科学院宣读的一篇当时还未刊发的学术论文里指出，当硫醚液面受到的压力相当于气压计28吋或普通大气压力时，温度计显示在32°（104°）或33°（106.25°）时开始沸腾。德·吕克（de Luc）先生对乙醇做了类似的实验，发现它在67°（182.75°）时便开始沸腾。稍有常识的人都知道，水在80°（212°）时就会沸腾。现在我们知道沸腾只是液体的汽化，或者是液体从流体状态转为气体状态的过程，那么显然，如果我们将硫醚的温度一直维持在33°（106.25°）和普通大气压下，就会使它始终处于弹性气体状态；当乙醇在67°（182.75°）以上或水在80°（212°）以上时，也会发生同样的事情；这些都与下述实验结果完全一致[1]。

　　我将在一个大容器ABCD（图版Ⅶ，图15）中盛满温度为35°（110.75°）或36°（113°）的水；假定该容器是透明的，这样我们就可以看到实验中发生的情况，而且我们可以很容易地在这个温度下将手放在水中而不会感到不舒服。我将两个细颈瓶F和G放入容器中并灌满水，然后将其倒立以使瓶口置于容器底部。接着将一个装满硫醚的很小的长颈卵形瓶abc放进水中，卵形瓶的瓶颈有两个弯曲部分，瓶颈端插入细颈瓶F的瓶口内。另一端置入容器ABCD的水中以便于给它加热，容器一接触到水中传来的热量硫醚就开始沸腾，而且开始与热素结合使其变成弹性气态流体，我先后用这种流体装满了

---

[1]见《科学院文集》，1789年，第335页。——A

F、G等好几个瓶子。

这里不是研究这种极易燃烧气态流体性质和性能的地方；但是，因受限于目前所看到的实验事实，而不去猜测那些认为读者尚不知道的情况，在此我只想讨论的是，从这个实验来看，醚在我们的世界里几乎只能以气体状态存在；因为如果我们的大气压力只相当于气压计的20～24吋，而不是28吋，就永远无法获得液态的醚，至少在夏天是这样的；而且在海拔适中的山上也不可能形成液态醚，因为它一产生就会立即变为气体，除非我们使用极高强度的容器接收并辅以冷却和压缩措施。最后，由于人类血液的温度差不多就是醚由液态转变成气态的温度，而它必须能在消化道中蒸发，因此这种流体的医疗性能很可能主要取决于其所具有的机械作用。

亚硝基醚能让这个实验更为成功，因为它的蒸发温度要比硫醚更低。得到气态酒精较为困难，因为在67°（182.75°）时酒精才能蒸发，而此时浴器中的水几乎已接近沸腾的温度了，所以实验者几乎不可能把手伸入其中进行操作。

很明显，如果上述实验的对象是水，当水加热至高于其沸点的温度时就会变成气体。尽管对这一点较为确信，但我和德·拉普拉斯先生仍认为有必要通过以下实验事实来加以验证。我们在玻璃广口瓶A（图版Ⅶ，图5）中装满汞，并将其口朝下放置在同样装满汞的盘子B中，向广口瓶中加入大约2格罗斯的水，水上升到汞液面顶部CD处，然后将整个装置放入一个铁质蒸馏器EFGH中，蒸馏器中装满了温度为85°（223.25°）的沸腾海水做加热介质，放在加热炉GHIK上。广口瓶内汞上方水的温度一达到80°（212°）就开始沸腾；水将转变成气态流体充满整个广口瓶，而不仅仅是ACD这个小空间；A瓶内汞液面甚至下降到B盘中的汞液面以下；如果广口瓶不是很厚很重并被铁丝固定在盘子上，那它一定会被掀翻。将装置从蒸馏器中取出后，广口瓶内的蒸汽立即开始凝结，汞液面随之将回升到原来的位置；但将装置再放回蒸馏器内几秒钟之后，凝结液滴再次变成气态。

现在我们已经有了一定数量的物质，这些物质通过温度的变化可以转化为有弹性的气态流体，其转化温度并不比我们的大气温度高。随后我们会发现还有其他一些物质在类似的情况下也会发生同样的变化，如盐酸或海酸（亚油酸）、氨或挥发性碱、碳酸或固定空气、亚硫酸等。这些物质在常温和常压下属于富有弹性的流体。

如果有必要，可以增加更多实验案例，使我有充分的理由总结出这样一条基本真理，即自然界的每一种物质几乎都可以有三种不同的存在状态：固态、液态和气态，而这三种状态取决于和物质化合的热素量。因此，之后我将用"气体（gas）"这一常用术语来表示这些有弹性的气态流体；而且我将对每一种气体中的热素和具体实物加以区分，前者在某种程度上起到溶剂的作用，后者则是与热素化合形成气体的基。

对于各种气体的基，人们迄今为止还知之甚少，我们不得不对其进行命名，我将对物质加热和冷却时所伴随的现象进行说明，并在对大气层的组成建立精确的概念后，将在本书的第四章研究这些基。

我们已经指出，自然界中每一种物质粒子都处于某种平衡状态中。这种状态处于使粒子趋于聚集并保持在一起所需的吸引力与热素使它们趋于分散的排斥力之间。因此，热素不仅围绕着所有物质粒子，而且充满在粒子彼此之间的每一丝间隙。我们可以这样设想，即假定在一个已经装满小铅丸的容器中再倒进一些细沙，让细沙慢慢渗入铅丸之间，直到填满所有空隙。铅丸之相对于包围它们的沙粒所处的情况，与物体粒子之相对于热素的情况基本相同；仅有的不同之处在于，铅丸被设想为处于彼此接触状态，而物质粒子由于热素会使它们彼此之间分散且存在一些距离，因此并不处于紧密接触状态。

如果我们用六面体、八面体或任何其他具有规则形状的固体代替铅丸，那么它们之间空隙的容量就会减少，所能容纳沙粒的数量就变少。就自然物质而言，情况亦大致相同；由于物质粒子的形状和大小不同，加之粒子间保持的间距随其内在吸引力与热素驱动对其施加的排斥力之间实际比例的不同而变化，粒子之间留下的空隙大小并不总是相等的，而是各有不同。

依照上述假设，再来理解英国哲学家提出的以下表述，我们便对这个问题有了更为确切的理解："物质容纳热素的能力（the capacity of bodies for containing the matter of heat）"。将感性事物进行比较，对我们理解抽象的特有概念有很大帮助，我们将把被水浸湿和渗透的物体与水之间所发生的现象作为具体实例，加上一些自己的理解，尽力对此进行解释。

如果我们把种类不同而体积相同的木块浸入水中，假如每块的体积都是1立方呎，液体逐渐渗入木材的微孔使其重量和体积都增加；但每种木材吸收的水量不同——较轻和多孔的木材吸收的水量较大，紧凑和纹理较密的木材吸收的水量较小；因为木材吸收的水量多少完全取决于组成木材的粒子的性质，以及它们与水之间亲和力的大小。例如，树脂含量非常高的木材，尽管它可能同时也是多孔的，但吸水量却很少。因此，我们可以说，不同种类的木材的吸水能力不同。我们甚至可以通过它们重量的增加来确定它们实际吸收了多少水；但是，由于我们不知道它们在浸泡之前含有多少水，因此我们无法确定，在从水中取出后它们的绝对含水量。

同样的情况无疑也会发生在浸入热素中的物体上；然而，考虑到水是一种不可压缩的流体，而热素则恰恰相反，它具有极大的弹性；换句话说，热素粒子在被任何其他力量强迫接近时，有一种极大的相互分离的倾向；这种力量上的差异，必然会使在这两种物质上进行实验的结果呈现出非常大的差异。

在确立了这些简单明了的命题之后，解释下列术语应当包含的概念就十分容易了，这些概念的含义完全不同，它们各自具有下列定义中严谨而直观的含义：

游离热素（free caloric）：是指不以任何形式与其他任何物质化合的物质。但是，由于我们生活在一个对热素具有极强黏着力的系统环境中，因此我们绝不能获得完全处于游离状态的热素。

化合热素（combined caloric）：是指被亲和力或选择性吸引力固定在物质中的物质，从而形成物质的一部分，甚至是其体积的一部分热素。

我们定义了"比热素（specific caloric）"这一术语，以表示使具有相同重量的不同物质升高相同温度各自所必须的热素。"比热素"的值取决于对应物质的组成粒子之间的距离以及化合程度的大小；或者更确切地说，这种距离是它们形成的空间或空隙，正如我们已经说过的，称为"物质容纳热素的能力"。

被认为是一种感觉的热，或者换言之，可以感知的热，仅是物体周围的热素通过运动而与物体脱离，并对我们的感觉器官产生影响。一般而言，我们对热的感受只是热素运动的结果，我们可以将其确立为一条公理，即"没有热素运动，就没有热的感觉"。这一公认的定理非常准确地解释了我们感觉热或冷的原因：当我们触摸一个冰冷的物体时，人身体正处于平衡状态，热素就从手传递到我们触摸的物体，使我们有了对冰冷的感觉或感受。当我们触摸一个温暖的物体时，相反，热素从物体传递到我们手中产生热。如果手触摸的物体与手的温度相同或者非常接近，就没有热素运动或传递，我们就不会产生热或冷的感觉；因此没有引起感觉的相应热素运动，就不可能产生热的感觉。

当温度计显示温度升高时，就表明游离热素进入了周围的物体：物体吸收的热素量可通过计算其温度变化得到，且其与物体的质量及它所拥有的容纳热素的能力成正比。因此温度计上的温度变化，仅意味着热素在这些物体中的位置发生了变化，而温度计也是这些物体的其中部分；仅表明温度计接纳了一部分热素，"比热素"不是衡量所有离散、转移或被吸收热素量的标尺。

衡量热素量最简单、最精确方法，也就是德·拉普拉斯先生于1780年在《科学院文集》第1780期第364页中所描述的方法，其简要说明可在本书的末尾处读到。这种方法就是，将一个物体或多个物体放置在一个中空的冰球内部，让热素从其中脱离出来；用冰融化为水的量来精确测量脱离

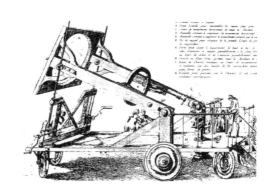

□ 巴黎皇家科学院建造的巨大透镜

这架巨大的透镜由拉瓦锡和其他院士于1774年监制，它能够聚焦太阳的射线，产生强大而集中的热量以用于化学实验。

物体的热素量。我们用这个方法制造装置来进行实验测试，可以确定"比热素"不像人们所认为的是"物质容纳热素的能力"，而是在一定温度下的升高或降低一定温度所引起热素量的增加或减少的比率。使用相同的仪器，并采用不同的实验设计组合，可以很容易确定，将固体物质转化为液体以及将液体转化为弹性气态流体所需的热素量；反过来，弹性蒸气转变为液体释放出的热素的量，或液体转变为固体释放出的热素的量，都可以被测定。也许在将来，当实验测试精度足够高时，我们能够确定产生几种气体所需热素的精确数据。依照此方法进行实验测试的主要结果，我将在后面的单独一章中予以介绍。

在本章结束之前，我们还需要简要交代一下物质在蒸发状态时气态和液态具有弹性的原因。不难看出，这种弹性取决于热素的弹性，热素似乎是自然界中最具弹性的物质。而更易于理解的是，一个物体与另一个具有弹性的物体化合后，该物体会变得富有弹性。我们必须承认，这只是用弹性假定对弹性作出的一种解释，因此我们仅仅是把问题向前推进了一步，而对于弹性

的本质以及热素具有弹性的原因仍然没有给出合理的解答。抽象地讲，弹性无非是物体的粒子被迫压在一起时彼此相互排斥的性质。热素粒子的这种分离倾向甚至在距离相当远时也会发生。当我们考虑到空气可以被大大地压缩时，就必须假定其粒子原来相距很远，我们就会确信这一点；因为要使它们靠近到一起，必然满足原先的距离至少与靠近的距离相等。因此，那些本就彼此相距甚远的气体粒子，必然会分离得更远。事实上，如果我们能在一个大容器中形成波义耳真空，最后那部分的剩余气体就会均匀地扩散到整个容器的各处，不论容器有多大，气体都会完全将其充满，并撞击容器内壁，产生压力。然而，只有先假定这些粒子在尽力四处分散才能解释这种效应。至于这些粒子间的距离有多远或说要稀薄到何种程度，这种自相分散的趋势才会终止，我们对此毫无概念。

因此，这些弹性流体粒子之间存在真实的排斥力；至少分散趋势完全发生了，仿佛排斥事实上存在过；我们完全可以确定，热素粒子是相互排斥的。存在排斥力的假定一旦成立，气体或气态流体形成的基本原理就简单清晰了，不过我们必须承认，对这种作用于彼此相距甚远的微小粒子的排斥力，形成一个准确的概念是极其困难的。

也许，更自然的假设是：热素粒子比任何其他物质粒子具有更强的相互吸引力，假设后一种粒子由于热素粒子之间的这种超强吸引力而被迫分离，这种吸引力作用于其他物质粒子之间的热素，使它们能够彼此重新化合。干海绵浸入水中时所出现的现象，与这个假设较为类似：海绵膨胀；粒子彼此分离；海绵粒子间所有空隙都注满了水。很明显，海绵在吸水膨胀的过程中，获得了比干燥时更大的水容量。但我们不能就此认为，水进入海绵粒子之间就赋予了它们排斥力，有助于它们彼此分离；正相反，所有这些现象都是靠吸引力产生的。这些吸引力：第一是水的重力，以及与所有其他流体相同的那种到处都起作用的力[1]；第二是产生于水粒子之间，使其化合在一起的吸引力；第三是存在于海绵粒子与水粒子之间的吸引力。很容易理解的是，对这些事实的解释完全取决于对这几种力量的强度以及它们之间的联系的正确认识；而且很可能以类似的方式及依赖于不同吸引力的某种组合，由热素导致物质粒子间分离。我们的认识尚不全面，因此暂时只能力图通过热素传递对物体粒子的某种排斥力这一假定来表示这种化合。

---

〔1〕表面张力。——C

第二章

关于大气的形成和组成的普遍观点

　　这些弹性气态流体或气体形成的相关理论，启发了我们对行星大气，特别是对人类地球大气层初始形成的认知。很容易便能想到，它必定是下列物质的一种混合物：首先是所有能够蒸发的物质，更严格地讲，是能够在我们的大气温度下，而且在等于气压计中28吋汞柱刻度对应的压力下能保持弹性气体状态的物质；其次是能够被这些不同气体的混合物所溶解并化合的物质，无论它是液体还是固体。

　　这个假设非常值得深入思考，但到目前为止还没有得到充分的考虑。让我们设想一种情景，如果地球温度突然发生了变化，组成地球的各种物质会发生什么变化？例如，我们突然被传送到水星表面，那里的环境温度很可能比沸水的温度高得多，那么地球上的水以及在接近水沸腾温度时可呈气态的所有流体，甚至汞都会变得极为稀薄；所有的这些物质都会变成永久的气态流体或气体，而成为新大气的一部分。这些新种类的空气或气体在分散的同时，与那些已经存在的气体混合，并且会发生互相分解和新的化合，直到这些新旧气体物质之间存在的所有选择性吸引力或选择性亲和力完全发挥作用为止；之后构成这些气体的基本要素在得到饱和后才会静止。另外，我们必须注意到，即使在上述假设成立的情况下，汽化本身所产生的这些物质蒸发分散也存在一定的界限；因为大气压力会随弹性流体的增加而成比例地增大，增大的压力或多或少都会抑制物质的持续汽化。就算是最易汽化的流体，也能在高温高压下维持液汽平衡状态。如果按比例加压，水和其他流体在帕平蒸汽锅中就能保持炽热的状态；我们必须承认，新的大气压力最终会达到某种程度，致使还没有汽化的水停止沸腾并且保持液体状态；因此按照这种假设，对于性质相似的所有其他物质，大气压力的增加都会达到某一不能超越的极限。我们也许可以进一步扩展这些想法，并研究在这种情况下，石头、盐以及构成我们地球质量的大部分易熔物质会产生什么变化。也许这些物质会软化、熔化并变成液体等。不过这些推测偏离了本书的主题，我们还是言归正传吧。

按照与我们已经形成的设想反推另一种设想，如果地球突然进入一个非常寒冷的环境，那么目前构成我们的海洋、江河和泉流的水，以及我们所熟悉的大部分流体，就会变成密实的山体和坚硬的岩石，起初它们是透明而均质的，像水晶一样；但随着时间的推移，并与外来的异质物质混合，最终会成为带有各种颜色的不透明石头。在这种情况下，空气，至少是现在构成我们大气的气态流体的某些部分，无疑会因为缺乏保持它们状态的足够温度而失去其弹性——它们将返回到液体状态，并以新形成的液体形式存在，而关于这些液体的性质，我们目前还无法形成任何概念。

这两个相反的假设为以下定理提供了明确的依据：第一，"固态（solidity）、液态（liquidity）和弹性气态（aeriform elasticity）"只是同一物质的三种不同存在状态或三种特殊的变化形态，几乎所有物质都有可能相继出现三种特殊的形态，而且仅与物质的温度有关；或者说，它取决于渗透进物质的热素的多少[1]。第二，空气极有可能是以蒸气状态自然存在的流体；或者我们可以更好地表达为，大气是所有流体形成的混合物，这些流体

---

[1] 必须要考虑它们所承受的压力程度。——E

在常温和常压下，能以蒸气或长期以弹性状态存在。第三，在我们的大气环境下某些自然物质很可能是非常质密的，甚至可能是金属；例如，比汞更容易挥发的某种金属物质，可能存在于这种情况中。

在我们所熟悉的流体中，有些流体，如水和乙醇，可以按各种比例相互混合。而另一些流体，如汞、水和油，只能进行短暂的混合；而且它们混合在一起后就按照各自的比重快速分层存在。在大气环境下，它们应该或者至少可能会发生同样的事情。有可能甚至极有可能的是，最初形成的气体很难与大气混合，并不断从中分离。如果这些气体比普通大气质量更轻，当然，它们必定会聚集在较高的区域，并形成漂浮在普通大气上的气层。结合像火烧云一样的大气景象，我相信，在我们大气的上部存在着一层与那些产生北极光和其他类似燃烧现象的空气层相接触的可燃流体气层——我计划以后在一部单独的论著中探讨这个问题。

第三章

关于大气组成的分析，可分为两种弹性流体：
一种适于呼吸，另一种不适于呼吸

从前两章所述可知，我们的大气是由在常温常压下能够保持气体或汽化状态的各种物质的混合物组成的。从某种程度上来讲，这些流体构成性质均匀的气团，气团由地球表面扩散到至今能达到的最大高度，其密度与压在上面的气层重量成反比地逐渐减小。不过，正如我在前面所观察到的，地表气层可能被完全不同的流体所组成的另外几个气层所覆盖。

本章的主要目标是，尽力通过实验去确定构成我们生存环境的地表气层的弹性流体的性质。现代化学已经在这一研究上取得了重大进展；由下面的详细叙述我们可以看出，与确定其他任何物质的分析法相比，人们已更为严格地确定了对大气中空气的分析法。有两种确定物质组成要素的一般化学方法，即分析法和合成法。例如，当我们将水与乙醇化合形成各种酒——也就是商业术语中的白兰地或葡萄酒，我们当然可以确定白兰地或葡萄酒是由乙醇与水化合制成的；我们还可以通过化学分析法得出同样的结论。总之，采用这两种化学方法得到的分析结果必须一致才能确定物质的组成要素，这应该被视为化学科学的一项基本定理。

既能够将其分解，又能够以令人满意的方式重新形成新的空气，这是我们在空气组成分析方面具有的有利条件。然而，本章仅对与主题有关的且极具结论性的一些实验进行介绍；可以确定这些实验大多数是由我本人所做的，我以全新的视角来分析空气的组成，这其中有些是我首创的，有些是我借鉴了其他人的实验。

取一个容量约为36立方时的球形瓶（*A*，图版Ⅱ，图14），长颈*BCDE*的内径为6~7吩（前已注），颈部弯曲如图版Ⅳ图2所示，以便将其放置在加热炉*MM′NN′*中，使其颈部*E*的末端可以插入钟形玻璃罩*FG*中，把它放置在汞槽*RR′SS′*中；再用一根虹吸管向球形瓶内导入4盎司纯汞，排出容器*FG*中的空气以使汞液位上升至*LL′*，并贴一张注明这个高度的纸条。在准确记录了温度计和气压计的高度数值之后，我点燃炉子*MM′NN′*中的火，持续加热了差不多十二天，使汞液几乎始终处于沸腾状态。第一天没有发生异常情况：汞液虽然没有沸腾，但一直在蒸发，容器的内表面覆盖着微滴汞液，这些汞滴起初非常微小，随后逐渐增大至足够的体积，最后落回到容器底部的汞液中。第二天，汞液表面开始出现红色的细小颗粒，在接下来的四五天，这些颗粒的大小和数量逐渐增加；之后，体积与数量方面的增加都停止了。第十二天末，由于看到汞的煅烧程度没有丝毫增加，我便停止了加热并让容器冷却。球形瓶的瓶体和瓶颈以及玻璃罩中的空气压力减少至气压计刻度的28时处，温度计上的读数为10°（54.5°），而实验开始时空气体积约为50立方时。在实验结束时，减少到相同的介质压力和温度，剩余的空气只有42~43立方时；因此它失去了大约1/6的体积。之后，我从汞液中收集实验期间所形成的所有漂浮着的红色颗粒，发现这些颗粒重量一共达到了45格令（1格令约合0.0648克）。

由于在一次实验中，很难保留我们所处理的全部空气，也很难收集到在煅烧过程中形成的全部红色颗粒或汞灰，因此，我不得不多次重复这个实验。而且，在后面的实验中，也经常会出现这样的情况，我即将对一个细节给出两三个性质相同的详细实验结果。

在这个实验中，汞煅烧后剩余的空气减少到原来体积的5/6，既不再适于

呼吸也不再适于燃烧；放入
其中的动物在几秒之内便会
窒息而死，而且当把点燃的
蜡烛插入容器内，它就会像
被浸入水中一样瞬间熄灭。

接下来，我取在实验
中形成的45格令红色颗粒，
把它们放入一个小玻璃曲颈
烧瓶中，取一个适当的装置
来回收可能被提取的液体或
气体产物：用加热炉加热烧
瓶，我观察到红色颗粒随着
温度的升高，其颜色逐渐变

□ **普利斯特里的实验室**

　　图为普利斯特里在伯明翰的实验室，其分解出氧气的那场
著名实验就是在这里完成的。普利斯特里笃信"燃素说"，即
使他在分解氧化汞的实验中发现了新的气体（氧气），他也认
为这是"脱燃素气体"。因此生物学家居维叶说："普利斯特
里是现代化学之父，而他却不承认自己的亲生'女儿'！"由
于普利斯特里同情法国大革命，这所房子不幸遭到暴徒的攻击
而焚毁，他本人也不得不移居美国。

深。当烧瓶几近炙热时，红色颗粒的体积开始逐渐减少，几分钟后就完全消
失了；同时在接收瓶中收集到$41\frac{1}{2}$格令的液态汞，在玻璃钟罩中收集到7～8
立方吋的气态弹性流体，该流体要比大气空气更适于呼吸和燃烧。

取一部分的这种气体置于直径约为1吋的玻璃试管中，显示出如下性
质：小蜡烛在其中燃烧并发出耀眼的光芒，木炭也不像它在普通空气中那样
缓慢地变成灰烬，而是像磷一样伴随着闪爆声，火焰腾起燃烧，发出耀眼到使
人的眼睛几乎难以忍受的白光。普利斯特里（Priestley）先生、舍勒先生以及
我本人几乎同时发现了这种气体。普利斯特里先生给它取了个名字，叫作"脱
燃素气体（dephlogisticated air）"，舍勒先生把它称作"超凡空气（empyreal
air）"。起初我把它命名为"极适宜于呼吸的气体（highly respirable
air）"，后来则用"生命气体（vital air）"这一术语来代替它。下面大家就
会明白，我们应当如何理解这些名称。

在对这个实验过程进行思考时，我们可以很容易地发现，汞在煅烧过程中吸收了空气中有益于健康及适于呼吸的部分，或者更严格地说，吸收了这种适于呼吸部分的基质；剩余的气体是一种不能支持燃烧或呼吸的有害气体；因此大气是由两种性质不同的弹性流体组成的。作为这一重要真理的证明，如果将这两种弹性流体（我们在上述实验中分别获得的），即42立方时的有害气体与8立方时的适于呼吸的气体重新组合，它们就会产生一种与大气相似的气体，并且这种气体具有几乎相同的适于燃烧、呼吸以及促进金属煅烧的能力。

构成大气的两种主要弹性流体彼此独立存在，尽管这个实验为我们提供了获得它们的方法，但它并没有给我们一个确切的概念来说明这两者在大气构成中的比例：汞对空气中可呼吸部分的黏附力或者说对其基的吸引力，还不足以克服所有阻碍这种化合的因素。这些障碍就是大气中的两个组成部分的相互黏附力，以及将生命空气与热素混合在一起的选择性吸引力；由于这些原因，当煅烧结束时，或者至少在给定数量的大气中的煅烧尽可能地进行得很完全时，仍然会剩余一部分适于呼吸的气体与有害气体混合在一起，而汞却无法将其分离出来。后文我将说明，至少在我们所生存的大气环境中，空气是由比例为27∶73的适于呼吸的气体和有害气体组成的；之后我还将进一步讨论，就这个比值数据的准确性而言，仍然存在不确定性的各种原因。

由于汞的煅烧使得空气被分解，其适于呼吸的部分基被固定并与汞化合，因此从已经确立的各原理可以推定：在这个过程中，热素和光必定被释放出来。不过以下两个原因妨碍了我们去感觉这种情况的发生：第一，由于煅烧持续了数天，因此热素和光的分离在相当长的时间内展开，而在每一特定时刻就变得非常微弱，以至于人们无法察觉；第二，依靠加热炉中的火进行加热操作，煅烧自身产生的热素与来自加热炉的热素产生了混淆。我或许添加了适于呼吸的部分气体，或者确切地说是其基，这部分气体在开始与汞化合时不会释放由它最初所容纳，但在形成新化合物后仍保留一部分的热素；不过关于这一点的讨论以及实验依据不属于本章探讨的主题。

如果气体的分解能以更快的方式发生，热素和光的释放就能很容易被感知到。铁非常符合这一要求，因为它对适于呼吸气体的基的亲和力比汞要强。英根豪茨（Ingenhouz）先生巧妙设计的铁燃烧实验，在化学界是众所周知的。我们取一段细铁丝，把它弯曲成螺旋形BC（图版Ⅳ，图17），将B端固定在软木塞A中，软木塞A的大小与细口瓶$DEFG$的瓶颈相适合，将铁丝的C端固定少许引火物。这样准备好后，让细口瓶$DEFG$充满已除去有害气体的剩余部分；然后点燃固定在铁丝上的引火物，将其迅速插入瓶中，并用软木塞A将瓶密封好，如图（图版Ⅳ，图17）所示。引火物一旦与生命空气接触，立刻开始剧烈燃烧；而且当烧至铁丝时，铁丝也随机着火并迅速燃烧起来，闪着耀眼的火花，呈小圆球状的火星落至容器底部。这些火星在冷却后变黑，但仍保留了一定程度的金属光泽。经如此燃烧后的铁丝甚至比玻璃更脆，且易碎成粉末，但仍然可被磁铁吸引，不过磁引力量不如燃烧前强。由于英根豪茨先生既没有研究铁燃烧前后所发生的变化，也没有研究这个实验所引起的气体性质的变化。因此，我就用一套适合于阐明我独特见解的装置，在各种条件下重复了这个实验，实验如下：

在一个大约6品脱（1品脱=568.26125 mL）容积的钟形玻璃罩A（图版Ⅳ，图3）里装满了纯净空气，或者是空气中极适于呼吸的部分，之后我用一个非常扁的平底托盘容器把玻璃罩移入汞液浴槽BC中，并用吸墨纸将玻璃罩内外表面的汞仔细擦拭干净。在一个又扁又平的小瓷皿D中，放入若干个扭转成螺旋形的小铁片，以看上去最有利于燃烧的方式放置。在其中一块铁片的末端固定一小块引火物，在引火物上加上约1/6格令的磷，然后稍微抬起钟形玻璃罩，将装有铁片等物的瓷盘放进纯净的空气之中。我知道，以这种操作方式，必然会使一些普通空气与玻璃罩中的纯粹空气混合；但如果操作足够快的话，混入的量就微乎其微，无碍于实验的成功。最后，使用虹吸管GHI从玻璃罩中吸出一部分气体，使玻璃罩内汞液面上升到EF；为了防止汞液进入虹吸管，在虹吸管的末端塞入一小块纸团。在吸出空气时，如果只借助肺部的运动，我们无法使汞液面上升到1~1.5吋以上；但是如果适当使用口腔的肌肉运动，我们即可以毫不费力地使汞液面升高到6~7吋。

之后取一段铁丝M（图版Ⅳ，图16），为了方便实验，我们让其适当弯曲，并在火中烧红后通过汞液伸入玻璃罩内，将引火物上附着的磷点燃。燃烧的磷立即点燃了引火物，随后铁片也被点燃。如果铁片放置合理，就会全部燃尽，直至最后一颗小铁粒，整个过程会闪出类似中国烟花的耀眼白光。这种燃烧产生的高温将铁片熔化成大小不一的小圆球，其中的大部分落入瓷杯中，但有一部分飞溅出并飘浮在汞液表面上。燃烧开始时，由于高温引起的膨胀，使玻璃罩内的空气体积略有增加；但很快，空气就迅速减少，玻璃罩内的汞液面上升；如此，当铁片足量且实验空气纯度够高时，几乎所有的空气都会被吸收。

在这里应该注意的是，除非是以探索为目的实验设计，否则燃烧所需的铁片最好适量；因为当实验铁片过多时，燃烧会吸收大量空气，浮在汞液面上的瓷杯D就会太接近钟形玻璃罩底部；燃烧产生的大量热素会使玻璃罩迅速升温，并在接触到冷汞后又突然冷却，很可能使玻璃罩发生破裂。在这种情况下，即使玻璃罩产生非常细小的裂缝，汞也会瞬间大量喷射而出，引起液面位置瞬间下降。为避免此类失误，确保实验成功，在一个能容纳约8品脱空气的玻璃钟罩内放置1.5格罗斯量的铁片就够了。而且，玻璃钟罩应坚固到能承受它必须支撑的汞柱重量。

我们不可能仅通过一次实验，便能既确定铁片燃烧后增加的重量，又确定气体中发生的变化。如果想确定铁片增加的重量，以及该重量与吸收的空气之间的比例，我们就必须仔细地用金刚石在玻璃钟罩上刻下实验前后汞液的高度[1]。此后，像前面的实验一样，用一小块纸团塞住虹吸管末端防止汞液回充虹吸管 GH（图版Ⅳ，图3），将虹吸管一端插入玻璃钟罩之下，并用大拇指压在虹吸管的 G 端以控制进气速度；用这种方法让空气逐渐进入，使汞液位降至其水平线。操作时，要小心地移动玻璃钟罩，准确地收集落在杯子中、散落在周围以及浮在汞液面上的小铁球，并将其一起进行称重。我们将发现，燃烧后的铁粒具一定程度的金属光泽且非常易碎，使用小锤或研磨棒研磨很容易将其变成粉末，古代化学家将其称为磁性氧化铁（玛尔斯黑剂）（martial ethiops）状态。若实验非常成功，100格令铁燃烧后能得到135～136格令的黑剂，重量共计增加了35％左右。

如果仔细观察这些实验数据，我们就会发现减少的空气重量与铁增加的重量正好相等。因此，100格令铁在燃烧后重量额外增加了35格令左右，减少的空气量正好是70立方时；然后我们会发现，每立方时生命气体的重量几乎就是半格令，因此一种物质增加的重量实事上恰好与另一种物质失去的重量相等。

我在这里仅说一次，在每类实验前后，空气的压力和温度在计算中都必须换算成法式温度计上的10°（54.5°）和气压计上的28法制时这些共同标准。有关进行这种必要换算的详细方法，请翻阅本书末尾的附录部分。

如果需要检验实验结束后剩余空气的性质，我们必须以某种不同的方式来进行。在燃烧结束及容器冷却后，首先将手伸入玻璃钟罩的汞液中，取出瓷杯和燃烧过的铁；接下来我们导入一些草碱、苛性碱或草碱硫化物的溶液，或经验证合适的物质来检验残留空气的性质。我将在后面的章节中介绍

---

[1]同样需要注意的是，在实验前后，玻璃钟罩中的空气需折合成普通温度和压力，否则下面的计算结果将是错误的。——E

这些气体的分析方法，同时会解释在这里只是偶然提及的不同物质的性质。经过这样检验，我们必须在玻璃钟罩中放进大量的水以取代汞液，然后把一个平底托盘放置在玻璃钟罩下面，将其移到普通的水封气体化学装置中，在这里可以很方便地对剩余空气进行详细研究。

如果实验中使用的铁片足够纯且十分柔软，而且其是在适于呼吸的高纯度空气或生命气体中燃烧，那么我们就会发现，燃烧之后剩余的空气与燃烧之前的一样纯净，完全没混进有毒或有害的部分；但是，我们很难找到完全没有碳化的铁，碳化物是钢铁炼制的必要成分。也极难获得完全不含某种有害部分的高纯度空气，高纯度空气几乎总是含有部分有害气体；但是这种有害气体对实验结果没有丝毫影响，因为总是发现它在实验前后所占总重比例相同。

我们在前面提到过，有两种方法可以确定空气的组成：一种是分析法；另一种是合成法。汞的煅烧为我们提供了使用这两种方法的例子，因为用汞液消耗了容器底部空气中适于呼吸的部分后，我们又将它恢复了原状，重组了与空气比例完全相同的气体。但是，从不同自然物体借用组成空气的材料，同样可以合成这种大气的成分。我们将在后文看到，当动物物质在硝酸中溶解时，就会释放出大量可使蜡烛熄灭也不适于动物呼吸的气体，而这些气体恰恰与大气中有毒或有害部分的性质完全相似。而且，如果按重量取73份这种弹性流体，并将其与27份从煅烧汞液中获得的高纯度适于呼吸的气体混合，就形成所有性质都与大气中的空气高度相似的弹性流体。

还有多种其他方法可以将大气中适于呼吸的部分与有害的部分分离，只是它们都属于后续章节内容，在本章中就不多费笔墨了。就物质性质分析而言，已经引证的实验对于一部基础论著来说已经足够了，而且有效性远比数量的多少重要。

在本章最后我要指出的是，大气中的空气和所有已知气体都具有溶解水的性质，这种属性极为重要，在所有这种性质的实验中都要引起足够的重视。索修尔（Saussure）先生通过实验发现，1立方呎的空气能够容纳12格令的液态水；其他气体，如碳酸气体，似乎能够溶解更多的水，但仍然缺乏实验依据来确定它们的准确比例。这种气体所含有的水分在许多实验中引起了特殊的现象，而应当重视的是，这些现象通常是证明化学家们在验证其实验结果过程中出现重大失误的根源。

第四章
关于大气的几个组成部分的命名

　　迄今为止，我只能使用相对贴切的说法来表述构成大气的几种物质的性质，暂时使用了"适于呼吸"和"有害"或"不适于呼吸"等术语。但是我打算进行的研究需要一种更直接的表达方式；而且已经对构成大气的不同物质给出了尽量简单而明确的定义，下面我将用同样简单的术语来表达这些定义。

　　地球环境的温度非常接近于水由液态变成固体，并且可在固体和流体的水之间相互转变的温度。由于能经常观察到这种现象发生，因此很自然就能总结出：至少在所有能承受冬季气候地带的人类的语言中，都会有一个术语来表示失去热素的固态水。但尚未发现必定有一个词语可以来表示由于热素量的增加而变成蒸汽状态的水。因为那些对这类物质不做专门研究的人自然不会知道，当水的温度仅略高于沸腾温度时，就会变成一种弹性气态流体，像其他气体一样容易被收集并装入容器中；而且只要保持其温度在80°（212°）以上以及压力不超过28法制时的汞气压计刻度，它就能维持其气体状态。由于这种现象一般难以观察到，因此没有哪一种语言可以使用特定术语来表达这种状态下的水[1]；同样的事情发生在所有液体和所有物质上，

---

　　[1]在英语中，水蒸气（steam）这个词专门用于指处于蒸汽（vapour）状态的水。——E

它们在常温常压的环境下不会蒸发。

基于此类原因，大多数气态流体的液体或固体状态也一直未被命名。人们不知道这些物质是由热素与某些基化合而成的；而且由于无法看到它们在液态或固态时的状态，因此连自然哲学家们都不知道它们是以两种形式存在的。

我们没有擅自变更这些从古代就被习惯神圣化了的术语，而是继续在人们的普遍接受的语境下继续使用"水"和"冰"这两个词语。同样我们保留了"空气"这个词语，以表达构成大气的弹性流体的集合；但我们认为没有必要同样看重后世哲学家采用的现代术语，而认为我们自己有权拒绝诸如此类被用来表示物质，而看上去似乎容易引起误会的术语，不管是用新的术语替代，或者对使用的旧术语进行修改能表达更确定的概念之后继续沿用。我们主要从希腊语中提取新词，以使它们的词源能够传达一些所要表达的意思；我一直尽力使这些词变得简短，并使其具有可变为形容词和动词的性质。

根据这些原则，并效仿马凯尔先生的范例之后，保留了赫尔蒙特使用的"气体"这一术语，将众多的弹性气态流体归在这一名称之下，唯将大气除外。因此，气体在我们的命名法中就成了一个通用术语，可以表示最大限度地被热素所饱和的任何物质；事实上，这是一个表示物质存在方式的术语。为了对每种气体加以区分，我们使用由基的名称衍生而来的另一个名称，这种基可被热素饱和，并形成各种特殊的气体。于是我们把被热素饱和后形成弹性流体的水命名为"水气（aqueous gas）"；把按同样方式饱和了的醚命名为"醚气（etherial gas）"；醇与热素的饱和产物就是"醇气（alcoholic gas）"。遵循同样的原则，对于每种易与热素化合的物质，我们都假设它们呈气态或弹性气态。按这种方式，我们就有了"盐酸气（muriatic acid gas）""氨气（ammoniacal gas）"等名称。

前面已经论述过，大气是由两种气体或气态流体组成的：其中一种能够通过呼吸作用益于动物的生命，金属能在其中煅烧，可燃物都能在其中燃烧；相反，另一种则被赋予正好相反的性质，它不能被动物呼吸，既不允许可燃物燃烧也不允许金属煅烧。我们用希腊词语"$o\xi\upsilon\varsigma$"即"*acidum*（酸）"，以及"$\gamma\varepsilon\iota\nu\sigma\mu\alpha\iota$"即"*gignor*（极大的）"，将前者或者空气中极适于呼吸部分的基命名为氧（oxygen）；因为事实上，这种基的一个最普遍的性质就是能与许多不同的物质化合形成酸。我们将这种基与热素化合后形成的物质命名为"氧气（oxygen gas）"，它与之前被称作"纯粹或生命气体（pure or vital air）"的物质是同一种东西。这种气体在温度为10°（54.5°）及压力等于气压计的28法制时刻度时的重量，是每立方时半格令或每立方呎一盎司半。

人们对大气中有害气体部分的化学特性迄今还所知甚少，但我们知道，动物被迫呼吸到这种气体就会死亡。根据这一已知性质，并从希腊词语"α（privitive particle，即初始粒子）"和"$\xi\alpha\acute{\eta}$（vita，生命）"，得出其基的名称为"氮（azote）"；因此大气中一种有害气体部分的名称是"氮气（azotic gas）"。在相同的温度和压力下，其重量是每立方呎1盎司2格罗斯48格令，或每立方呎0.444 4格令。不能否认，这个名字显得有些怪；但所有新术语在被人们习惯前都必然是很陌生的。长期以来，我们努力寻找更合适的名称，但没有成功。最初有人提议将其称为"碱气（alkaligen gas）"，根据贝托莱先生的实验，它似乎是氨或挥发性碱的组成部分，但是我们还没有证据能证明它是其他碱的组成元素之一。此外，它被证明是硝酸的组成部分，因此有充分的理由称它为"氮"。由于这些原因，我们认为有必要根据系统的原则拒绝任何其他名称；同时认为采用"氮"和"氮气"术语没有犯错风险，因为这些术语只表达了一个事实，或者说表达了它所具有能使动物呼吸后会丧失生命的一种性质。

假如要在此处开始讨论几种气体的命名法，我就应当提前讨论更适合于在后面各章要进行的内容：本书的这一章，确定了对物质命名所依据的原则就已足够。我们采用这种命名法的主要优点是：一旦有一个适当的术语来辨识一种简单的基本物质，那么就可以很容易由第一个名称衍生出其所有化合物的名称。

第五章
关于硫、磷和木炭与氧气的分解及成酸概论

在设计实验时要尽量简化，小心排除一切可能使实验结果复杂化的因素，这是一个绝不能违背的必要原则。大气中的空气是各种气体的混合物，因此在构成本章内容的实验中我不使用大气。氮气是其中一种构成组分，在燃烧和煅烧过程中具有钝化作用；但是氮气除了能严重妨碍燃烧反应外，我们不能肯定它在某些情况下会改变反应结果。出于这个原因，我认为有必要消除这个可能引起的疑问，在下面的实验中仅使用纯氧气来揭示物质在纯氧条件下通过燃烧反应产生的结果；我将对氧气或纯粹空气与氮气在以不同比例混合的条件下，在实验结果上所产生的差异进行说明。

取一个容积在六七品脱的钟形玻璃罩A（图版Ⅳ，图3）并充满氧气，通过一个底部平滑的浅玻璃盘，将它从水槽中取出移进汞液中并擦干表面的汞滴，在两个小瓷杯（如图版Ⅳ图3中D所示）中导入$61\frac{1}{4}$格令的孔科尔磷（Kunkel's phosphorus）；为了防止一个盘子引燃另一个盘子，其中一个瓷杯用一块平板玻璃覆盖，这样便可以分两次将磷点燃。接下来我用虹吸管GHI吸出足够的氧气，使钟形玻璃罩中的汞液面升至EF处。之后，通过弯曲的铁丝（图版Ⅳ，图16）先后将两部分磷点燃，首先点燃没有用玻璃片覆盖的那部分。燃烧非常迅速，伴随着非常耀眼的光芒，并释放出大量的光和热素。大量热素促使气体温度升高并迅速膨胀，但不久汞液面就恢复到了原来的刻度，气体被大量吸收；同时整个玻璃内部被白色的磷酸片覆盖。

上述实验在开始时，氧气的体积换算为通用标准后为162立方吋；在燃烧结束之后，同样换算为该标准，则仅剩余$23\frac{1}{4}$立方吋；因此燃烧时吸收的氧气的体积量总是$138\frac{3}{4}$立方吋，等于69.375格令。

瓷杯内仍有一部分磷未被消耗掉，将其冲洗下来，与表面形成的酸分开，重约$16\frac{1}{4}$格令；所以燃烧消耗的磷大约有 45 格令。但是由于几乎无法避免实验中存在1~2格令的误差，因此我认为，磷剩余的重量是可信的。因此，在这个实验中，将近45格令磷与69.375格令氧气化合在一起，由于有重量的物质无法从玻璃罩逸出，因此我们有理由得出如下结论：燃烧产生的白色片状物质的重量一定等于所消耗的磷和氧气的重量之和，也就是总计114.375格令。我们很快就会明白，这些白色薄片完全由固体或固化的酸组成。当我们把这些重量换算成百分比时就会发现，100份磷燃烧可以消耗掉154份的氧气，二者化合后将产生254份的白色絮状固体磷酸。

这个实验以最令人信服的方式证明，在一定的温度下，氧气对磷比热素对磷具有更强的选择性吸引力或亲和力；因此磷在大量热素中吸附的氧气基，使其被释放出来后扩散在物体的周围。尽管这个实验到目前为止可以得到充分肯定，但由于它无法确定在上述实验装置中形成的片状固体酸的重量而显得还不够严谨。因此，我们只能通过计算氧和磷的消耗量来确定这一点；但是在物理学和化学中不允许存在未经实验事实验证的假设，所以我认为有必要在更大的范围内通过不同的装置来重复这个实验，如下所述：

取一个开口直径为3吋的球形大玻璃瓶A（图版Ⅳ，图4），配一个用金刚砂打磨过的水晶瓶塞，并插入玻璃管yy和xx。在一个支座BC上面放一个有 150 格令磷的瓷杯D，一起放置着球形瓶底；然后塞紧瓶塞并用厚厚的密封胶泥封严，盖上涂有生石灰和鸡蛋清的亚麻布；当密封胶泥完全干燥后，整个装置的重量在$1\sim1.5$格令之间。接着用一个接在玻璃管xx上的气泵抽空球形瓶内的空气，然后用配有一个阀门的细管yy导入氧气。使用默斯尼尔

（Meusnier）先生和我在1782年《科学院文集》的第466页所描述的水力抽真空机（hydropneumatic machine），能极容易精确地完成这项实验。由于后来默斯尼尔对这种水力抽真空机做了改进和更正，在本书后面的部分将会详细说明。有了这个仪器，就可以很容易地以更精确的方式确定引入球形玻璃瓶的氧气量，以及在实验过程中消耗的氧气量。

当装置安装完成后，用取火镜（burning glass）点燃磷。磷燃烧极其迅速，伴有耀眼的光芒并释放出大量的热素；随着实验的进行，大量的白色薄片黏附在球形玻璃瓶的内表面，而后玻璃瓶变得非常不透明。最后产生了大量的白色片状物质，尽管我们不断地向瓶内补充新鲜氧气，但本应燃烧得更好的磷却很快熄灭了。等待装置器完全冷却之后，我们首先确定了所使用的氧气量，并在球形玻璃瓶打开之前对其进行了精确称重。接下来我将瓷杯中剩余的少量磷冲洗、干燥并称重，目的是确定实验中所消耗的磷的总量，这些磷的残留物呈黄赭色。显然，通过这几项措施，我可以很容易地确定：第一，磷消耗的重量；第二，磷燃烧产生的薄片的重量；第三，与磷化合的氧气的重量。该实验的结果与前一个实验的几乎相同，因此证明了，磷在燃烧过程中吸收了略多于其重量的一半的氧气。而且，我更确定地了解到，该实验中产生的新物质的重量正好等于消耗的磷和吸收的氧气重量之和。这些确实是可以通过"先验"确定的。如果使用的是纯氧气，那么燃烧后的残留物就应该和通入的氧气一样纯；这证明没有任何物质从磷中逸出而改变氧气的纯度，磷的唯一作用是将之前与热素化合在一起的氧从热素中分离。

我在前文提到过，当任何可燃物质在一个中空冰球中燃烧，或在根据该方式适当安装的装置中燃烧时，融化的冰的量与在燃烧过程中释放的热素的量正好相等。关于这一点，可查阅德·拉普拉斯先生和我提交的论文（1780年，第355页）。在做了这种磷的燃烧实验之后，我们发现1磷的磷燃烧时融化的冰块比100磅多一点。

　　磷在大气中燃烧和在氧气中燃烧同样彻底，燃烧的速度也非常快；不同之处在于，由于氧气中混合的大量氮气，使得燃烧速度减慢了，而且只有大约占空气体积1/5的氧气被吸收，在实验的最后阶段，氮气比例变得如此之大，以致终止了燃烧的进行。

　　实验证明，磷在燃烧后会变成极轻的白色薄片状物质。其性质因这种转变而完全改变：不仅从不溶于水变得可溶而且易溶，以至于能以惊人的速度吸收空气中的水分；通过吸水，它转化为比水更稠、比水比重更大的液体。磷在燃烧前几乎没有任何明显的味道，通过与氧气的化合获得了一种极其刺鼻的酸味。总之，它从一种可燃物变成了一种不可燃物，成为一种被称为酸的物质。

□ **硫**

　　硫是一种非金属元素，单质硫通常是黄色的晶体。硫又被称作硫磺。硫是火柴和火药的一种重要成分，也是许多化学品的基础，如硫酸。硫燃烧时会产生有毒气体二氧化硫，不过，二氧化硫也有其用途，如制作农药和防腐剂、硬化橡胶等。

　　我们将发现，可燃物与氧气化合而转化为酸的这种性质，为许多物质所共有。因此，逻辑的严谨性要求我们采用一个通用术语，来表示所有这些产生类似结果的化合方式；这是简化科学研究的正确途径，因为如果不对它们进行分类，却要记住所有细节是完全不可能的。出于这个原因，我们将采用"氧化（oxygenation）"这个术语来表示磷与氧化合成为酸的转变，以及在一般情况氧气与可燃物质的每一次化合。据此，我将采用动词"氧化（oxygenate）"来表达这一反映，而且可以说磷是在"氧化过程（oxygenating）"中转化为酸的。

　　同样，硫是一种可燃物质，或者换句话说，它具有能与氧化合并使氧从热素中分离出来的能力。这可以通过与磷燃烧极为相似的实验来证明。但我们有必要指出的是，在进行硫燃烧实验时，期望得到结果的精确性不会与磷相同；因为由硫燃烧后形成的酸很难凝结，且易溶于不同的气体，而且硫的燃烧要更困难。但根据我的实验，我可以确定硫在燃烧时会吸收氧气；硫燃烧产生的酸比硫自身重很多；其重量等于已燃烧的硫和吸收氧气的重量之和。最后，形成的酸很重、不可燃，并且可以与水以任何比例混溶。唯一不能确定的是，在形成的酸中硫和氧各自所占的比例。

木炭，就我们目前关于木炭的所有认知，它必须被认为是一种简单的可燃物，炭也具有从热素中吸收氧气基使其分解的性质，但由于常温下木炭燃烧产生的酸不能凝结，在常压下它仍然处于气体状态，需要大量的水与之化合或被溶解。然而，这种酸具有的性质与已知所有其他酸相比较弱，并且像它们一样可与所有易于形成中性盐的基化合。

木炭在氧气中的燃烧实验，可以参照在置于汞液上面的玻璃钟罩*A*（图版Ⅳ，图3）内磷的燃烧一样完成，但由于烧红的铁的热不足以将木炭点燃，就必须加一小块磷作引火物，方法与铁燃烧实验中的指示相同。实验详细说明可参见1781年《科学院文集》的第448页。通过该实验，28份重量的木炭大概需要72份氧气才能达到饱和，而产生的气态酸重量正好等于消耗的木炭和氧气重量的总和。化学家们最初将发现的这种气态酸称作"固定空气或可固定空气（fixed or fixable air）"；他们当时不知道它是否就是类似于大气的气体，还是其他一些因燃烧而变质的弹性流体；但是，现在已经确定，它是一种酸，与其他所有酸一样，是由其特有的基氧化后形成的，因此，"固定空气"这个名称显然已经不再适用[1]。

---

　　[1]虽然作者在这里省略了这一部分内容，但不妨明说一下，根据新命名法的一般原则，拉瓦锡先生和他的同事们称这种酸为碳酸，当其处于气态时则称其为碳酸气体。——E

让炭在《科学院文集》第60页所提到的装置中燃烧，德·拉普拉斯先生和我发现，1磅重的炭燃烧可融化96磅6盎司的冰；燃烧过程消耗2磅9盎司格罗斯10格令的氧，产生3磅9盎司1格罗斯10格令的气态酸。在上述标准温度和压力下，这种气体的重量为每立方吋0.695格令，因此燃烧1磅重的炭会产生34.242立方吋的酸性气体。

我可以多举几个实验案例，并用大量的事实证明，所有的酸都是由各种物质燃烧后形成的；但依照我所制定的原则——只从已经确定的事实出发，而不是从未知的事实出发，并且只从已经阐明的事实中选取案例——阻止我这样做。同时，上面所举的三个实验案例或许可以对酸的形成给出一个清楚而准确的概念。通过这些实验，我们可以清楚地看到，在氧气中燃烧后形成的所有酸性物质中，氧是构成酸性物质所共有的一种元素，而它们之间的区别在于含氧物质或酸化物质的性质。因此，我们必须在每种酸中仔细区分酸化的基，即德·莫维先生用"根（radical）"来与酸素或氧基加以区分。

第六章

关于酸的普通命名法，
特别是对从硝石和海盐中提取的酸的命名

　　根据上一章制定的原则，为酸类物质建立一个系统的命名法相对比较容易："酸"这个词被用作通用术语，每一种酸在命名上自然就由其基或根的名称来区分。如此一来，就把酸的通称赋予了磷、硫和炭的燃烧或氧化产物；这些产物分别被命名为磷酸（phosphoric acid）、硫酸（sulphuric acid）和碳酸（carbonic acid）。

　　然而，可燃物质以及部分可转化为酸的物质在氧化过程中，存在一个值得被注意的现象，即它们可以与不同饱和程度的氧发生反应；而且，生成的酸虽然是由相同元素化合形成，但依比例上的差异而导致其具有不同的性质。其中磷酸，尤其是硫酸，就是比较典型的例子。当硫与少量氧气化合时，首先会形成较低氧化程度的一种挥发性酸，该酸具有刺激性气味及非常独特的性质。与较大比例的氧气化合时，它将变成一种固定组成的重酸，没有任何气味，并且与其他物体化合得到的产物与前者得到的产物也截然不同。在这种情况下，命名规则似乎是失效的；而且似乎不用拗口的术语，就很难从可酸化的基名称推断具有两种饱和度或氧化程度物质的名称。然而，通过反复思考这一问题，或者说是由于情况的必然性，我们认为是可以通过简单地改变其特定名称的词缀来表达这些酸的含氧量的。在此之前，施塔尔称这种由硫产生的挥发性酸为"亚硫酸"[1]。 因为这种酸是硫在氧气未饱和条件下产生的，我们便保留了这一术语；而用"硫酸"来区分另一种在氧气完全饱和条件下产生的酸。因此，我们将用这种新的化学语言来表达硫在与氧化合过程中的两种饱和状态：第一，在低氧化程度或氧气低饱和条件下形成亚硫酸，该酸具有挥发性和刺激性气味；第二，在高氧化程度或氧气高饱和条件下形成硫酸，该酸是固体状且无任何气味。我们将用不同的词缀对所有具有不同饱和程度的酸命名。于是就有了磷酸和亚磷酸、醋酸和亚醋酸；以及其他类似情况的酸。

如果每种酸本身被发现时人们就知道其基或根，那么化学学科的这一部分就会显得非常简单，酸的命名法就完全不会像现在使用的旧命名法那样令人困惑了。例如，由于磷在其酸被发现之前就是一种已知物质，因此这后一种物质自然可以用从其可酸化基名称中提取的术语来区分。相反，当一种酸恰巧在其基被发现之前，或者更确切地说，当它由之形成的可酸化基尚未为人所知时，用来表示这两者的名称之间却没有丝毫的联系；因此，不仅记忆中充满了无意义的名称，而且甚至学生、有经验的化学家的头脑中也充满了错误概念，只有时间和思考才能将其消除。可以举一个关于硫的例子，这个名称混乱的例子与成酸物质有关；以前的化学家们将由铁矾（the vitriol of iron）获得的酸，用产生这种酸的物质名称将其命名为矾酸（the vitriolic acid）；他们当时并不知道，这种酸恰恰与硫燃烧所形成的是同一种酸。

同样的情况也发生在以前被称为"固定空气（fixed air）"的气态酸

---

〔1〕英国化学家以前对这种酸所使用的术语写作"sulphureous"；但我们认为把它拼成上面的样子是合适的，这样可以更好地与以后使用的亚硝酸盐（nitrous）、亚碳酸盐（carbonous）等类似的术语保持一致。一般来说，除我们用英文词缀ic和ous来翻译作者以ique和cux结尾的术语外，其他几乎没有任何改动。——E

上；由于不知道这种酸是炭与氧气化合的产物，人们给它起了各种各样的名称，其中没有一个能正确表达出其性质或来源。我们发现，纠正和修改这些从已知基产生的酸的名称是非常容易的，如把"矾酸"的名称变成"硫酸"，把"固定空气"的名称变成"碳酸气体"；但对于那些未知基的酸则不能遵循这种方式。对于这些酸，我们只得采用一种相反的方式，不是根据其基的名称来确定酸的名称，而是被迫根据已知酸的名称来命名未知的基，比如，对从海盐中获得的酸，情况就是如此。

要想将这种酸从与之化合的碱性基中分离出来，我们只需将硫酸倒在海盐上。这时就会立即发生剧烈的沸腾，并产生气味刺鼻的白色蒸气，只需稍微加热海盐混合物，所有酸都会被驱除。这种酸在与环境相同的温度和压力下自然以气态存在，因此我们必须采取专门的防护措施才能将其保存在合适的容器中。使用起来最方便、最简单的小实验装置由一个小蒸馏瓶 *G*（图版 V，图5）组成，里面放置干燥[1]好的海盐，然后我们滴入一些浓硫酸，立即把蒸馏瓶口伸入事先充满汞液的小广口瓶或玻璃钟罩 *A*（同一个图版，图9）底部。反应所产生的酸性气体进入广口瓶并到达汞液的顶部，将汞液排出，完成置换。当气体的脱离减弱时，开始对蒸馏瓶稍微加热，并逐渐增大火焰，直到没有更多的气体通过汞液面为止。这种酸性气体对水有很强的亲和力，水能大量吸收酸性气体。要证明这一点，我们可以在含有这种气体的广口瓶中引入很薄的一层水；因为广口瓶内的酸性气体与水在接触的瞬间，所有气体就完全消失了。

这种用水吸收酸性气体的方式，在意图获得液态海盐酸的实验室和工厂

---

〔1〕为了这个目的，我们采用了一种叫作"脱解（decrepitation）"的操作，即在适当的容器中把它置于近乎红热状态，以便蒸发掉所有的结晶水。——E

里得到了应用；为此目的，就需要利用一个装置（图版Ⅳ，图1）。它包括：第一，平底曲颈瓶*A*，其中装有海盐，并通过开口*H*引入硫酸；第二，球形瓶或容器*C*、*B*，用于容纳实验过程中产生的少量液体；第三，四组各有两个（图示有三个）开口、装入一半体积的水的接收瓶L_1、L_2、L_3、L_4，用于吸收蒸馏过程中产生的气体。本书的后半部分会对该装置进行更详细的描述。

尽管我们还不能合成或分解这种海盐酸，但我们毫不怀疑，它与所有其他酸一样，由氧与可酸化的基化合而成。因此仿照伯格曼和德·莫维先生的例子，从古拉丁语"*muria*（意思是'盐水'）"中派生出其名称，称这种未知物质为"盐基（muriatic base）"，或"盐根（muriatic radical）"。于是在"盐酸（muriatic acid）"的组分还无法准确确定的情况下，我们就用这个术语来表示这种挥发性酸。该酸在常温和压力下保持气态，并极易与水大量化合，其可酸化基与氧紧密相连，以至于迄今为止还没有分离它们的方法。尽管盐酸的可酸化基目前还不为人所知，如果将来发现它是一种已知物质，那么就有必要将其目前的名称更改为与它的基相类似的一个名称。

与硫酸以及其他几种酸一样，盐酸可以氧化为不同程度。但过量氧气对它产生的影响与同样的情况对硫的酸产生的完全相反。硫在少量氧气条件下会转化为挥发性气态酸，仅能以小比例与水混合；而在足量氧气条件下则形成一种更具酸性且非常稳定的强酸，该酸除非在极高的温度下才能保持气体状态，没有气味而且大量溶于水。而对于盐酸，情况则恰恰相反：在足量氧气条件下形成的酸更易挥发，并具有更强的刺激性气味，不易溶于水，且酸性也较弱。我们最初倾向于采用以含硫的酸命名的方式来给这两种不同氧化程度的酸命名，将氧化程度较低的盐酸称为"亚盐酸（muriatous acid）"，将氧化程度较高的称为"盐酸"；但由于后者在成酸过程中表现出非常特殊的性质，而且在化学中还没有任何与之类似的物质，因此我们仍称氧化程度较低的酸为"盐酸"，而后者更适合称为"氧化盐酸（oxygenated muriatic acid）"。

尽管人们更熟悉从硝石或硝盐（nitre or saltpetre）中提取的这种酸的基或"根"，但我们认为，同样用盐酸的名称来修改其名称就可以了。硝酸是从硝石中提取的，装置与提取盐酸的装置（图版Ⅳ，图1）相同，加入酸的过程也类似。随着硫酸的滴入，一部分气态液体在球形玻璃瓶中凝结，其余部分被瓶子L_1、L_2、L_3、L_4中的水吸收。随着酸浓度的上升，水先是变成绿色，然后变成蓝色，最后变成黄色。在实验过程中，混有一小部分氮气的大量氧气被分离了出来。

这种酸与其他所有酸一样，是由一种与可酸化基组合的氧化合而成的，甚至是第一个确定存在氧的酸。构成酸的两种单质化合得很弱，只要提供任何与氧的亲和力比与这种酸所特有的可酸化基的亲和力更强的物质，就可以很容易使它们分离。通过这一实验，人们第一次发现氮化物，或者说是有害气体或氮化物气体的基，构成了硝酸可酸化的基或根；因此硝石酸实际上是一种氮化物酸，其以氮化物为基并与氧化合而成。由于这些原因，以及根据我们的原则，似乎有必要把它称为"氮酸（azotic）"或者把基称为"硝根（nitric radical）"；但出于以下考虑，我们认为这两种做法都不恰当：第一，似乎很难改变硝石或硝盐的名称，它在社会、制造业和化学界已被普遍采用；第二，贝托莱先生发现氮是挥发性碱或氨的基，也是这种酸的基，因此我们认为将其称为"硝根"是不恰当的。因此，我们仍然用氮这个术语来表示这个部分的基，亦即"硝根"或"氨根"；而且，我们已经对硝石的酸命名，按照其所处的低和高氧化程度，将前者称为"亚硝酸（nitrous acid）"，将后者称为"硝酸（nitric acid）"；这样就保留了其得到适当修改的以前的名称。

一些有名望的化学家不赞成这种沿用旧术语的方式，希望我们能够坚持不懈地完善一种新的化学语言，而不是尊重古老的用法；因此通过这样一种折中路线，使我们受到一派化学家的责难和另一派的反对性忠告。

　　硝石的酸可以有很多不同的状态，这取决于它的氧化程度或者氮化物和氧在其成分中的比例。它是由第一或最低程度的氧化反应所形成的一种特殊气体，我们将继续称之为"亚硝气（nitrous gas）"。它几乎是由2份重量的氧和1份重量的氮经氧化后形成；在这种气体状态下，它不溶于水。氮在这种气体中并未被氧饱和，相反，它仍然对氧气具有非常强的亲和力，甚至一与空气接触就立即将其从大气中吸引过来。亚硝气与大气的这种化合可以用来确定空气中的含氧量，并因此成为确定空气对健康有益程度的方法之一。

　　增加氧气量可使亚硝气转变成为一种对水有很强的亲和力的强酸，并且它本身容易随氧气量的增加进一步氧化。当氧与氮的重量比低于3∶1时，该酸呈红色并散发出大量的酸雾。在这种状态下，只需稍微加热就可以释放出亚硝气，我们把处于这种氧化程度的物质称为"亚硝酸（nitrous acid）"。当4份重量的氧与1份重量的氮化合时，所形成的酸清澈无色，加热后其比亚硝酸性质更稳定，气味更小，而且其组成元素间结合得较牢固。根据我们的命名原则，这种酸被称为"硝酸"。

　　因此，硝酸是氧过量时形成的硝石酸；亚硝酸则是氮或者亚硝气过量时形成的硝石酸。后者就是氮气没有被氧气充分饱和，因而是具有酸的特性的氮。对于这些不同的氧化程度，我们在本书的后面部分将其通称为氧化物（oxyd）[1]。

---

　　[1]严格按照新命名法的原则，表示氮处于几种氧化程度的术语应当如下：氮、氮气（与热素化合了的氮）、氧化氮气、亚硝酸、硝酸，不过作者给出了它在这种情况中违背原则的理由。——E

第七章
论金属分解氧气及金属氧化物的形成

在一定程度下，氧对加热了的金属的亲和力比热素对金属的亲和力更强，因此，除金、银和铂外，所有金属都具有从结合的热素中吸引、分解氧基的性质。我们已经说明了这种借助汞和铁的分解方式；同时也已注意到，前一种情况应视为一种缓慢的燃烧，而后一种情况燃烧极为迅速，并伴有耀眼的火焰。在这些实验操作中，热素的作用是为使金属粒子彼此分离，并减少它们之间的凝聚力或聚合力，或者说减少它们相互之间的吸引力。

金属物质消耗的重量与其吸收氧的量成正比增长，同时金属会失去光泽，变成土质粉末状物质。金属在这种状态下不能被视为完全被氧饱和了，因为它对氧元素的作用，被它和热素之间的亲和力所抵消。因此，在金属煅烧过程中，氧受到两种独立且相反的作用力：一种是氧对热素的吸引力；另一种是金属所施加的力。并且只有在后者大于前者的情况下，氧才倾向于与后者结合。因此，当金属物质在大气或在氧气中被氧化时，它们不会像硫、磷和碳那样氧化生成酸，而是仅转化为中间产物；虽然这些中间产物在性质上与盐接近，但也不具有盐的特性。古代的化学家们不仅给处于这种状态的金属，而且给所有长期受火而没有熔化的金属都冠以名称"灰质（calx）"。他们把"灰质"这个词变成了一个通用术语，但这个术语把灰质土（calcareous earth）和金属混为一谈：灰质土在煅烧前的确是中性盐，它在火中"失去"一半重量并变成了土碱；而金属通过同样的方式与一种新物质结合，其重量往往"超过"其重量的一半且几乎变成酸性物质。尤其是在使用上述术语来表示金属物质的这种状态时，我们必定对该状态的物质性质所表达的有误解。因此，这种将性质截然相反的物质分类在同一个通用名称下的方式，完全违背了我们的命名原则。所以，我们完全放弃了"金属灰质"这一表达方式，而是用希腊词语"οξυδ"，即"氧化物"这一术语来代替它。

由此可见，我们所采用的命名语言是丰富且极有表现力的。物质最初级或最低程度的氧化将它们转化为氧化物；进一步的氧化则构成了一类酸，其具体名称来自其特定基并以"*ous*"做词缀，如"亚硝酸"和"亚硫酸"；再次的氧化使这些酸变成了以"*ic*"为词缀的酸，如"硝酸"和"硫酸"。最后可以在酸的名称加上"被氧化的（oxygenated）"一词来表达第四级或最高氧化程度，如已经用过的"氧化盐酸"一词。

我们并没有把"氧化物"这个词局限于表达金属与氧的化合，而是扩展到表示所有物质的最初氧化程度，物质在这一氧化程度下并未转化为酸，而是在性质上接近盐类。因此，我们将硫初始燃烧转化成的软物质命名为"氧化硫（oxyd of sulphur）"。我们把磷燃烧后留下的黄色物质称为"氧化磷（oxyd of phosphorus）"。按同样的方式，亚硝气是处于其最初氧化程度的氮，我们称之为"氧化氮（oxyd of azote）"。同样有大量源自植物界和动物界的氧化物；而且我们将在后面指出，这种新语言将极有助于界定人工生成及自然形成的物质。

我们已经注意到，几乎所有金属氧化物都具有独特而持久的外观和颜色。不仅不同种类金属的颜色有所不同，而且同一金属在不同的氧化程度下也有所不同。因此，我们有必要为每种金属氧化物添加两个形容词，一个表示被氧化的金属，而另一个表示氧化物[1]的特殊颜色。于是我们就有了黑色氧化铁、红色氧化铁以及黄色氧化铁之分；这些措辞分别与玛尔斯黑剂（martial ethiops）、铁丹（colcathar）、铁锈（rust of iron）或赭石（ochre）这些已有的错误或无意义的术语相对应。同样，还有灰色、黄色和红色氧化铅，它们与铅灰、黄丹（massicot）及红丹（minium）这些同样错误或无意义的术语相吻合。

这些名称有时会变得相当繁琐冗长，特别是当我们想表明，与硝石发生爆炸或借助于酸，金属是否在空气中被氧化时，尤其如此；但另一方面，它们总是能准确地表达出我们希望通过使它们来表达客体的相应概念。通过本书中的表格，这一切都将十分清楚明显地体现出来。

---

〔1〕在这里，我们看到"氧化（oxyd）"这个词被转化为动词形式"oxygenate、oxygenated、oxygenating"，这与动词"oxygenate、oxygenated、oxygenating"从"oxygen"这个词衍生出来的方式相同。我不清楚这里首次引入的第二个动词的绝对必要性，但译者认为在翻译工作中有义务严格忠于作者的原文思想，而忽略其他一切考虑。——E

第八章

论水的基本要素以及炭和铁对其的分解

直到最近，经验较丰富的老化学家们都认为水是一种单质，即一种元素。对于他们来说，水无疑是完全无法被分解的，至少是他们完全没有注意到水在他们眼皮子底下分解。但我们要证明，水绝不是一种单质或基本的物质。我不打算在此妄自篡改水的发现史，这在1781年的《科学院文集》中已有详细的介绍，但在这里我只想介绍一下水的分解和组成的主要证据；而且我可以大胆地说，这些证据对于那些能客观思考的人来说是很有说服力的。

第1节　实验（一）

取一根直径为8～12吩的玻璃管 *EF*（图版Ⅶ，图 11），穿过加热炉并固定好，从 *E* 到 *F* 端略为倾斜，将较高的 *E* 端套接在装有一定量蒸馏水的玻璃曲颈瓶 *A* 上，并用胶泥密封好，在较低的 *F* 端接上冷却旋管 *SS′*，旋管的另一端插入双管瓶 *H* 的一个瓶颈内，双管瓶的另一个瓶口接上弯管 *KK′*。这样安装实验装置是方便将分离的气态流体或气体输送进某个合适的气体数量和性质测定装置中。

为了确保实验成功，*EF* 管必须选用退火良好且难熔的玻璃制成，并且须用混有粉末状粗陶的黏土胶泥封涂在外面；此外，必须用一根铁棒穿过炉子支撑住管子的中部，避免它在实验过程中软化弯曲。一根完全没有孔隙的瓷管就比玻璃管更能防止空气或蒸汽泄漏。

装置安装完成后，在炉子ERCD中点火，并保证火焰强度足够使管子EE′保持炽热而又不至于熔化；同时在炉子VV′XX′中也维持这样的火焰强度，以确保曲颈瓶A中的水持续沸腾。

随着曲颈瓶A中的水分蒸发，水蒸气充满了管子EF，并排出弯管KK′内的空气；蒸发形成的含水气体在冷却旋管SS′中冷凝并滴入双管瓶H中。继续实验直到所有的水从曲颈瓶中蒸发，并小心地清空所有使用的容器，我们发现最终进入双管瓶H的水量与之前在曲颈瓶 A 中的水量完全相等，没有任何气体逸出。因此这也可以证明，该实验就是一个简单的水蒸馏；而且如果水从一个容器通过管子EF流入另一个容器，而没有经历中间的炽热状态，结果也完全相同。

第2节　实验（二）

如同上面的实验一样，将28格令木炭打碎成合适的小块，并预先在密闭的容器中长时间加热至炽热状态，然后将其导入管子EF中。其他操作都和前面的实验一样。

水和前面的实验一样从曲颈瓶A中蒸馏出来，在冷却旋管中冷凝并落入双管瓶H中；但同时有相当数量的气体被分离出来，这些气体通过弯管KK′逸出，并流入到一个适当的实验装置中。操作完成后，我们会发现，管子EF中仅剩下几个灰烬颗粒，28格令木炭却完全消失了。

通过仔细检查，我们可以发现，分离出的气体重达 113.7格令[1]；共由

---

[1] 在本书的后面部分，将对分离不同种类的气体和确定其数量所需的过程给出更具体的说明。——A

两种气体组成，即144立方时的碳酸气（重100格令），以及380立方时的一种极轻气体（仅重13.7格令），当该气体与空气接触时，可用引火物点燃；而且，仔细检查后，我们还会发现，双管瓶H内已经失去85.7格令重量的水。因此，在这个实验中，85.7格令水和28格令炭化合在一起形成了100格令碳酸气体和13.7格令能够燃烧的特殊气体。

前面已说明，100格令的碳酸气体由72格令的氧气和28格令的炭化合生成。因此玻璃管中的28格令炭化合生成从水获得72格令的氧气。由此可见，85.7格令的水是由72格令的氧气和13.7格令的一种易燃气体组成。稍后我们将会看到，这种气体不可能从木炭中分离得到，所以只能是从水中产生。

我在说明上述实验的过程中省略了某些细节，而这些细节只会在读者的脑海中将实验结果复杂化和模糊化。例如，这种可燃气体溶解很小一部分木炭，它的重量因此有所增加，而碳酸气体的重量则相应减少。尽管这种情况引起的变化微不足道，但我还是认为有必要通过严格的计算来确定其作用；并且如上所述，这个细节像没有发生一样，仅简化了报告后的实验结果。如果对这个实验的结果仍有任何疑问，它们将被下面的实验完全消除，我将引用这些实验来支持我的观点。

第3节　实验（三）

该装置的安装与之前的实验完全相同，不同的是，管子EF中没有28格令的炭，而是装满了274格令卷成螺旋形的软铁薄片。用炉火把管烧至炽热，使曲颈瓶A中的水不断沸腾直至全部蒸发，并通过管子EF在双管瓶H中冷凝。

这个实验中没有离析出碳酸气体，而是得到416立方时或15格令相当于大气1/13的易燃气体。通过检查我们发现，蒸馏过的水重量减少了100格令，而固定在管子里的274格令铁重量又额外增加了85格令，可以说增加了相当多。反应后的铁几乎不能被磁铁吸引；它能溶于酸但不出现泡腾现象；总之，它被变成一种与在氧气中燃烧的产物十分相似的黑色氧化物。

在这个实验中，我们用水对铁进行了真正的氧化，这与铁在空气中经热素作用发生氧化完全类似。100格令的水被分解后产生85格令的氧气与铁化合，使其转化为黑色氧化物，同时离析出15格令的特殊易燃气体。从实验结果我们可以清楚地看出，水是由氧气和易燃气体的基化合而成的，其重量比例分别为氧占85份，易燃气体占15份。

除了氧这种为许多其他物质所共有的元素之外，水还含有另一种组成其"基"或"根"的元素，我们必须为其找到一个合适的术语来表示它。我们所能想到的似乎没有比"氢"这个字更合适，它表示水的"生成要素（generative principle of water）"，取自"νδορ（aqua，水）"和"γεινσμαι（gignor，极大的）"[1]。我们把经热素作用的这种元素称为"氢气"；而"氢"则表示这种气体的"基"或水的"根"。

这个实验为我们提供了一种新的可燃物，或者换句话说，一种与氧有如此大的吸引力，以至于可以把氧从紧密相连的热素中吸引出来，并使空气或氧气分解的物质。这种可燃物本身对热素有很强的亲和力，使得它除非与其他物质化合，否则总是以汽化或气体状态存在于常温常压环境中。在这种气体状态下，它的重量大约是等体积大气的1/13；尽管水能够容纳少量的这种流体，但它却不能被水吸收且不能用于呼吸。

---

〔1〕"氢"这个说法受到了一些人的严厉批评，他们声称"氢表示由水生成而不是生成水"的意思。本章相关实验证明，当水分解时会生成氢，而当氢与氧化合时会生成水；因此，我们可以说，"水是由氢生成的"，或者"氢是由水生成的"同样是真实的。

由于这种气体与所有其他可燃物一样，具有的性质无非是使空气分解，并从与空气结合的热素中带走氧。因此，很容易理解的一点是，只有与空气或氧气接触它才能燃烧。所以，当我们点燃一个装满这种气体的瓶子时，它首先会缓慢地在瓶颈处、接着在瓶内燃烧并与外部空气进入的比例一致。这种燃烧是循序渐进的，且只发生在两种气体接触的表面。当这两种气体在点燃前混合，情况就完全不同了。例如，在一个窄口瓶中导入1份氧气，再加入2份氢气填充，然后将一截点燃的小蜡烛或其他燃烧物放到瓶口，两种气体会瞬间燃烧并产生剧烈的爆炸。这个实验只能在一个容器不超过1品脱的绿色玻璃瓶中进行，玻璃瓶要非常坚固并用麻绳缠绕，否则爆炸产生的巨大力量会让破裂的碎片飞射很远，给操作者带来危险。

如果上述所有关于水分解内容都与事实完全相符——如果像我努力证明的那样，水确实是由适量氢与氧化合而成，那么我们将这两种元素重新化合在一起就能重新组成水；可以通过以下实验来判断这种情况实际上会发生。

第4节 实验（四）

取一个容量约为30品脱，带有一个大开口的玻璃球形瓶A（图版Ⅳ，图5），瓶口上黏接着一块带有四个孔的铜板BC，将四根细管一端插入孔内。第一根细管Hh计划用来接通气泵抽空球形瓶中的空气。第二根细管gg′的MM′端与一个氧气储存罐接通，用来为球形瓶充填氧气。第三根细管dDd′的dNN′端与一个氢气储存罐接通。通过细管的毛细端口d′，以1或2吋水柱的压力把储存罐内所有的氢气以适当的速度压进球形瓶中。第四根细管插有金属线GL，其末端L处有一个旋钮，目的是旋转旋钮可以将电火花从L传到d′，可以点燃氢气；金属线在细管中可以移动，以便我们将旋钮L与细管Dd′的末端d′分开。dDd′、gg′和Hh这三根细管都装有旋塞阀。

为尽量避免氢气和氧气中含水，它们在到达球形瓶A的途中要通过直径约1吋并充满盐的管MM′、NN′，因为盐有潮解性，可充分地吸收空气中的水，例如草碱的醋酸盐，石灰的盐酸或硝酸盐[1]。将这些盐敲碎成粗颗粒即可，否则它们吸水后会变成块状而阻止气体通过。

事先必须准备足够数量的氧气，并通过与草碱溶液[2]的长时间接触以净化掉氧气中所含有的碳酸气体混合物。

还要准备双倍数量的氢气，并通过同样的方式与草碱水溶液的长时间接触将氢气仔细净化干净。从混合物中获得这种气体的最佳方式，是使用非常纯的软铁片分解水，如本章第3节实验（三）所述。

在按照上述说明安装好装置后，将细管Hh与一个气泵接通，并抽空球形瓶A内的空气。接下来我们让氧气充满球形瓶，然后如前所述通过加压使一小股氢气流经过细管Dd′流入，并立即用电火花将其点燃。借助该装置可以使这两种气体长时间共同燃烧，并且方便按消耗比例从储存罐向球形瓶内供气。在本书的其他部分[3]，我对这个实验中使用的仪器作了详细介绍，并解释了确定这两种气体消耗量的最精确方法。

随着燃烧的进行，有相应比例的水滴黏附在球形瓶A或垫板的内表面上，水滴的数量逐渐增加并聚集成大水滴，滴到容器的底部。在实验前后，分别对球形瓶进行称重，可以很容易地确定收集到的水量。通过确定气体的消耗量以及燃烧后形成的水量，对实验进行了双重验证，这两个数值必然彼此相等。默斯尼尔先生和我通过这一实验，确定了生成100份重量的水需要

---

〔1〕有关这些盐类的性质，详见本书第二篇内容。——A

〔2〕此处的草碱是指被生石灰除去碳酸的纯碱或苛性碱。除非另有说明，一般来说，我们可以在本书看到的所有金属碱和土碱必须始终视为处于纯碱或苛性碱状态。——E（获得这种纯草碱的方法将在本书后面内容中给出。——A）

〔3〕详见本书第三篇。——A

85份的氧气和15份的氢气。这
项实验是当着皇家科学院众多
委员的面进行的，相关论文目
前尚未发表。整个实验操作严
谨且细致，我们有理由相信，
上述数据结果与绝对真值不会
有超过2%的误差。

　　经过这些分解和合成实
验，我们尽可能在物理或化学
方面确定：水不是一种简单的

□ 拉瓦锡为众人讲解"空气的成分"实验

　　图中描绘了拉瓦锡在实验室向当时著名的化学家居顿、
蒙日、贝托莱等人解释空气分析实验的场景。

基本物质，而是由氢和氧两种元素化合而成的；这两种元素分别对热素具有
极强的亲和力，以至于在我们共同的环境温度和压力下只能以气体的形式
存在。

　　在日常环境的大气温度下，这种通过选择性吸引方式不断使水产生分解
和重组的反应在我们身边永远存在。我们随后会看到，伴随着酒的发酵、腐
烂，甚至植物生长，至少在某种程度上是由水的分解产生的。迄今为止，自
然哲学家和化学家们竟然忽视了这些非常不寻常的事实。这些事实有力地证
明，化学同道德哲学一样要克服早期教育中的偏见，放弃我们已经习惯遵循
的固定模式，在其他任何方向上寻求真理是极其困难的。

　　我将通过一个实验来结束这一章，这个实验的说服力远不如前面提到的
那些强，但它似乎比其他任何实验都能给大家留下更深刻的印象。在一个适
合收集燃烧过程中所有离析出的水的装置中[1]，燃烧16盎司的乙醇会得到

---

　　〔1〕对该装置的说明，请参见本书第三篇内容。——A

17～18盎司的水。由于实验中没有生成比其原始体积更大的产物，因此乙醇在燃烧过程中必然有其他物质与之化合在了一起；我已经证明，这种物质是氧或空气的基。因此乙醇中含有氢，而氢是构成水的元素之一；大气中含有氧，而氧是构成水的另一种必备元素。对于水是一种化合物的说法，这个实验是一个新证明。

第九章
论从不同种类燃烧中释放出热素的量

我们已经提到，当任何物体在中空的冰球中燃烧并且提供列氏零度（32°）的空气时，用球内冰的融化量来测量燃烧过程所释放的相应热素量。1780年，德·拉普拉斯先生和我在《科学院文集》第355页已详细说明了这种实验所使用的装置；相同的装置说明和图版可在本书第三部分找到。用这个装置燃烧磷、炭和氢气分别得出如下结果：

燃烧1磅磷可以融化100磅的冰；

燃烧1磅炭可以融化96磅8盎司的冰；

燃烧1磅氢气可以融化295磅9盎司3格令的冰。

由于磷燃烧生成的是一种固体酸，酸中残留的热素可能很少，因此上面给出的实验数据十分接近氧气中所含热素的总量。即使假设磷酸含有大量的热素，但由于磷在燃烧前几乎含有接近相等的热素，因此误差一定非常小，因为误差仅在于磷燃烧前后在磷酸中所含热素之间的差量。

我在前文第五章中已经表明，1磅磷在燃烧过程中会吸收1磅8盎司的氧气；由于采用相同的实验操作融化了100磅冰，就得出1磅氧气中包含的热素量能够融化66磅19盎司5格罗斯24格令的冰。

燃烧1磅炭能融化96磅8盎司的冰，同时吸收2磅9盎司1格罗斯10格令的氧气。用磷做同样的实验，磷燃烧相同的氧气量所释放的热素可以融化171磅6盎司5格罗斯的冰；所以，在这个条件相同的实验中，有足够能使74磅14

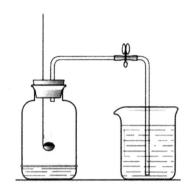

□ **测量空气含氧量的实验**

　　氧气从最初发现到研究，再到应用，经历了一个漫长的过程，而我们今天通过简单的实验，即可测量出空气中的含氧量。图为这一实验的示意图：将足量红磷燃烧，消耗密闭集气瓶中的氧气，集气瓶中的氧气被消耗，压强减小。此时打开弹簧夹，烧杯中的水就进入集气瓶，进入的水的体积就是集气瓶中氧气的体积。

盎司5格罗斯的冰融化的热素缺失了。碳酸不像磷酸那样燃烧后以固体状态存在，而是需要与一定量的热素结合使其能够以气态存在；最后一个实验缺失的热素显然起到这一作用。当我们把这个数量除以1磅炭燃烧后形成的碳酸的重量时，我们发现，将1磅碳酸从固态变为气态所需的热素量能够融化20磅15盎司5格罗斯的冰。

　　可以用氢气燃烧后生成水做同类计算。燃烧1磅氢气能消耗5磅10盎司5格罗斯24格令的氧气，能够融化295磅9盎司$3\frac{1}{2}$格罗斯的冰。但是用磷做同样的实验，5磅10盎司5格罗斯24格令的氧气与磷化合成固态后，失去的热素足够使377磅12盎司3格罗斯的冰融化。氢气在燃烧过程中，相同的氧气量中分离出来的热素能融化295磅2盎司$3\frac{1}{2}$格罗斯的冰。因此，在本实验中，在列氏零度（32°）的水中存留的热素能使82磅9盎司7格罗斯的冰融化。

　　由于1磅氢气燃烧消耗5磅10盎司5格罗斯24格令氧气，生成6磅10盎司5格罗斯24格令的水，由此我们就得出，在温度为列氏零度（32°）的每磅水中，存留的热素能使12磅5盎司2格罗斯48格令的冰融化，但由于缺乏氢气中初始含有的热素量，我们无法进行相应的计算，故而将其省略。由此可见，水即使在处于冰的状态下似乎仍含有相当数量的热素，氧本身在化合成水后似乎也保留有相当数量的热素。

　　从这些实验中，我们认为以下结论已经充分成立。

第1节　磷的燃烧

如前所述，从磷的燃烧实验可见，燃烧1磅磷可消耗1磅8盎司的氧气，产生2磅8盎司的固体磷酸。

1磅磷燃烧释放的热素量，用融化冰的数量表示为：	100.000 00
在磷的燃烧过程中，每磅氧气释放出的热素量为：	66.666 67
生成1磅磷酸的过程可释放出的热素量为：	40.000 00
每磅磷酸剩余的热素量为：	0.000 00[1]

第2节　炭的燃烧

燃烧1磅炭可消耗2磅9盎司1格罗斯10格令的氧气，并能生成3磅9盎司1格罗斯10格令的碳酸气体。

1磅炭在燃烧过程中释放出的热素量为：	96.500 00[2]
炭在燃烧过程中，1磅氧气释放出而被碳吸收的热素量为：	37.528 2
生成1磅碳酸气体和过程所释放出的热素量为：	27.020 24
1磅氧气在燃烧之后所存留的热素量为：	29.138 44
使1磅碳酸处于气体状态必需的热素量为：	20.979 60

---

〔1〕我们在这里假定磷酸不含任何热素，严格来说这并不符合事实；但正如我在前面所讲的那样，它实际上所含的热素量很可能极少，由于缺乏进一步计算所需的足够数据，我们没有给出具体数值。——A

〔2〕冰分几次融化，所有这些热素的相对量都以冰的磅数和小数部分表示。——E

第3节　氢气的燃烧

燃烧1磅氢气可消耗5磅10盎司5格罗斯24格令的氧气，能生成6磅10盎司5格罗斯24格令的水。

来自1磅氢气的热素量为：	295.589 50
来自1磅氧气的热素量为：	52.162 85
生成1磅水的过程所释放出的热素量为：	44.338 40
1磅氧气与氢气燃烧后存留的热素量为：	14.503 86
温度为列氏零度（32°）的1磅水存留的热素量为：	12.328 23

第4节　硝酸的生成

当我们将氮气与氧气化合生成硝酸或亚硝酸时，释放出的热素量要比氧气与其他物质化合所释放的热素量要小很多；因此得出，化合形成硝酸后的氧，仍会保留它在气体状态时含有的大量热素。当然，我们可以确定这两种气体在化合过程中释放出的热素量，从而确定化合发生后存留的剩余热素量。这两个量中的第一个量，可以通过在一个被冰块包裹着的仪器中将这两种气体化合来确定；但由于释放出的热素量非常少，有必要在一个非常麻烦和复杂的实验装置中来处理这两种大量气体。考虑到这一点，德·拉普拉斯先生和我迄今都未能进行实验尝试。但是，计算可以填补实验的空缺，计算得出的数据应与事实贴近。

德·拉普拉斯先生和我将适量的硝石和炭爆燃，放在一个由冰包覆的装置中，我们发现，爆燃1磅硝石能融化12磅的冰。后面我们将会看到，1磅硝石的组成如下：

草碱　7盎司6格罗斯51.84格令＝4 515.84格令

干酸　8盎司1格罗斯21.16格令＝4 700.16格令

上述数量的干酸组成为：

氧　6盎司3格罗斯66.34格令＝3 738.34格令

氮　1盎司5格罗斯25.28格令＝961.82格令

由此我们发现，在上述爆燃过程中，共计消耗了2格罗斯$1\frac{1}{3}$格令炭与3 738.34格令或6盎司3格罗斯66.34格令氧。由于燃烧过程中融化了12磅冰，由此得出，以同样的方式燃烧1磅氧会融化29.583 2磅冰。加上1磅氧与炭化合生成的碳酸气体中所存留的热素量，即我们已经确定了能融化29.138 44磅冰的热素量，那么得到1磅氧与亚硝汽化合成为硝酸时所存留的热素总量为58.721 64；该值就是存留在硝酸状态中氧含有的热素量所能融化冰的磅数。

我们在前面磷的燃烧中看到，它在氧气状态至少含有能融化66.666 67磅冰的热素；因此得出，氧与氮化合在生成硝酸的过程中，仅仅失去了能融化66.666 67磅冰的热素。我们有必要对这些计算数据做进一步的实验，以确定这种计算的结果能够在何种程度上与实验事实相符。氧在化合成为硝酸的过程中存留下的大量热素，解释了硝石爆燃时突然释放出大量热素的原因；更严格地讲，解释了硝酸能以不同的情况分解的原因。

第5节 蜡的燃烧

在研究了几个简单的物质燃烧实验后，现在我要举几个物质性质更复杂的例子。在一个由冰包覆好的装置中缓慢燃烧1磅小蜡烛，能够融化133磅2盎司$5\frac{1}{3}$格罗斯的冰。根据我发表在1784年《科学院文集》第606页上的实验数据，1磅蜡烛由13盎司1格罗斯23格令炭和2盎司6格罗斯49格令氢组成。

通过该实验，上述数量的炭应当融化	79.393 90	磅冰
氢会融化冰	52.376 05	
总计	131.769 95	磅

因此，我们看到，从蜡烛燃烧中释放出的热素量，与分别燃烧其组成相同的炭和氢所释放出的热素量完全相同。经数次蜡烛燃烧实验的数据统计，我有理由相信这一数据是精确的。

第6节　橄榄油的燃烧

在通常的装置中点燃一盏装有一定量橄榄油的灯，实验结束后，准确地计量油的消耗量和冰的融化量；结果是1磅橄榄油燃烧释放的热素能使148磅14盎司1格罗斯冰融化。根据将出现在本书下一章内容中所提及的我在1784年《科学院文集》发表的这一实验的论文摘要，1磅橄榄油由12盎司5格罗斯5格令炭和3盎司2格罗斯67格令氢组成。根据上述实验结果可知，该数量的炭能融化76.187 23磅的冰，而1磅油中含有氢的数量能融化62.150 53磅冰。两者相加得到138.337 76磅冰，这是将橄榄油的这两种组成元素分别燃烧得到的会融化的量，但这些油实际上融化了148.883 30 磅冰，这一实验结果比由前面的实验得到的数据计算结果多出了10.545 54磅。

这种数量差异不是非常大，可能是由于这种实验中不可避免的错误造成的，也可能是受橄榄油中某种尚未确定的物质影响。但证明在我们的实验中，与热素结合的量和释放的量之间存在着高度的一致性。

以下几点仍有待确定，即氧与金属化合形成金属氧化物后，自身还能存留的热素量；氢在不同的存在状态下所含的热素量；还要采取比现在更加精确的方式弄清楚：水在形成过程中释放出的热素量。目前我们对验证的数据仍存有相当多的疑问，这些疑问只有通过进一步实验才能消除。我们目前正致力于这项研究，并希望很快就能解决这些疑问。一旦这几个问题解决了，我们就可能且有必要对本章中的大多数实验和计算结果进行大量修正。但我不认为这是对那些也许想在这同一个课题上付出劳动的人们隐瞒这么多已知内容的充足理由。我们很难回避从假设出发的一门新科学的原理；而且很难从一开始就有可能达到近乎完善的程度。

第十章
论可燃物之间的化合

由于可燃物质通常对氧有很强的亲和力，因此它们同样应该相互吸引或相互化合。"与第三者相同的物质，彼此间是相同的（quae sunt eadem uni tertio, sunt eadem inter st）"，这一公理被公认为是正确的。例如，几乎所有的金属都能相互化合，并形成通常语言中所谓的"合金（alloys）[1]"。大多数的金属合金与一切化合物一样，可以有几个饱和度；这些合金大多都比组成它们的纯金属更脆，熔点差别大的金属熔合在一起形成的合金更是如此。由于这种可熔性的差异，合金化合后就会产生部分现象，特别是铁的那种被工人们称为"热脆（hotshort）"的性质。必须把这种铁看成是合金，即几乎难熔的纯铁与少量在相对较低热度就能熔化的其他某种金属形成的混合物。只要温度低到使两种金属都处于固体状态，这种合金混合物就具有延展性；如果将其加热到足以使易熔金属液化的温度，液态金属的粒子就会夹杂在仍然是固态的金属粒子之间，就必定会破坏它们的连续性，导致合金变脆。汞与其他金属的合金通常被称为"汞齐（amalgams）"，我们认为继续使用这一术语没有任何不便。

---

〔1〕"合金"是我们从生产技术用语中得到的，这个术语对于区分金属的所有组合或彼此之间的亲密结合非常有用，因此我们将在新命名法中采用它。——A

硫、磷和炭等能很容易与金属化合。金属与硫的化合通常被命名为"黄铁矿（pyrites）"。金属与磷和炭的化合物要么尚未命名，要么只是在最近才得到新名称；因此，我们直接根据我们的命名原则去改变它们。我们称金属和硫的化合物为"硫化物（sulphurets）"，称与磷的化合物为"磷化物（phosphurets）"，称与碳的化合为"碳化物（carburets）"。这些名称被扩展到上述三种物质形成的所有化合物中，而无须预先氧化。因此，硫与草碱或固定植物碱的化合物称为"硫化草碱（sulphuret of potash）"；它与氨水或挥发性碱的化合称为"硫化氨（sulphuret of ammonia）"。

□ **舍勒**

瑞典化学家。他比普利斯特里更早地分离出了氧气，也是发现氯气的第一人。舍勒认为，由于燃烧是在空气中发生的，想要弄清火或燃烧的性质就必须弄清空气的成分。但是他的研究仍以"燃素"理论为基础进行。

氢也能与许多可燃物质化合。氢在气体状态下能溶解碳、硫、磷和多种金属；我们用"碳化氢气（carbonated hydrogen gas）""硫化氢气（sulphurated hydrogen gas）"和"磷化氢气（phosphorated hydrogen gas）"等术语来区分这些化合物。硫化氢气被以前的化学家们称为"肝空气（hepatic air）"，被舍勒先生称为"来自硫的恶臭空气（foetid air from sulphur）"。一些矿物质水以及动物排泄物具有的腥臭味，主要就是由于有这种气体的存在。让·热布雷先生发现，磷化氢气具有一与空气接触，或者更恰当地说，一与氧气接触就会立即自燃的性质。这种气体具有强烈的类似于鱼腐烂后的味道；而且鱼在腐烂状态发磷光的性质极可能是由于这种气体逸出而产生的。如果没有热素的介入，处于气体状态的氢和碳化合就会形成油状物质；

□ 《土质物理》书影

贝歇尔被认为是与施塔尔共同创立"燃素说"的化学家。1699年，他在其著作《土质物理》中对燃烧现象进行了系统研究，他认为燃烧是一种分解反应，物质燃烧后留下的灰烬都是成分最简单的物质。

这些油状物质因其在氢和炭组成中的比例上的差异而不同，要么保持固定，要么易挥发。通过压榨提取到的植物油或脂肪油，与易挥发油或精油之间的主要区别在于：前者含有足量的碳，当油被加热到沸水的温度以上时，就会分离出碳来。易挥发油因含有这两种成分元素的比例适当而不易被加热分解，但与热素结合后呈气态，在蒸馏过程中性质还没发生变化就消失了。

1784年《科学院文集》的第593页报道了我通过氢和碳的化合所做的油和乙醇的组成实验，以及它们与氧的化合物的组成实验。通过这些实验，我们可以看出，成分固定的油在燃烧过程中与氧化合转化为水和碳酸气体。通过计算这些实验数据可以发现，成分固定的油是由21份重量的氢和79份重量的碳化合而成的。也许具有油性的固体物质，如蜡等，是由于含有一定比例的氧才呈固定状态的。我目前正在进行一些相关实验，希望能对解决这个问题有帮助。

在特定的状态下，没有与热素结合的氢是否易与硫、磷和金属生成化合物，还应作进一步研究。据我们所知，没有任何物质可以先验地阻止这些化合；因为可燃物一般都能彼此化合，并没有特殊原因能把氢作为例外。但目前还没有实际的实验能确定这种化合的可能或不可能。铁和锌在所有金属中最有可能与氢结合；但由于这些金属具有分解水的性质，而且在化学实验中很难完全隔绝潮气，因此很难确定，在使用这些金属进行某些实验获得的少量氢气，是以前就与金属结合成固体状态的氢，还是由微量的水分解产生的。我们越是尽力防止在实验中隔绝潮气，获得的氢气的量就越少；而且，如果采用极精密的隔绝措施，甚至连很少量的氢气都可能得不到。

虽然进一步研究也许与硫、磷和金属等可燃物吸收氢的能力相关，但我们认为，它们只吸收了非常小的一部分，而且这种化合不是它们构成中所必需的，而只能被视为一种降低了这些物质纯度的变异物质。这个体系的倡导者们[1]有责任通过决定性的实验来证明氢化合物的真实存在，而迄今为止，他们只能以假设为基础进行猜想来辩护。

---

[1] 这些人是指"燃素"理论的支持者，他们目前认为，氢气即可燃空气的基就是由著名的施塔尔所提出的"燃素"。——E

第十一章
关于对几种氧化基和酸化基的
分析，以及对动物物质和植物物质构成的分析

在第五章和第八章中，我们已经对四种可燃单质（硫、磷、碳和氢）及其燃烧产物的性质进行了研究。在前文（第十章）中已经表明，简单可燃物质能够相互化合形成复合可燃物质；并观察到，一般的油，特别是成分固定的植物油，都属于由碳和氢元素组成的复合可燃物一类。在这一章中，我们还将继续讨论复合可燃物质的氧化，并说明存在双基/三基的酸化和氧化产物。大自然为我们提供了许多此类组合的例子，这些例子让我们认识到，从有限的元素或单质中，能生成各种各样的化合物。

人们在很久以前就知道，如果将硫酸和硝酸混合在一起，就会生成一种分别与这二者中任何一种酸的性质都有很大区别的复合酸。这种酸被称为"王水（aqua regia）"，因其最著名的能溶解黄金的性质而被炼金术士称为"金属之王（king of metals）"。贝托莱先生已经清楚地证明，这种酸的特殊性质源自于它的两种可酸化基的联合作用；基于这个原因，我们认为，有必要用一个更适当的名称来区分它："硝基盐酸（nitro-muriatic acid）"。该名似乎非常适用，因为表明了它进入其成分的两种物质的类别。

之前，这种一酸双基的现象仅在硝基盐酸中能观察到，但它在植物界却不断出现。在植物界中很少发现单酸，即拥有单一可酸化基的酸。几乎所有从植物界得到的酸，都含有由碳和氢，或由一定数量的氧化合了碳、氢和磷

形成的基。所有这些基，无论是双基还是三基，由于其氧含量低于赋予它们性质所需的含量，因此同样会形成氧化物。来自动物界的酸和氧化物更加复杂，因为它们的基通常由碳、磷、氢和氮的化合物构成。

由于我最近才对这些物质有了清晰明确的概念，因此在这里不作具体阐述。但我计划在要提交给科学院的一些学术论文中对这个问题进行全面的论述。其中大部分实验都已经完成；但为了能够给出结果数据准确的报告，有必要仔细重复实验，并相应增加实验物质的数量。在这里，我只对植物和动物的酸和氧化物作一个简要的列举，并以对植物和动物体的组成的一些思考来结束本章。

□ **16世纪的炼金术士**

　　炼金术被认为是现代化学的前身。炼金术士这一古老的职业，在17世纪的科学研究中也不曾停止。

糖、黏液（这个术语下包括不同种类的胶质）和淀粉都是植物的氧化物，是由碳、氢以不同比例化合在一起形成"根"或"基"，并与氧化合后呈氧化状态的植物物质。从氧的状态来看，它们能够通过加入新的氧而变成酸；根据氧化的程度以及碳、氢在其基中的比例，可形成几种植物酸。

借助我们的命名规则，很容易使用含有两种物质的基名称为这些植物酸和氧化物命名；因此它们就是碳氢化合物的酸化和氧化物。用这种方法，可以按照鲁埃尔先生为植物提取物命名的方式，无须过多修饰性词语，便能表明它们中存在哪些元素过量；当提取物在植物提取物组成中占主导地位时，称之为"提取—树脂物（extracto-resinous）"；当它们含有较大比例的树脂物质时，就称之为"树脂—提取物（resino-extractive）"。按照这个方式，并根据我们以前所确立的命名原则，就有了下列名称："氢—亚碳（hydro-carbonous）"氧化物、"氢—亚碳（hydro-carbonic）"氧化物和"碳—亚氢（carbono-hydrous）"氧化物、"碳—氢（carbono-hydric）"氧化物等术语。而对于酸，则有：氢—亚碳酸、氢—碳酸、氧化氢—碳酸；碳—亚氢酸、碳—氢酸及氧化碳—氢酸。很可能上述术语已经足够用来表示自然界中的所有品种，且随着人们对植物酸的了解不断深入，它们自然就会被归到这些名称之下。尽管我们知道这些物质是由哪些元素组成的，但还不知道这些成分之间的具体比例，而且这些还远远不够按照上述方法对它们进行分类；所以我们决定暂时保留这些旧的名称。与我们联合发表关于化学命名的论文时相比，我在这项研究中又取得了一些进步，只是从尚不够精确的实验引出推论仍显不妥。虽然我承认化学的这一部分在某种程度上仍然是模糊的，但我还是期待它很快被阐释清楚。

对基中化合了三种或四种元素的酸进行命名，更是不得已要遵循相同的方式；这些酸中有相当一部分来自动物界，有一些甚至来自植物界。如氮、氢和碳化合后形成氢氰酸（prussic）的"基"或"根"；我们有理由相信，鞣酸（gallic）的基也会发生同样的情况；而且几乎所有动物酸的基都是由氮、磷、氢和碳等元素组成。如果有办法同时表达出基的这所有四个组分元素，那么我们的命名无疑是有条理的；命名规则将具有清晰和确定的特性；但这种希腊语和拉丁语的名词和形容词组合，看起来像是一种野蛮的语言，既难以发音，也难以记忆，还没有被化学家们普遍接受。此外，化学命名还远未达到它必须达到的准确性，科学的完善当然应该先于其语言的完善，我们必须在一段时间内仍将保留动物氧化物和动物酸的旧名称。我们只是大胆地对这些名称作了一些轻微的修改——当我们有理由认为基过量时，就将词缀改为"*ous*"〔1〕，而当认为氧占主导地位时，则将词缀改为"*ic*"〔2〕。

以下是目前已知的所有植物酸：

亚醋酸	醋酸	草酸
亚酒石酸	焦亚酒石酸	柠檬酸
苹果酸	焦亚黏酸	焦亚木酸
棓酸	安息香酸	樟脑酸
琥珀酸		

尽管，如前述的所有这些酸，主要甚至几乎都是由氢、碳和氧组成；但严格来说，它们既不含有水、碳酸物质，也不含油等物质，所含的仅仅是形成这些物质所必需的元素。这些酸只能在常温下存在，酸中氢、碳和氧元素相互施加的亲和力处于一种平衡状态。但当这些酸被加热到比沸水温度稍高时，这种平衡就会被打破，部分氧和氢就会化合成水；部分碳和氢化合成油；部分碳和氧化合成碳酸气体。然而，大多数的酸最后会剩余小部分碳处于游离状态，显然，相对于其他构成元素来说碳是过量的。我计划在下一章对这个问题作进一步说明。

人们目前对来自动物氧化物比来自植物氧化物了解要少得多，而且它们的数量还没有被完全确定。有观点认为，血液的红色部分、淋巴及大多数分泌液实际上都是氧化物，因此对它们加以研究就显得极为重要。我们已知存在六种动物酸，其中有几种可能在性质上非常接近或者至少差异是很不明显的。因为磷酸存在于所有自然物质中，我便不将其包括在内。这类酸共有以

---

〔1〕汉语中有与之相对应的命名法，即在词头前加"亚"。——C
〔2〕汉语中有与之相对应的命名法，即在词尾加"的"。——C

下几种酸：

乳酸	糖乳酸	蚕酸
蚁酸	皮脂酸	氰酸

　　源自动物氧化物和酸的组成元素之间的联系，不如源自植物氧化物和酸的组成元素之间的联系更稳定，温度的小幅提升就足以破坏其稳定性。希望下一章内容能使这个问题变得更加清晰。

第十二章
加热条件下植物物质和动物物质的分解

在彻底理解植物物质在加热分解的过程中所发生的变化之前，我们必须要考虑清楚物质组成成分的元素性质、这些元素粒子之间不同的亲和力以及元素粒子与热素间的亲和力。实际上植物物质是由氢、氧和碳组成；这些元素为所有植物物质所共有，没有它们，植物就不存在；存在于特定植物中的其他物质通常不属于所有植物，只是对特定物质所属的植物至关重要。

在这些元素中，氢和氧极易与热素结合并转化为气体，而碳则是一种极为稳定的元素，对热素的吸引力很小。另一方面，在常温下氧与氢、碳化合的倾向几乎相同，在加热至炽热[1]时对碳的吸引力更强并与之化合形成碳酸。

尽管我们远不能理解所有的亲和力，或用数字表示它们的能量比例；但我们可以肯定的是，无论它们与所结合的热素量有关的条件如何改变，在通常的环境温度下，各亲和力之间几乎都处于平衡状态。因此，植物既不含油[2]、

---

〔1〕虽然"炽热"这个词并不表示任何绝对确切的温度程度，但我有时会用它来表示大大高于水沸腾的温度。——A

〔2〕我在这里谈到的植物物质必须理解为完全处于干燥状态；而且油并不是指在寒冷或不超过沸水的温度下通过压榨获得的油，我指的是通过明火蒸馏获得的馏分油，其蒸发温度高于水沸腾时的温度，这是唯一一人们宣称通过明火加热产生的油。关于这个问题，可以查阅我在 1786 年《科学院文集》上发表的论文。——A

水，也不含碳酸，不过却含有这些物质的所有元素。氢既不与氧化合，又不与碳化合，反之亦然；这三种物质的粒子形成了一种三重化合，该物质在不受热素干扰的情况下就能保持平衡，但温度稍一升高就足以破坏这种结构组合。

如果在不超过水沸腾的温度下加热植物，那么一部分氢就会与氧化合形成水，其余的氢则与一部分碳化合形成易挥发的油，而剩余的碳如果不从化合的其他元素中脱离出来，就会在蒸馏器的底部形成固体。

但是，当我们使用炽热的玻璃仪器加热时，就不会形成水，至少任何可能由第一次炽热产生的少量水都被分解了。在这种热度下，氧对碳的亲和力更大并与之结合形成碳酸气体，没有与其他元素化合的氢与一定量的热素结合后以氢气的状态逸出。在如此高的温度下没有油生成，即使温度较低（实验刚开始）时有油产生，但在炽热的作用下也早就被分解了。因此，植物物质在高温下的分解是由双重和三重亲和力的作用所致的。碳吸引氧的目的是为了形成碳酸，而热素吸引氢并将其转化为氢气。

每一种植物物质的蒸馏都证实了这个理论的真实性，如果我们能为一个简单的事实关系命名的话。糖进行蒸馏时，只要加热至略低于水沸腾的温度，它就只会失去其结晶水，但它仍然是糖，并保留了所有性质；但是再加热至稍高一点的温度，它就会变黑，且一部分碳从混合物中分离出来，略有酸性的水伴随着少量油流出，残留在蒸馏器中的碳仅是糖原来重量的1/3。

在加热的条件下，含氮植物（如十字花科植物）和含磷植物在分解过程中，亲和力的改变更为复杂，但由于进入植物成分中的这些物质数量非常少，显然它们对蒸馏产物只能产生轻微的变化。似乎磷与碳化合后形成稳定产物而留在蒸馏器中，而氮化物与部分氢化合形成氨气或挥发性碱。

动物物质与十字花科植物几乎由相同的元素组成，在蒸馏中可产生相同的产物。由于它含有更多的氢和氮，这个差异就会产生更多的油和更多的氨。我只想提出一个事实来证明，这一理论能够准确地解释动物物质在蒸馏过程中呈现的所有现象，这就是挥发性动物油，即通常称为迪佩尔油（Dippel's oil）的精馏和完全分解。使用明火对种油进行第一次蒸馏时，由于油中含有少量游离状态的碳而呈棕褐色；但通过精炼，这种油则会变得无色透明。即使在这种状态下，其成分中的碳与其他元素的联系如此之小，以至于只要一暴露在空气中就能析出来。如果我们将一定量的经过精馏后变得清澈、透明的这种动物油放入一个注满氧气的钟形玻璃罩中，一起置于汞液面上方，在很短的时间内，氧气就会被油吸收，数量大大减少，氧与油中的氢化合形成水并沉到了底部，同时与氢化合的碳脱离出来使油变成了黑色。空气总是会使这些无色透明的油变色，因此，唯一能阻止空气接触油的保存方法就是将它们保存在完全被装满并紧紧塞住瓶口的瓶子中。

对这种油进行连续精馏，另一个现象可以验证我们的理论。在每次蒸馏过程中，蒸馏器内都会残留少量碳，器内空气所含的氧与油中的氢化合形成少量的水。由于这种情况发生在每一次连续的蒸馏中，如果我们使用更大的容器和更高的加热温度，油最终会完全分解成水和碳。当我们使用体积小的容器，尤其是使用慢火或者仅比水沸腾稍高一点的温度加热时，多次反复蒸馏这些油的操作就极为乏味，想要油完全分解也会变得比较困难。我在向科学院提交的一篇单独论文中详细介绍了关于油分解的所有实验，其中所介绍的内容，也许足以使大家对动物和植物物质的组成以及它们在加热条件下的分解有一个正确的认识。

第十三章
论酒发酵对植物氧化物的分解

众所周知，葡萄酒、苹果酒、蜂蜜酒以及其他一切形式的乙醇都是用发酵的方式生产的。将榨出的葡萄汁或苹果汁用水稀释后放入大桶中，并在至少10°（54.5°）的温度下保存，很快就会在桶内发生发酵反应，液体中形成无数的气泡并在表面破裂；当发酵反应达到高峰时，释放出的气体量如此之大，以至于使液体看起来就像因受热而剧烈沸腾。将这种气体慢慢收集起来，经仔细检查发现是十分纯净的碳酸气体，并且没有任何空气或其他种类气体混入。

待发酵完成后，饱含糖分的甜葡萄汁变成了不再含有任何糖分的葡萄酒液，通过蒸馏可获得一种在商业上被称为"酒精"的易燃液体。由于这种液体是由糖类物质被水稀释后发酵产生的，因此为了不违背我们的命名原则，我们把它叫作"乙醇"，而不叫作苹果酒精或发酵糖精；故而采用了一个更普遍的术语，如阿拉伯词语"乙醇"一词似乎非常合适。

发酵是化学中最特殊的反应之一。我们必须研究明白释放出的碳酸气体和产生的易燃液体来自何处，以及一种甜味的植物氧化物是如何转化为两种性质相反的物质的（其中一种是易燃的，而另一种则明显相反）。为了解决这两个问题，有必要事先熟悉可发酵物质的组成并对发酵产物进行分析。我们可以把它视作一条无可争议的公理：即人为加工和自然形成的所有物质都没有物质产生；物质的数量在实验之前和之后相等，除了这些元素间的组合产生变化和调整之外，各元素的质量和数量不会发生任何变化，被进行化学实验的整个技术过程完全依赖于这一原理。我们必须永远假定，被检验物质的组成元素与分析产物的组成元素严格相同。

　　既然可以从葡萄汁中获得乙醇和碳酸气体，那么我们可以肯定，葡萄汁是由碳酸和乙醇组成。从这些前提出发，我们就有两种方法可以确定葡萄酒发酵过程中物质的变化，即通过确定可发酵物质的性质和组成元素，或通过准确检验发酵反应的产物。显然，对其中任何一种物质的了解都必定得出另一个性质和组成的准确结论。基于这些考虑，有必要准确地确定可发酵物质的组成元素。由于对水果的混合汁液进行严格分析是不可能的，因此我没有使用果汁，而是选择了前面已经解释过其性质且很容易分析的糖。糖类物质是一种真正的植物性氧化物，由氢和碳两种基组成，并含有一定比例的氧，呈氧化物的状态。这三种元素以这样的方式化合在一起，稍微改变条件就足以破坏它们之间的平衡。通过一系列方式进行并且经过多次重复实验，我确定了这些成分在糖中的存在比例，按重量计算，100份糖中有近8份氢、64份氧和28份碳。

　　为便于发酵，糖必须与大约4倍于之重量的水混合。即使如此，没有某些物质的帮助，其组成元素间的平衡也不会受到破坏并开始发酵。可以通过添加适量的啤酒酵母完成发酵，而且发酵反应一旦触发，就会一直持续直到完成。我将在另一个地方介绍酵母和其他发酵剂对可发酵物质的影响。在每100磅的糖中，我通常加入10磅的浆状酵母，并用4倍糖重量的水稀释。表1.13.1至表1.13.3是完全按照实验事实得到的实验数据，即使是计算中产生的小数位也保留了下来。

表 1.13.1　发酵物质表[1]

发酵物质		磅	盎司	格罗斯	格令
水		400	0	0	0
糖		100	0	0	0
10磅浆状酵母的组成	水	7	3	6	44
	干酵母	2	12	1	28
总计		510	0	0	0

表 1.13.2　发酵物质的组成元素表

发酵物质	元素	磅	盎司	格罗斯	格令
407磅3盎司6格罗斯44格令水的组成	氢	61	1	2	71.40
	氧	346	2	3	44.60
100磅糖的组成	氢	8	0	0	0
	氧	64	0	0	0
	碳	28	0	0	0
2磅12盎司1格罗斯28格令干酵母的组成	氢	0	4	5	9.30
	氧	1	10	2	28.76
	碳	0	12	4	59
	氮	0	0	5	2.94
总重量		510	0	0	0

表 1.13.3　发酵物质组成元素汇总表

元素	发酵物质	磅	盎司	格罗斯	格令	磅	盎司	格罗斯	格令
氧	水中	340	0	0	0	411	12	6	1.36

〔1〕本书中所有实验数据源自拉瓦锡第一手的实验资料，实际上下有出入，后同。——C

续表

元素	发酵物质	磅	盎司	格罗斯	格令	磅	盎司	格罗斯	格令
氧	酵母水中	6	2	3	44.60	411	12	6	1.36
	糖中	64	0	0	0				
	干酵母中	1	10	2	28.76				
氢	水中	60	0	0	0	69	6	0	8.70
	酵母水中	1	1	2	71.40				
	糖中	8	0	0	0				
	干酵母中	0	4	5	9.30				
碳	糖中	28	0	0	0	28	12	4	59.00
	干酵母中	0	12	4	59.00				
氮	干酵母中	—	—	—	—	0	0	5	2.94
共计						510	0	0	0

　　精确测定了这些发酵物质的组成元素性质和数量之后，接下来我们要检验由发酵过程形成的产物。为此，把上述510磅的发酵液体放在一个适当的仪器[1]中，通过这个装置可以准确地确定发酵过程中释放出气体的数量和重量，甚至可以在发酵过程的任何一个特定阶段都能够分别对每种产物进行称重。把所有物质混合在一起，并保持在15°（65.75°）到18°（72.5°）的环境温度下两个小时之后，发酵的第一个迹象开始出现：液体变得混浊，气泡增多，小气泡离析出来升至表面破裂；这些气泡的数量迅速增加，产生大量高纯度碳酸气体，液面伴有从混合物中漂离出来的酵母浮渣。几天后，随着温度或多或少的下降，发酵反应和气体释放的现象会减少；但发酵并没有完

---

　　[1]关于上述仪器的说明，详见本书第三篇中的内容。——A

全停止，并在相当长的时间会持续存在。在整个发酵过程中，释放出35磅5盎司4格罗斯19格令的干燥碳酸气体，同时带走了13磅14盎司5格罗斯的水。容器中还剩余460磅11盎司6格罗斯53格令呈弱酸性的酒液。最初，酒液呈混浊状态，但随着部分酵母的沉淀会自行变得清澈。经过对物质组成的繁复分析，我们得到的具体结果如表1.13.4与表1.13.5。这个操作方法以及所有的辅助计算，我都会在《科学院文集》发表的论文中进行详细的阐述。

表 1.13.4　发酵产物的组成元素表

发酵产物	组成元素	磅	盎司	格罗斯	格令
35磅5盎司4格罗斯19格令碳酸气体	氧	25	7	1	34
	碳	9	14	2	57
408磅15盎司5格罗斯14格令水	氧	347	10	0	59
	氢	61	5	4	27
57磅11盎司1格罗斯58格令纯酒精（乙醇）	与氢化合的氧	31	6	1	64
	与氧化合的氢	5	8	5	3
	与碳化合的氢	4	0	5	0
	与氢化合的碳	16	11	5	63
2磅8盎司纯醋酸	氢	0	2	4	0
	氧	1	11	4	0
	碳	0	10	0	0
4磅1盎司3格罗斯糖残渣	氢	0	5	1	67
	氧	2	9	7	27
	碳	1	2	2	53
1磅6盎司0格罗斯50格令干酵母	氢	0	2	2	41
	氧	0	13	1	14
	碳	0	6	2	30
	氮	0	0	2	37
共计		510	0	0	0

表 1.13.5　发酵产物组成成分汇总表

发酵产物	组成成分	磅	盎司	格罗斯	格令
409磅10盎司0格罗斯54格令氧包含在	水	347	10	0	59
	碳酸	25	7	1	34
	酒精	31	6	1	64
	醋酸	1	11	4	0
	糖的残渣	2	9	7	27
	酵母	0	13	1	14
28磅12盎司5格罗斯59格令碳包含在	碳酸	9	14	2	57
	酒精	16	11	5	63
	醋酸	0	10	0	0
	糖的残渣	1	2	2	53
	酵母	0	6	2	30
71磅8盎司6格罗斯66格令氢包含在	水	61	5	4	27
	酒精的水	5	8	5	3
	与酒精的碳化合	4	0	5	0
	醋酸	0	2	4	0
	糖的残渣	0	5	1	67
	酵母	0	2	2	41
酵母中含有2格罗斯37格令氮		0	0	2	37
共计		510	0	0	0

　　这些实验结果数据甚至精确到了格令单位，不过这不是这种实验中所能达到的最高精确度；但为便于比较，在精确计算中有必要保留小数部分，将实际上只用了几磅糖的实验结果换算成英担（quintal）或虚百磅（imaginary hundred pounds）。

　　认真思考这些表格中的结果数据，很容易发现在发酵过程中到底发生了什么。首先，所使用的100磅糖中还剩余4磅1盎司4格罗斯3格令没有分解；因此，实际上只有95磅14盎司3格罗斯69格令糖在发酵过程中起到了作用；也就是说，只有61磅6盎司45格令的氧、7磅10盎司6格罗斯6格令的氢以及26磅13盎司5格罗斯19格令碳参与了发酵反应。通过比较我们可以发现，这些数量足够形成由发酵产生的全部乙醇、碳酸气体和亚醋酸。因此，除非假定氧和氢能以水的形式存在于糖中，就没有必要假定没有任何水在发酵实验中分解。但我们在前面已经指明，植物物质组成的氢、氧和碳这三种元素间仍然处于相互平衡或相互结合的状态，只要不受温度升高或一些新的复合吸引力的破坏，这种化合平衡就会一直存在。而且，只有这些元素两两化合在一起才能形成水和碳酸气体。

因此，葡萄酒的发酵作用，就是将糖分离成两种更简单的组分：一部分消耗，另一部分继续氧化形成碳酸气体，而另一部分则在有利于前者的条件下脱氧转化为易燃物质乙醇。如果有可能将乙醇和碳酸气体重新结合在一起，应该会生成糖。显然，乙醇中的碳和氢不是以油状物质存在，而是与一部分氧化合生成与水混溶的物质存在。于是氧、氢和碳这三种元素在产物中同样也以一种平衡或相互化合的方式存在。实际上，当把它们送入加热至炽热的玻璃管或瓷管中，这种化合或平衡会被打破，并且这些元素两两化合在一起，会生成水和碳酸气体。

在我的第一篇关于水形成的论文中已经公开指出，水可以在大量的化学反应，特别是在酒发酵过程中被分解。我当时认为水是已经存在于糖中的，但现在确信糖成分中只含有构成水的适量元素。可以想象，要放弃最初的认知一定会付出很大的代价，但通过几年的思考和对植物物质进行了大量的实验和分析后，我最终坚持了上面的理论。

最后，我将通过讨论糖及每种植物性可发酵物质采用的分析手段，来结束就酒发酵进行的必要介绍。我们可以把发酵物质和发酵产物之间的关系理解成一个代数方程。通过逐次假设这个方程中的每个元素都是未知的，我们就能分别计算各元素的值，这样就可以通过计算结果来验证实验，并相应地通过实验来验证计算结果。我经常成功地使用这个方法来更正实验的最初结果，并指导我采用更恰当的方式进行重复实验。在我的一篇已经提交给科学院并且很快就会发表的论文中，对酒发酵作了详细的解释。

第十四章
论物质的腐化发酵

物质的腐化现象与酒发酵现象一样，都是由非常复杂的亲和力作用引起的。受腐化作用影响的物质的组成元素不再继续处于三元化合的平衡状态，而是重新形成只有两种元素组成的二元化合或复合物[1]；但腐化产物与酒发酵产物完全不同。不是部分氢元素像酒发酵那样与一部分水和碳化合形成酒精，而是全部的氢元素在腐化过程中以氢气的形式逸出了，同时，氧和碳元素与热素结合后，以二氧化碳的形式逸出；特别是如果这些物质已经与足够量的水混合，当整个过程完成时，除了与少量的碳和铁元素混合在一起的植物泥土外，什么都不会留下。因此，腐化只不过是植物物质的完全分解，而且在此过程中，除了霉变状态的土质物质[2]以外，所有的组成元素都以气体的形式脱离出来了。

物质腐化产物只能以氧气、氢气、碳酸气体和少量土质物质存在。但完全腐化的物质很罕见，有些物质腐化并不完全而且很困难，需要相当长的时间才能完成。含氮元素的物质却不同，实际上在所有动物物质中，甚至在相当多的植物物质中都含有氮元素。由于这种辅助元素有助于腐化作用，若想

---

[1] 二元化合物是指由两种单一元素化合在一起形成的化合物。三元和四元化合物是由三种和四种元素形成的化合物。——A

[2] 在第三篇内容中，描述有一个适合用于此类实验的仪器。——A

加速这些物质腐化，可将动物物质与植物物质混合起来。农业上制造混肥和堆肥的全部技术，就是恰当地应用了这种混合物。

向易腐化物质中添加含氮物质，不仅能加速腐化过程，氮元素还与部分氢化合，形成一种称为"挥发性碱（volatile alkali）"或"氨（ammonia）"的新物质。用不同的方法分析动物物质所得到的结果可以确定氨的组成元素；只要事先将氮化物与这些物质分离，就不会产生氨；并且在所有情况下，物质生成氨的数量只与物质所含氮化物的量相关。贝托莱先生在1785年《科学院文集》的第

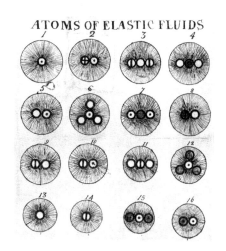

□ **道尔顿先生绘制的原子结构草稿**

图片是拉瓦锡之后的另一位具有划时代影响力的化学家道尔顿先生绘制的原子草图，其中 1 是氢，2 是硫化氢，3 是氮氧化合物。当时的人们仅仅知道硫化氢气体气味难闻，但并不知道其分子结构。

316页充分证明了氨的这种组成，他还给出了几种方法，以将氨分解，且分别获得了组成氨的两种元素，即氮和氢。

我已经在第十章提到，几乎一切可燃物质都能相互化合。氢尤其具有这种性质；它能溶解碳、硫、磷，形成所谓的碳化氢气体（carbonated hydrogen gas）、硫化氢气体（sulphurated hydrogen gas）以及磷化氢气体（phosphorated hydrogen gas）。后两种气体会有一股特别难闻的气味。硫化氢气体的气味与臭鸡蛋的气味非常相似，而磷化氢气体的气味则与腐烂的鱼完全一样。氨也有特别的气味，其刺激性和令人讨厌的程度不亚于其他几种气体。动物物质腐化过程所伴随的恶臭，是由这几种不同的气味混合产生的。有时氨气占主导地位，这很容易从其对眼睛的刺激感中察觉出来；有时硫化氢气体占主

导，如在粪便中；有时磷化氢气体占主导，如正在腐烂的鲱鱼中。

长期以来，我一直认为没有任何物质可以破坏或中断物质的腐烂进程。但佛克罗伊（Fourcroy）先生和图雷特（Thouret）先生观察到一些异常现象：在一定深度埋藏、未与空气接触而保存得较好的尸体上，其肌肉常常会转化为动物脂肪。这一定是由于某种未知原因造成动物物质中天然含有的氮化物脱离，只剩下适合形成脂肪或油的氢和碳元素。这种关于将动物物质转化为脂肪的现象，迟早会促进对社会具有重大意义的发现。动物粪便和其他排泄物主要由碳和氢构成，在性质上十分接近油，简单蒸馏即可得到大量的油。但这些物质的所有蒸馏产物伴随着的难以忍受的恶臭，使我们至少在很长一段时间内，无法期待它们除了被用作肥料外还能在其他方面有什么用。

本章只对动物物质的构成作了推断性的估计，迄今为止人们对这种物质的了解还不全面。它们已知是由氢、碳、氮、磷、硫元素组成，而且全都处于五元化合状态，或多或少数量的氧元素可使它们转化成氧化物状态。然而，我们仍然不知道这些物质元素间化合的比例，像我们已经分析过的几个元素一样，必须把与其他几种元素的化学分析这一部内容留给时间去完成。

第十五章

论醋酸发酵

醋酸发酵就是酒液[1]在露天环境下吸收氧后的酸化或氧化过程。酒液发酵后产生的就是酸醋，通常称为"醋（vinegar）"，它由尚未确定比例的氢和碳元素化合在一起并在氧气的作用下生成。醋是一种酸，由此可从酸类中类比而断定它含有氧元素，而且毫无疑问，这一点可以通过实验直接证明：首先，酒液如果不接触含有氧的空气就不能变成醋；其次，空气中的氧气伴随发酵过程而被吸收消耗；第三，酒液可以通过其他氧化方式变成醋酸。

关于酒氧化生成醋酸的证据除了上面这些实验事实之外，蒙彼利埃的化学教授夏普塔尔（Chaptal）先生所做的一个实验能让我们对发酵过程中产生的变化有更清晰的认识。他将发酵啤酒产生的大量碳酸气体注入等体积的水，并将这些水放在与空气相通的地窖内的容器中，在很短的时间内就转化成了醋酸。从正在发酵的啤酒桶中获得的碳酸气体并不纯，而是含有少量的乙醇，因此在注入的水中含有形成醋酸所需的所有物质。乙醇提供氢元素和一部分碳元素，碳酸提供氧元素和其余的碳元素，而大气中的空气提供其余

---

[1] 在本章中，"酒"这个词是用来表示由酒或其他任何植物质发酵生产的液体。——E

的氧气，使混合物变为醋酸。从这一分析中可以地看出，除了氢之外不需要其他物质就可以将碳酸转化为醋酸；或者更广泛地说，根据氧化程度，碳酸通过加氢元素可以转化成所有的植物酸；相反，所有的植物酸都可以通过消除氢元素而转化为碳酸。

尽管醋酸的形成过程已为人们所熟知，但仍然需要比以往更精密的实验来提供更详细的反应数据。所以我不会在这个问题上再作进一步的阐述。上面所述已经充分表明，在构成元素上，所有的植物酸和氧化物都与醋酸完全一致。但想要知道构成所有这些酸和氧化物的元素比例，还需要进行更多的实验。但是不难看出，化学中的发酵部分就像所有其他部分一样正在迅速地趋向完善，而且人们对它的认知已经变得越来越清晰。

第十六章
论中性盐及不同基的生成

　　我们已经知道，所有的动物和植物性氧化物和酸，都是由简单的几个元素或者至少是迄今为止未能分解的元素与氧元素化合而形成的；这些元素是：氮、硫、磷、碳、氢和盐酸的根[1]。无论是将三种或四种可酸化或氧化的基依不同的比例化合在一起，还是简单地通过改变氧的量来调整物质的酸化或氧化程度以增加物质的质量和数量，我们都应该对自然界表示由衷的赞叹。在下面我们将要讨论的物质顺序中，将发现可以利用同样简单的方法来实现物质的多样性和丰富性。

　　可酸化物质与氧化合后转化成的酸能进一步促进物质的酸化；形成的酸能够与土碱和金属单质化合生成中性盐。因此，酸实际上可以被认为是"盐化要素（salifying principles）"，而与酸化合后形成的中性盐物质被称为"成盐基（salifiable bases）"。二者相互化合形成的物质性质是本章要讨论的主要内容。

　　尽管酸和盐具有许多相同的性质，比如，都能在水中溶解，等等，但对酸的这种理论使我不能把它们视为盐类。我已经注意到，盐是由两个单一元

---

　　〔1〕尽管在前面的章节中也没有涉及这一元素是动物和植物物质的构成成分，但在这里不能将其剔除，而应该与其他的主要构成元素一并列举出来。——E

素或者至少是由可被视为单一元素构成的物质形成的初级化合产物，按照施塔尔的说法，成盐物质可以按照相互"结合物（mixts）"的次序排列生成。相反，中性盐则是两种"结合物"相互化合形成的二级化合物，因此也可以称为"复合物（compounds）"。因此，我没有将碱金属[1]或土质金属归入盐类，只是将它们形成的含氧化合物划归为盐类。

我在上一章中已经充分阐述了醋酸的形成，在这个问题上将不再赘述；但还缺乏能够与酸化合形成中性盐的成盐基的描述，因此我打算在本章中对这些基的性质和来源作一介绍。这些基分别是：草碱、苏打、氨、石灰、苦土、重晶石、黏土[2]以及所有金属物质。

第1节 草 碱

前面内容已经指出，当一种植物物质在蒸馏器中被加热并在一定热度条件下，与氧、碳和氢等元素在亲和力的作用下相互化合在一起，形成新平衡状态下的三元复合物。于是，当一开始加热，产生的热素量只要超过水沸腾所需的量，一部分氧元素和氢元素就会开始化合成水；在加热一段时间后，其余的氢元素和部分碳元素化合成油；最后，加大加热火焰到炽热状态，这个过程的早期反应形成的油和水将被再次分解，碳元素和氧元素化合在一起形成碳酸气体，同时释放出大量的氢气，而蒸馏器里会只剩下碳。

---

〔1〕也许这样把碱性金属从盐类中剔除会被认为是我们的命名方法在应用中的一个重要缺陷，我也接受这一质疑；但这一不便已经被许多优点所弥补，以至于我认为它的重要性不足以使我改变原有方案。——A

〔2〕被拉瓦锡先生称为矾土；但由于"黏土（argill）"一词已被柯万先生以某种方式自然化为这种物质的名称，译者也就大胆地在此首次使用这一名称。——E

大部分这些现象发生在植物物质处于露天环境下的燃烧过程中，空气存在会引入三种新物质，即空气中的氧气、氮气以及热素，在反应过程中至少会有其中的两种产生巨大变化：由于植物物质中的氢元素或水分解产生的氢元素随着火势的猛烈被迫以氢气的形式排出，因此在与空气接触后它会立即燃烧并再次生成水，两种气体燃烧释放出大量的热素并产生火焰。当所有的氢元素燃烧消耗并再次还原成水后，剩余的碳元素以没有火焰的形式继续燃烧形成碳酸气体，并带走一部分热素；空气中的氧气存留的剩余热素被释放出来，形成在碳元素燃烧过程中可察觉到的热度和火光。整棵植物就这样被还原成水和碳酸气体，除了小部分

□ **燃烧**

　当一种物质燃烧时，它与空气中的氧气发生剧烈反应，在反应过程中，被燃烧物质的每个分子都被撕裂并与氧气结合，并释放出使分子结合在一起的能量。

被称为灰烬的灰色土质外，什么也没有留下，实际上灰烬成分是组成植物物质结构的唯一固定要素。

　　土质，或者说是灰烬，其重量很少超过植物重量的1/20，同时它含有一种被广泛称为固定植物碱（fixed vegetable alkkali）或草碱并且具有特殊性质的物质。要获得草碱，先要将水倒在灰烬上，将草碱溶解并分离掉不溶于水的灰烬；之后将水蒸发掉，便能得到白色的固体草碱；草碱即使在很高的热度也能保持性质稳定。我在这里并不是要介绍制备草碱的工艺或是获得纯净草碱的方法，而是通过上述细节来解释之前没有使用过的专用术语。

　　通过上述方法获得的草碱总是在某种程度上被碳酸饱和，这一点是很容易解释的。由于草碱尚未形成，而是随着植物物质的碳元素与空气或水中的氧元素化合成碳酸，以一定的数量成比例地离析出来的，由此可以得出，草

碱的每个粒子在形成的瞬间，或者至少是在析出的瞬间便与碳酸粒子发生了接触，由于这两种粒子之间存在相当大的亲和力，自然就形成了化合物。尽管碳酸与草碱粒子的亲和力比任何其他酸的亲和力都小，但仍然很难将草碱粒子从形成的混合物中分离出来。将草碱粒子分离出来的最常见的方法是将其溶解于水中，然后向该溶液中加入2倍或3倍于其重量的石灰，而后过滤液体并在密闭容器中将其蒸发。水蒸发后留下的含盐物质便是几乎完全没有碳酸的草碱。在这种状态下，它可以溶于同等重量的水，甚至可以很好地吸收空气中的水分。草碱的这种性质为我们提供了一种极好的方法，让草碱在空气或气体中暴露以保持其干燥。在这种状态下，草碱能溶于乙醇但与碳酸混合时则不溶；贝托莱先生利用这一性质特点得到获取高纯度草碱的方法。

所有植物物质在燃烧后会产生一定量的草碱，但不同物质产生的草碱纯度不同；实际上，通常把所有这些盐混合在一起后能很轻易地从中分离出草碱来。几乎可以肯定的是，植物燃烧留下的灰烬或土质在燃烧之前就已经存在于其中，形成了所谓的植物骨架或骨质部分。但它与草碱完全不同，这种物质从未在植物中获得，只能通过可提供氧和氮的过程或中间媒介，比如燃烧，或通过硝酸来获得；但目前无法证明草碱可能不是燃烧过程的产物。我已经开始对草碱进行了一系列的实验，希望很快能够对实验结果进行说明。

第2节 苏 打

苏打和草碱一样，是一种从植物燃烧后的灰烬中提取的碱，但这种碱只能从那些生长在海边的植物，特别是从草药"卡利（kali）"中提取，阿拉伯人给这种物质起的名字"碱（alkali）"就是由此而来的。苏打与草碱有一些共性，也有一些区别，比如，通常这两种物质在盐水组合中具有各自特有的特点，因此可将它们分离开来；从海洋植物中获得的苏打通常是完全饱和的碳酸盐，不能像草碱一样吸收空气中的水分，相反，发光的苏打晶体会变干燥并转化成一种白色的粉末，同时它仍具有苏打的所有性质，而粉末实际上只是失去了结晶水的苏打，等等。

到目前为止我们对苏打组成元素的了解，还不如对草碱的了解多，同样不能确定它是已经在植物中存在了，还是在燃烧过程中产生的化合物。通过类比，我们怀疑氮元素是所有碱性物质的组成元素之一，比如，氨就属于这种情况。但我们对草碱和苏打的构成仅限于推测，并没有得到任何确定性实验的证实。

第3节　氨

然而对于氨，即化学家前辈们所说的挥发性碱，我们对其成分已经有了非常准确的认识。贝托莱先生在1784年《科学院文集》的第316页的分析已经证明，1 000份氨大约由807份氮与193份氢化合生成。

氨主要是通过蒸馏动物物质得到的，在蒸馏过程中，生成氨所必需的氮元素和氢元素以适当的比例化合；但是用这种方法获得的氨纯度较低，混有油和水等杂质，并被碳酸所饱和。要使这些杂质分离，首先要将氨与某种酸，比如盐酸形成化合物，然后加上石灰或草碱以使氨从化合物中析出。至少在常温下，高纯度氨只能以具有刺激性气味的气态形式存在，能被水大量吸收，特别是在低温和具有辅助压缩的情况下更是如此。因此被水所饱和的氨通常被命名为"挥发性碱萤（volatile alkaline fluor）"，我们通常简单地称之为氨或液氨，当以气态存在时则称之为氨气。

第4节 石灰、苦土、重晶石与黏土

这四个土质物质的组成完全是未知的，并且在新发现确定它们的构成元素之前，我们当然有理由将它们视为单质。它们都是天然形成的，现实当中还无法通过人工制造来获得这些物质。这些物质，尤其是前三种，都有极强的化合倾向，所以几乎从未发现它们中的纯净物质。石灰通常以碳酸饱和物的形式存在于白垩（chalk）、石灰石、钙化石、大多数大理石等矿物中。有些被硫酸饱和，以石膏矿和石膏石的状态存在；还有一些被萤石酸饱和，形成玻璃石或萤石；同时，它还存在于海水和矿物质水中，以盐酸化合物的形式存在。石灰在所有成盐基中是自然界中分布最广的。

苦土（Magnesia）大部分以硫酸化合物的形式存在于矿物质水中；与硫酸化合的苦土在海水中也很丰富；苦土还存在于大量不同种类的岩石中。

与前三种[1]物质相比，自然界中重晶石（barytes）存在较少且只能在矿物中找到，一部分是与硫酸化合形成重晶石（heavy spars），而有些却与碳酸化合存在，尽管这种情况极少。

黏土是矾土的基质，由其形成的化合物比其他土质物质要少很多，且不能与各种酸化合，通常是以高岭土的形式存在。其主要是通过黏土获得，严格说来，黏土是陶土的基或主要成分（chief ingredient）。

第5节 金属物质

除了金和部分银以外，其他金属在矿物中很少以纯金属单质状态存在，它们或多或少地在某种程度上与氧饱和，或与硫、砷、硫酸、盐酸、碳酸或

---

[1]此处的"前三种"应该视为"前二种"，可能是笔误或排校失误。——C

磷酸形成化合物。冶金学或矿物分析技术介绍了将金属与其他物质分离的方法，因此，我们称这类化学书籍为关于操作的书。

目前我们知道的金属物质可能只是自然界中存在的一部分，因为所有那些比碳元素对氧元素的吸引力更强的物质都不能被还原成金属状态，只是以氧化物的形式混合在土质物质中而呈现在我们面前。上面与土质物质编排在一起的重晶石很可能就处于这种状况，因为在许多实验中，它表现出的性质几乎与金属相近似。被称为土质物质的所有物质甚至有可能是金属氧化物，只是目前所知的技术还无法将他们还原成金属单质。

目前，已知的而且可以通过还原得到金属或熔块状金属的，共有以下17种：

① 砷	② 钼	③ 钨
④ 锰	⑤ 镍	⑥ 钴
⑦ 铋	⑧ 锑	⑨ 锌
⑩ 铁	⑪ 锡	⑫ 铅
⑬ 铜	⑭ 汞	⑮ 银
⑯ 铂	⑰ 金	

在本书中仅把这些物质视为成盐基，而根本未考虑它们在技术和社会用途方面的性质。要是都从这些角度来开展充分的讨论与研究，每种金属都可能需要一部完整的论著才能讲明白，这将远远超出我为本书所拟定的内容范围。

第十七章
论对中性盐的生成及成盐基的继续分析

　　有必要指出的是，土质和碱性物质与酸化合生成中性盐的过程不能有任何介质的破坏，而金属物质如果没有提前形成一定氧化程度的氧化物就不能参与这种化合。因此，严格地说，金属不能溶于酸，而金属氧化物才能溶于酸。所以，当我们把金属放进酸或水中溶解时，金属必须首先吸引氧元素进行氧化反应；换句话说，除非酸中的氧元素或水中的氧元素对金属的亲和力比氢元素或可酸化基强，否则金属不能溶于酸；也就是说，如果水或水中的酸没有提前分解，就不会有金属溶液形成。上述简单的观察充分解释了金属溶液中发生的主要现象，而这些观察甚至连杰出的伯格曼先生也忽视了。

　　首先，实验中最重要的但也是最引人注意的是泡腾现象，或者简单来说，即溶解过程中产生的气体离析现象；当金属溶于硝酸时，气泡是由亚硝气的离析引起的；当溶于硫酸时，金属发生氧化所消耗的要么是硫酸要么是水，因而产生的气泡要么是亚硫酸气要么是氢气。由于组成硝酸和水的元素在离析中只能以气态存在，至少在常温下是如此。显然，只要其中任何一种元素与氧元素剥离，剩下的元素就必然立即膨胀并呈气态。气泡的形成就是元素从液态突然转变成气态引起的。使用硫酸制备金属溶液时也会发生同样的分解，并伴随着气体生成。只有表面被硫酸溶液浸湿时，金属通常不会吸引水中含有的氧元素。因此金属不是将硫酸还原为硫单质，而是还原为亚硫酸；而且由于亚硫酸在常温下只能以气体的形式存在，因此它被分离出来并出现气泡现象。

第二个现象是，预先氧化好的金属在酸中溶解时不会产生泡腾现象，对于这一点很容易解释：由于金属氧化物不会再与任何氧元素化合，就无须再次分解酸和水中的氧元素，而未氧化的金属分解水中的氧元素产生气泡。

第三个需要特别关注的现象是，即任何一种金属在氧化盐酸溶液中都不会产生泡腾。在这个过程中，金属首先从氧化盐酸中带走过量的氧元素而使自身被氧化，并将氧化盐酸还原为普通盐酸的状态。这一过程不会产生气体，这并不是说盐酸在常温下不会以气态存在，而是与前面提到的氧化盐酸不同，因为这种会膨胀成气体的酸所获得的与氧化盐酸结合的水，比其维持液态形式所必需的水多；因此盐酸不像亚硫酸那样易于离析，而是留在水中慢慢溶解，并与在氧化盐酸组成中大量的氧元素形成的金属氧化物进一步化合。

第四种现象是，一些金属在某些酸中绝对无法溶解，因为这些酸的基与氧元素的亲和力比这些金属对氧元素的亲和力更强。比如，金属状态的银、汞和铅不溶于盐酸，但这些金属预先氧化后，就很容易在盐酸中溶解且不产生泡腾现象。

这些现象表明，氧是金属和酸化合的联结物，而且由此我们可以推测，所有与酸具有强亲和力的物质中都含有氧元素，因此这四种极有可能成盐的土质物质中很可能含有氧元素，它们与酸化合的能力是通过氧元素这一媒介产生的。上述分析大大巩固了我之前所关注的关于这些土质物质的内容，即它们很可能是金属氧化物，氧元素对金属氧化物的亲和力比对碳元素的亲和力要强，已知的任何方法都不能对土质物质进行还原。

表1.17.1中列举了目前已知的所有酸，其中第一列是根据新命名法的对应酸名称，第二列是这些酸的基或根，并附有观察结果。

表1.17.1 常见的酸及其中的基与根表

名　称		基的名称，附观察结果
1	亚硫酸	硫
2	硫酸	
3	亚磷酸	磷
4	磷酸	
5	盐酸	盐酸的基或根，目前仍属未知
6	氧化盐酸	
7	亚硝酸	氮
8	硝酸	
9	氧化硝酸	
10	碳酸	碳
11	亚醋酸	所有这些酸的基或根似乎都是由碳元素和氢元素化合形成；唯一的区别是由于这些元素在化合形成基质中的比例不同，以及其酸化过程对氧元素需求量不同。在这个问题上还需要进行一系列的相关精确实验
12	醋酸	
13	草酸	
14	亚酒石酸	
15	焦亚酒石酸	
16	柠檬酸	
17	苹果酸	
18	焦亚木酸	
19	焦亚黏酸	
20	棓酸	目前我们对这些酸的基的认识还不全面；只知道基中以氢元素和碳元素为主，而氰酸含有氮元素
21	氰酸	
22	安息香酸	
23	琥珀酸	
24	樟脑酸	
25	乳酸	
26	糖乳酸	

续表

名　称		基的名称，附观察结果
27	蚕酸	这几种酸和所有从动物物质中获得酸的基似乎是由碳、氢、磷和氮等元素组成
28	蚁酸	
29	皮脂酸	
30	月石酸	这两种酸的基或根，目前仍属未知
31	萤石酸	
32	锑酸	锑
33	银酸	银
34	砷酸[1]	砷
35	铋酸	铋
36	钴酸	钴
37	铜酸	铜
38	锡酸	锡
39	铁酸	铁
40	锰酸	锰
41	汞酸[2]	汞
42	钼酸	钼
43	镍酸	镍
44	金酸	金
45	铂酸	铂
46	铅酸	铅
47	钨酸	钨
48	锌酸	锌

---

〔1〕这种酸的名称以"ac"而不是"ic"作为词缀，让这个术语稍微偏离了命名规则。在法语中，碱和酸的区别是"crsenic"和"arsenique"；由于选择了英语词缀"ic"来翻译法语的"ique"，我不得不作出轻微调整。——E

〔2〕拉瓦锡先生的用词是"hydrargirique"；但是"mercurius"被用来表示基或金属酸的名称，如上所述，同样是在命名规则上作的轻微调整，而且发音听起来更清楚。——E

在这张包含48种酸的表格中，我列举了目前所知并不十分全面的17种金属酸——贝托莱先生即将出版一部与之相关的非常重要的著作——现在不能断定，人类已经发现自然界中存在的所有酸，或者更确切地说，是所有可酸化的基。但是另一方面，我们有充分的理由认为，比目前所尝试的更准确的研究将减少植物酸的数量，因为研究表明，其中一些目前认为性质独特的酸，只是其他酸的异构体。如果以后有更精确的实验能够证明这一点，当然也有充分的理由相信，酸的总体数量会减少。就我们目前的知识水平而言，我们所能做的就是给出一个真实的化学观点并建立基本原则。根据这些原则，将来可能会发现物质可以按照统一系统的方式命名。

已知的成盐基，即能够通过与酸化合而转变为中性盐的物质共有24种：即3种碱性物质、4种土质物质和17种金属物质。依据目前的化学知识水平来判断，全部中性盐的数量可能达到1 152种[1]。这个数字是基于这样的假设，即金属酸能够溶解其他金属，这是目前尚未开始研究的一个新化学分支，所有被命名为"玻璃体（vitreous）"的金属组合都属于这一分支。我们有理由断定，这些假定的含盐化合物中有许多是无法形成的，这肯定会大大减少自然存在和人工生成中性盐的实际数量。即使假设可能形成的中性盐的实际数量只有五六百种，那么，如果我们按照古人的方式来区分它们，比如，用它们最早发现者的名字或是用从获得这些盐的物质中派生的术语，很明显，最终得到的名称将会是极具任意性的混乱组合，再强的记忆力也无法记住。在早些年，乃至这二十年之内，已知盐的数量仅仅只有三十几种，这种化学命名法也许还能勉强使用；但是在当今时代，由于每种能够达到一级或二级氧化程度的新酸都能提供24种或48种新盐，而且这个数字每天都在增

---

〔1〕该数字不包括这三种盐：即含有多于一种可成盐基的盐，基被酸过度饱和或未充分饱和的所有盐，以及由硝基盐酸形成的复合盐。——E

加。所以采用一种新的命名方法是非常有必要的。我们所采用的方法来自于对酸的命名法，按照同类相比规则并且在命名过程中遵循的是简单的自然法则，为每一种可能的中性盐给出的是符合其自然属性的简称。

在给不同的酸命名时，使用通用术语"酸"来表达共同的性质，并通过改变酸化基特有的名称来区分酸的种类。因此，由硫、磷和碳等元素氧化后形成的酸被称为"硫酸""磷酸""碳酸"等。我们认为，同样也应该用不同的名称来区别表示酸的不同氧化程度。因此，我们就把亚硫酸和硫酸，以及亚磷酸和磷酸区分开来了。

通过将这些原理应用于中性盐的命名，我们就为所有由一种酸化合生成的中性盐赋予了一个共同的术语，并通过改变成盐基的名称来区分这些盐的种类。因此，所有成分中含有硫酸的中性盐类都被命名为"硫酸盐（sulphates）"；以此类推，那些由磷酸形成的就是"磷酸盐（phosphates）"，等等。并根据成盐基的名称来区分盐的种类，于是可以得到"硫酸草碱""硫酸苏打""硫酸氨""硫酸石灰""硫酸铁"等硫酸盐的名称。由于已知包括碱性、土性和金属性的成盐基共有24种，因此就会有24种硫酸盐和24种磷酸盐，并对所有的酸都以此类推。但硫容易被氧化成两种程度：第一种是亚硫酸；第二种是硫酸。与这两种酸生成的中性盐具有不同的性质，而且实际上就是不同的盐，因此有必要通过特殊的词缀来区分它们。因此，把酸在一级或较低程度的氧化过程中形成的中性盐类通过改变词缀来区分，如亚硫酸盐（sulphites）、亚磷酸盐[1]（phosphites）等。因此硫在两种氧化程度下氧化

---

〔1〕由于新命名法中所有酸的具体名称都是形容词，因此它们可以分别应用于各种可成盐基，而无须发明其他术语就能充分体现区别；因此，"亚硫酸草碱（sulphurous potash）"和"硫酸草碱（sulphuric potash）"与"亚硫酸草碱（sulphite of potash）"和"硫酸草碱（sulphat of potash）"同样清楚。与拉瓦锡先生采用的任意词缀相比，由于它们是由酸本身自然产生的，因此具有更方便记忆的优势。——E

或酸化后能够形成48种中性盐，其中24 种是亚硫酸盐和24种硫酸盐；所有能够进行两种氧化程度[1]的酸同样如此。

没有必要对数量繁多的各种遵循命名规则的物质逐个进行举例。在这里只需给出各种盐类的命名方法就足够了，这种方法一旦得到很好的理解，后面就会很容易应用于各种可能的化合物。一旦知道了易燃物质和易酸化物质的名称，就很容易记住由它们所形成酸的名称，以及这种酸能进入的所有中性盐化合物的名称。如果需要更完整地说明应用新命名法的方法，可以在本书的第二篇找到一些表格，其中包括所有中性盐的完整列表以及所有能被理解的可能形成的常规化学组合。我在这些表格里附有简短的说明，其中包括最佳和最简单的获得不同种类酸的方法，以及由这些酸生成中性盐的一些常规性质介绍。

为了使这本书的内容更加全面，我确信有必要对每一种盐进行专门的分析，如在水和乙醇中的溶解度、组分中酸和成盐基的比例、结晶水的数量、易饱和的不同程度，以及最后酸附着在基上的力或吸引力的大小。伯格曼、莫维、柯万和其他一些著名的化学家们已经开始了关于这些内容的研究，但目前研究进展还很缓慢，甚至研究所依据的理论也可能存在不足。

如此多的细节会使这部基础教材变得过于厚重。另外，要收集必要的材料和完成所有必要的系列实验，这本书肯定要再延后很多年才能出版。这些是未来年轻化学家们能够发挥热情和能力的广阔领域，我建议：年轻化学家

---

〔1〕酸还有第三级氧化，如氧化盐酸和氧化硝酸。作者将适用于这些酸与可成盐基化合产生的中性盐的术语编排在本书的第二部分内容中。通过在由二级氧化产生的盐的名称前加上"氧化（oxygenated）"一词而形成这些术语。因此，有了"氧化盐酸草碱（oxygenated muriat of potash）""氧化硝酸苏打（oxygenated nitrat of soda）"等。——E

们要努力求精而不是求多，首先从确定酸的成分开始，然后再进行各种中性盐的研究。每一座经得住岁月消磨的建筑，都应该建立在牢固的地基之上；目前化学研究处于发展阶段，试图通过不十分精确或不够严谨的实验设计来发现问题，只会让研究半途而废且不会取得丝毫进展。

第二篇
论酸与成盐基的化合及中性盐的生成

　　本部分包含了大量的中性盐命名表，并在表格中增加了一般性的解释，涉及了各种酸性和碱性化合物，指出了获得不同种类已知酸的最简单实验过程。这一部分主要是拉瓦锡摘录的不同作者著作中的实验过程和结果。

导　言

如果我严格遵循了最初为编写本书拟订的计划，那么在构成第二篇内容的表格和附带说明中将仅限于对几种已知的酸进行简短的定义，以及对获得这些酸的方法进行简略的介绍，同时对这些酸与各种成盐基化合后生成的中性盐进行简单命名或列举。但后来我发现，把所有成为酸和氧化物的组成单质，以及这些单质的各种可能的组合制成表格，类似表格的增补和应用将会大大丰富本书的内容，但不会大量增加书的篇幅。这些补充内容都包含在本篇的前十二章中，每节随附的表格是对第一篇前十五章内容的一种概括；其余的表格和节包含了所有的成盐化合物。

很明显，这部分内容在很大程度上借鉴了德·莫维先生已出版的《基础百科全书》（*Encyclopedie par ordre des Matières*）第一卷中的内容。由于很难再找到更科学的信息来源，尤其是我在查阅外语文献上存在困难。以下部分内容大量引用了德·莫维先生的著作，在这里特向他表示诚挚的谢意！

单质存在于自然界所有领域中，可理解为构成物质的基本要素。

表2.0.1　单质表

新名称	对应的旧名称
光	光
热素	热度
	热要素或热元素
	火、火流体
	火质或热质
氧	脱燃素空气
	超凡空气
	生命空气，或生命空气的基
氮	"燃素化"的空气或气体
	有害气体，或其基
氢	可燃空气或气体，或可燃空气的基

表2.0.2　易氧化和易酸化的非金属单质表

新名称	对应的旧名称
硫	名称相同
磷	
碳	
盐酸根	尚属未知
萤石酸根	
月石酸根	

表2.0.3　易氧化和易酸化的金属单质表

新名称	对应的旧名称
锑（熔块）	锑
砷（熔块）	砷
铋（熔块）	铋
钴（熔块）	钴
铜（熔块）	铜
金（熔块）	金
铁（熔块）	铁
铅（熔块）	铅
锰（熔块）	锰
汞（熔块）	汞
钼（熔块）	钼
镍（熔块）	镍
铂（熔块）	铂
银（熔块）	银
锡（熔块）	锡
钨（熔块）	钨
锌（熔块）	锌

表2.0.4　成盐土质单质表

新名称	对应的旧名称
石灰	白垩、石灰石
	生石灰
苦土	苦土、泻盐的基
	轻烧苦土
重晶石	重晶石或重土
黏土	陶土、矾土
石英	硅土或玻璃化土

第一章
对单质列表的分析

　　化学实验的主要目的是对自然界的物质进行分解，以便分别分析和检验成为其组成部分的不同物质。思考一下各种化学体系就会发现，化学分析这门学科在我们这个时代取得了飞速的进步。一直以来，人们认为油和盐是物质的构成元素，而后来的实验和分析表明，所有的盐都不是单质，而是由酸和碱化合成的。现代的化学发现极大地丰富了分析的范围[1]。酸被证明是由氧元素组成的，氧是普遍存在于酸素中的一种元素，并在每种酸中都与特定的基化合。我已经证明了哈森夫拉兹（Hassenfratz）先生之前提出的观点：这些酸的根并不都是简单的元素，很多酸的根就像油性要素一样是由氢元素和碳元素构成。贝托莱先生甚至曾证明，中性盐类的基也是化合物，比如，他已经证明氨是由氢元素和氮元素构成。

　　化学可以通过分支和细分逐渐走向完善，但不可能确定化学的终点在哪里。而目前我们认定为单质的这些物质，或许很快就会被发现完全不是这样的。依据目前的知识水平和化学分析所能揭示的范围，我们要敢于断言单质是最简单的物质。我们甚至可以假设，土质物质很快就不再被视为单质；它们是唯一不倾向于与氧元素化合的成盐物质种类；而我更倾向于相信土质物

---

〔1〕详见《科学院文集》1776年版第671页，以及1778年版第535页。——A

质已经被氧元素所饱和。如果是这样，也许盐类物质将被视为是由金属单质在某种氧化程度下形成的化合物。当然，这只是一种大胆的假设，相信读者会注意区分我所建立在分析和实验的坚实基础上的真理与仅仅是假设性的猜想。

前表省略了固定碱、草碱和苏打，尽管我们还不知道它们是由什么元素组成的，但显然它们是复合物（见表2.1.1）。

表2.1.1　易氧化和易酸化的金属单质基/根表

基/根的来源	基/根的名称	
来自矿物界的可氧化与可酸化基[1]	硝基盐酸根或以前称为"王水"的酸基	
来自植物界的可氧化或可酸化的碳氢化合物根或碳—亚氢根	亚酒石酸的基或根	根
	苹果酸	
	柠檬酸	
	焦亚木酸	
	焦亚黏酸	
	焦亚酒石酸	
	草酸	
	亚醋酸	
	琥珀酸	
	安息香酸根	
	樟脑酸	
	棓酸	

---

〔1〕植物物质的根通过一级氧化转化为植物氧化物，如糖、淀粉、树胶或黏液；动物物质的根通过相同的方式形成动物氧化物，如淋巴液等。——A

续表

基/根的来源	基/根的名称	
来自动物界的可氧化或可酸化的根，主要含有氮元素，通常含有磷元素	乳酸	根
	糖乳酸	
	蚁酸	
	蚕酸	
	皮脂酸	
	石酸	
	氰酸	

第二章
对复合根的组成分析

由于古代的化学家们不了解酸的组成，也未曾怀疑过它们是由某种酸性或碱性基与一种酸素或一切酸共有的元素结合而成，因此他们无法给那些自己也毫无任何概念的物质进行命名。因此，我们不得不为这类物质发明一个新的命名法，尽管我们同时也意识到，当人们更好地理解复合根的性质时，这一命名法必然会有很大的改进和完善[1]。

表中列举了来自植物类和动物类的氧化与酸化复合基团，迄今为止还不能用系统命名法命名，因为对它们的精确分析尚不清晰。通过我本人和哈森夫拉兹先生的一些实验，我们仅知道在一般情况下，大多数植物类酸，如亚酒石酸、草酸、柠檬酸、苹果酸、亚醋酸、焦亚酒石酸和焦亚黏酸，都含有由碳元素、氢元素形成单个基的方式化合形成的单质根，而且这些酸的不同之处只在于这两种元素进入其碱性基组成的比例，以及这些碱性基所受到的氧化程度。从贝托莱先生的实验中我们还知道了，来自动物物质的根，甚至比一些来自植物物质的根具有更复杂的性质，而且除了碳元素、氢元素之外，它们还经常含有氮元素，有时还含有磷元素；但我们目前还没有进行足够精确的实验来计算这几种物质的比例，因此不得不依照古代化学家们

---

〔1〕关于这个问题，详见第一篇第十一章。——A

惯用的方式，仍然以它们的来源来命名这些酸。毫无疑问，当我们关于这些物质的知识面变得更加准确和广博时，这些名称就将被搁置一旁；然后如"氢—亚碳（hydro-carbonous）""氢—碳（hydro-carbonic）""碳—亚氢（carbono-hydrous）"以及"碳—氢（carbono hydric）[1]"等碳氢化合物术语将取代我们现在使用的术语；而这些旧名称将只能作为化学认知不完善状态下的一个见证，作为化学的一部分一并由我们的前辈传授给我们。

油类明显是由氢元素和碳元素化合形成，是真正的碳—亚氢根或氢—亚碳根。而且通过添加氧元素，油可以根据其含氧量转化为植物氧化物和植物性酸。然而不能肯定的是，油类是否以其全部组成元素进入植物氧化物和植物性酸的组成。有可能是油提前失去一部分氢元素或碳元素，而剩余的成分不再以构成油的必要比例存在，但仍然需要进一步的实验来阐明这些观点。

准确地说，我们只知道矿物界的一个复合根，即硝酸—盐酸根，它是由氮化物根和盐酸根化合形成的。其他复合矿物质酸产生的现象不那么引人注目，所以人们对它们的关注要少得多。

---

〔1〕在根据两种成分的比例应用这些名称时，详见第一篇第十一章。——A

第三章
对光和热素与不同物质化合的分析

　　我没有设计任何关于光和热素与各种单质和复合物化合的表格，因为目前对这些化合本质的概念还不够精确。已知自然界中的所有物质通常都充满、包围和渗透着热素，可以说热素充满了各物体粒子之间的每一个空隙。在某些情况下，热素会固定在物质中，甚至是构成其固体物质的一部分，尽管它经常以排斥力作用于物质粒子。完全是由于这种排斥或排斥力在物质中积聚的或多或少的程度使固体变成流体，或使流体变成弹性气体。我们使用"气"这一通称来表示由足量的热素积聚形成的气体状态。因此，当我们想表达处于气态的盐酸、碳酸、氢、水、酒精等物质时，就在它们的名字后面加上气这个字。于是就有了"盐酸气体（muriatic acid gas）""碳酸气体（carbonic acid gas）""氢气（hydrogen gas）""水气（aqueous gas）""乙醇气（alkoholic gas）"等。

　　光的各种化合物及其作用于不同物质的方式仍然鲜为人知。根据贝托莱先生的实验，光似乎对氧元素有很强的亲和力，容易与氧元素化合，并在热素的作用下将氧变为气体状态。与植物成长相关的实验可以确定，光与植物的某些成分会发生化合，如植物叶子呈绿色、花朵表现出各种颜色就是这种化合作用使然。可以肯定在黑暗中生长的植物完全是白色、萎蔫且毫无生机的；要使它们恢复健康活力、获得自然色彩，光的直接影响是绝对必要的。即使在动物身上也会发生类似的情况：人们从事久坐的行业、居住在拥挤的房屋中和居住在大城市的狭窄小巷中，精力和体质都会在一定程度上退化。而他们大多在参与乡村的户外劳动后，其精力和体质都会得到明显的改善。有机生命、感觉、本能以及生命的所有活动，只存在于地球表面能受到光线影响的地方。要是没有光，大自然将毫无生机、死气沉沉。造物主的仁慈通过光使地球表面充满了有机生命、感觉和智慧。甚至是已经出现在古人著作中的普罗米修斯（Prometheus）的寓言，也可以被认为是对这一哲理的暗示。这些著作有意回避了与有机生命有关的任何讨论，并没有考虑到呼吸、红血病和动物热等现象，但希望在未来能够阐明这些独特的主题。

第四章
对氧元素及其生成化合物的分析

氧气几乎占我们大气质量的1/3，是自然界中最丰富的物质之一。所有的动物和植物都在这个巨大的氧气库中生活和生长，我们在实验中使用的大部分氧气都是从自然界中获得的。氧元素与其他物质之间的相互亲和力如此之强，以至于无法将其从所有的化合物中分离出来。氧元素与热元素结合在一起后以气体状态存在于大气中，并与大约2/3重量的氮气混合。

使某种物质发生氧化或允许氧元素与其化合需要满足以下几个条件：首先，被氧化的物质粒子之间的相互吸引力必须弱于它对氧元素的吸引力，否则物质粒子就不能与氧元素化合。可以通过化学技术来改变这种物质的性质，因为我们可以加热物质的粒子，或者换句话说，可以通过在物质粒子之间的空隙中引入热素，几乎能够任意地减少物质粒子间吸引力。而且由于物质粒子之间的吸引力的减少与它们的距离成反比，因此当物质粒子之间的亲和力变得弱于物质粒子对氧元素的亲和力时，物质粒子之间一定会形成一定的距离，如果在这个距离上有氧元素存在，就一定会发生氧化。

很容易设想，物质开始加热时，其不同部位的粒子热度必然不同。因此要使物质的多数粒子，特别是大部分单质发生氧化，只需要将它们暴露在温度适宜的空气中。要使铅、汞和锡等金属氧化，只需略高于常温，但要使干燥的或者没有水分参与条件下的铁、铜等氧化则需要更多的热素。有时，物质氧化发生得非常快，并伴随着大量的热、光和火焰，比如，磷在大气中燃烧以及铁在氧气中燃烧就是这样。硫的氧化速度较慢；铅、锡和大多数金属氧化时产生的现象很不明显，很难察觉到热素的脱离，尤其是发光现象。

有些物质与氧元素有很强的亲和力，能在特别低的温度下与氧化合，我们甚至无法得到未氧化状态下的这种物质；盐酸就是这种物质，目前还无法通过技术手段使其分解，甚至在自然界中可能没有被分解的盐酸，它只能以酸的状态存在。很可能许多其他矿物性物质在常温环境下就会被氧化，且已经达到氧化饱和状态，这就会阻止物质与氧元素的进一步氧化。

除了暴露在一定温度的空气中外，还有其他使单质发生氧化的方法，例如，将它们与被氧元素化合了的金属接触，而这些金属与氧元素的亲和力很小。红色氧化汞就是元素用于这种目的的最佳物质之一，特别适用于那些不与汞化合的物质。在这种氧化物中，氧元素以很弱的力与金属化合，而且只要在能使玻璃炽热的温度下，就能使氧元素与该金属分离；因此将能够与氧元素化合的物质和红色氧化汞混合，并经过适度加热其很容易被氧化。在一定程度上，黑色氧化锰、红色氧化铅、各种氧化银以及大多数金属氧化物都可以产生同样的效果，我们只要注意使选择的物质对氧元素的亲和力弱于所要氧化的物质对氧元素的亲和力即可。所有金属的还原和再生都属于这类氧化方法，只不过是几种金属氧化物使碳元素氧化。碳元素、氧元素和热素化合后，以碳酸气体的形式逸出，而金属在被剥夺了之前以氧化物的形式与之化合的氧元素后，继续保持原有的纯度和活性。

所有可燃物质与草碱或苏打的硝酸盐，或与草碱的氧化盐酸盐混合，并在加热到一定温度的条件下也可以被氧化。在这种情况下，氧从硝酸盐或盐酸盐中脱离，与可燃物化合；这种氧化方式需要极其谨慎地操作，而且只能用非常小的剂量；由于氧元素成为氧化硝酸盐，尤其是氧化盐酸盐的组成部分所需要的热素量，与氧元素转化为氧气所需的热素量几乎同样多，因此大量的热素在氧元素与可燃物化合的瞬间就会突然得到释放，产生完全无法控制的剧烈爆炸。

我们通过酸湿润的方式可以使大多数可燃物质发生氧化，并能将自然界内的植物、动物和矿物性的大多数物质氧化为酸。我们主要使用硝酸来实现这一目的，硝酸容氧能力很弱，轻微加热后就可以释放大量的氧气。氧化盐酸可用于几种物质的氧化，但并不适用于所有物质。

因为氧元素与单质化合形成的化合物中仅有两种元素化合（见表2.4.1），我将这种化合物称为二元化合物。当三种物质化合成一个化合物时，我称之为三元化合物，当化合物由四种物质化合形成时，我称之为四元化合物。

表2.4.1　氧元素与单质形成的二元化合物表

类别	单质名称	一级氧化		二级氧化		三级氧化		四级氧化	
		新名称	旧名称	新名称	旧名称	新名称	旧名称	新名称	旧名称
氧元素与非金属单质形成的化合物	热素	氧气	生命空气或"脱燃素空气"						
	氢	水[1]							
	氮	亚硝氧化物或亚硝气的基	亚硝气或亚硝空气	亚硝酸	发烟亚硝酸	硝酸	苍白色或非发烟亚硝酸	氧化硝酸	未知
	碳	碳的氧化物或氧化碳	未知	亚碳酸	未知	碳酸	固定空气	氧化碳酸	未知
	硫	氧化硫	软硫	亚硫酸	亚硫酸	硫酸	矾酸	氧化硫酸	未知
	磷	氧化磷	磷燃烧残渣	亚磷酸	挥发性磷酸	磷酸	磷酸	氧化磷酸	未知
	盐酸根	氧化盐酸	未知	亚盐酸	未知	盐酸	海酸	氧化盐酸	"脱燃素"海酸

〔1〕关于氢的氧化物，目前已知的只有一种。——A

续表

类别	单质名称	一级氧化		二级氧化		三级氧化		四级氧化	
		新名称	旧名称	新名称	旧名称	新名称	旧名称	新名称	旧名称
氧元素与金属单质形成的化合物	萤石酸根	氧化萤石酸	未知	亚氟酸（亚萤石酸）	未知	氟酸（萤石酸）	目前仍未知		
	月石酸根	氧化月石酸	未知	亚硼酸（亚月石酸）	未知	硼酸（月石酸）	荷伯格（Homberg）镇静盐		
	锑	灰色氧化锑	灰色锑灰渣	白色氧化锑	白色锑灰渣，或发汗锑	锑酸			
	锰	黑色氧化锰	黑色锰灰渣	白色氧化锰	白色锰灰渣	锰酸			
	汞	黑色氧化汞	黑粉矿[1]	黄色和红色氧化汞	红色泻根矿沉淀物、煅烧汞自身凝结物	汞酸			
	钼	氧化钼	钼灰渣			钼酸	钼酸	氧化钼酸	未知
	镍	氧化镍	镍灰渣			镍酸			
	金	黄色氧化金	黄色金灰	红色氧化金	红色金灰，卡氏紫色沉淀	金酸			
	铂	黄色氧化铂	黄色铂灰			铂酸			
	铅	灰色氧化铅	灰色铅灰渣	黄色和红色氧化铅	黄丹和铅丹	铅酸			
	钨	氧化钨	钨灰渣			钨酸	钨酸	氧化钨酸	未知
	锌	灰色氧化锌	灰色锌灰渣	白色氧化锌	白色锌灰渣，庞福利克斯（pompholix）	锌酸			

───────────

[1]黑粉矿是硫化汞，原本应称为汞的黑色沉淀物。——E

第五章
对氧元素与复合根生成化合物的分析

我在1776年《科学院文集》的第671页和1778年《科学院文集》的第535页，发表了一篇关于酸的本质与酸形成新理论的论文。我在论文中得出，酸的数量一定比当时假设的数量多很多。化学家们从那时起便开始了新的研究领域；当时只有五六种已知酸，而现在已经发现了近三十种新酸，这意味着已知中性盐的数量会以相同的比例增加。但酸化基或酸根的性质，以及它们易被氧化的程度，仍有待于进一步研究。我已经指出，几乎所有来自矿物界的可氧化和可酸化根都是单质，但在植物界，特别是在动物界却相反，除了由至少两种单质如氢元素和碳元素构成的根之外，几乎不存在任何根；而且氮元素和磷元素经常和这些根化合，因此我们能得到由两个、三个和四个单质化合形成的复合根（见表2.5.1）。

从这些观察结果可以得出，植物性和动物性的氧化物与酸化物存在三个方面的不同：第一，组成的根中可酸化单质数量不同；第二，根据组成元素化合在一起的比例而不同；第三，根据其含氧量的区别而不同。这些不同充分解释了自然界中各种物质存在的巨大差异的原因。大多数植物酸都可以相互转化就不足为奇了，只需要改变氢元素和碳元素在其成分中的比例，并在某种程度上使它们氧化。克雷尔（Crell）先生在一些非常巧妙的实验中实现了这一点，哈森夫拉兹先生对这些实验进行了验证和补充。从这些实验可以看出，碳元素和氢元素化合通过第一级氧化生成亚酒石酸，通过第二级氧化生成草酸，通过第三级或更高级的氧化生成亚醋酸和醋酸。只是在亚醋酸和醋酸之中，碳元素的存在比例似乎非常小。柠檬酸和苹果酸与前面几种酸并没有明显的区别。

那么，我们是否能得出油是植物和动物性酸的根/基这一结论？我对这一问题持怀疑态度，其原因在于：首先，尽管这些油类似乎只是由氢元素和碳元素化合形成的，但还不知道它们是否具有构成酸所需的精确比例；其次，虽然氧元素、氢元素和碳元素同等地进入这些酸的成分中，但没有更多依据证实它们是由油而不是由水或碳酸组成的。尽管这些化合物含有相同且必备的组成元素，但这些化合物并不是在普通的环境温度下形成的；所有这三种元素仍然以一种平衡状态化合在一起，但这种平衡状态很容易被稍高于水沸腾时的温度所破坏[1]。

表2.5.1　氧元素与复合根生成化合物表

根的名称	生成的酸的名称	
	新名称	旧名称
硝基盐酸根[2]	硝基盐酸	"王水"
酒石酸根	亚酒石酸	直到最近才知道
苹果酸根	苹果酸	直到最近才知道
柠檬酸根	柠檬酸	柠檬的酸
焦亚木酸根	焦亚木酸	焦木头酸
焦亚黏酸根	焦亚黏酸	焦糖酸
焦亚酒石酸根	焦亚酒石酸	焦酒石酸
草酸根	草酸	索瑞尔（sorel）酸

〔1〕关于这个问题，详见第一篇第十二章内容。——A
〔2〕这些根经过一级氧化形成植物氧化物，如糖、淀粉、黏液等。——A

续表

根的名称	生成的酸的名称	
	新名称	旧名称
醋酸根	亚醋酸	醋，或醋的酸
	醋酸	根醋
琥珀酸根	琥珀酸	挥发性琥珀盐
安息香酸根	安息香酸	安息香花
樟脑酸根	樟脑酸	直到最近才知道
桔酸根[1]	桔酸	植物收敛素
乳酸根	乳酸	酸乳清酸
糖乳酸根	糖乳酸	直到最近才知道
蚁酸根	蚁酸	蚁类的酸
蚕酸根	蚕酸	直到最近才知道
皮脂酸根	皮脂酸	直到最近才知道
石酸根	石酸	尿结石
氰酸根	氰酸	普鲁士蓝着色剂

---

〔1〕这些根经过一级氧化形成动物性氧化物，如淋巴、血液的红色部分、动物分泌物等。——A

第六章
对氮元素与单质生成化合物的分析

　　氮是空气最丰富的元素之一，氮元素与热素化合会形成氮气，或称为有害气体，其比例占大气重量的约2/3。这种元素在常压和常温下始终处于气体状态，目前的压缩程度或低温程度还不能将氮气还原为固体或液体形式。氮也是动物物质的基本组成元素之一，在动物体中，氮元素、碳元素和氢元素构成化合物，有时与磷元素构成化合物。这些化合物被一定量的氧化合后，根据氧化的程度形成氧化物或酸（见表2.5.1）。因此，动物物质可以像植物物质一样，以三种不同的方式变化：其一，依据进入基或根组成内元素的数量；其二，依据这些元素的比例；其三，依据氧化的程度。

　　氮元素与氧元素化合时，形成氧化亚氮、氧化氮、亚硝酸和硝酸；与氢元素化合时形成氨。氮元素与其他单质元素形成的化合物所知甚少；我们用"氮化物（azurets）"这个名称命名这些物质，用"化物（uret）"这个词缀表示一切非氧元素参与氧化得到的复合物。而且极有可能，也许以后会发现所有碱性物质都应归入氮化物这一类。

　　氮气可以从大气中获得，方法是让硫酸草碱溶液或硫酸石灰溶液吸收与氮气混合的氧气。完成这个过程需要12～15天，在此期间，我们必须经常搅拌和破坏溶液表面形成的薄膜来更新气液接触面。也可以通过将动物物质溶解在稍加热的稀硝酸中获得。在这种操作中，在气体化学仪器中装满水的钟形玻璃罩内，能得到以气体形式离析的氮气；也可以使用碳或任何其他可燃物质爆燃硝石来获得氮气。我们使用碳元素能得到氮气与碳酸气体的混合物，再由苛性碱溶液或石灰水吸收碳酸气体就能得到纯净的氮气。正如佛克罗伊先生所指出的第四种方式，氮气还可以从氨与金属氧化物化合生成的产物中获得：氨中的氢元素与氧化物中的氧元素化合形成水，而游离的氮元素则以气体形式逸出。

氮化物只是最近才被发现，卡文迪许先生首先在亚硝气和亚硝酸中观察到它，贝托莱先生则在氨和氰酸中观察到它。由于迄今尚未出现氮元素分解的证据，因此我们完全有理由认为氮元素是一种基础单质（见表2.6.1）。

表2.6.1 氮元素与单质生成的二元化合物表

单 质	生成的化合物	
	新名称	旧名称
热素	氮气	"燃素化"空气或有害气体
氢	氨	挥发性碱
氧	氧化亚氮	亚硝气的基
	亚硝酸	发烟亚硝酸
	硝酸	苍白色亚硝酸
	氧化硝酸	未知
碳	这种化合物仍属未知；假如被发现，按照我们的命名原则应称为氮化碳。碳元素溶于氮气后生成碳化氮气	
磷	氮化磷	仍属未知
硫	氮化硫	仍属未知；我们知道，硫溶于氮后生成硫化氮
复合根	氮元素与碳元素和氢元素化合，有时与磷元素化合，形成可氧化和可酸化的基，通常包含在动物性酸的根中	
金属物质	这些化合物仍属未知；假如被发现，它们将命名为金属氮化物，如氮化金、氮化银等	

续表

单 质	生成的化合物	
	新名称	旧名称
石灰		
苦土		
重晶石	仍属未知；假如被发现，它们将命名为氮化石灰、氮化苦土等	
黏土		
草碱		
苏打		

第七章
对氢元素与单质生成化合物的分析

氢是水的组成元素之一，按重量计算，15%的氢元素与85%的氧元素化合生成100%的水。氢的性质甚至直到最近才被人所了解，它在自然界中的分布非常广泛，在动物和植物的生长过程中起着非常重要的作用。由于氢元素对热素有非常强的亲和力而只能以气体状态存在，因此不可能脱离化合物的形式得到固体或液体状态的氢元素。

为了获得氢元素，或者说是氢气，我们要让水受到某种物质的作用，而氧元素对这种物质的亲和力一定要比它对氢元素的亲和力更强。我们通过这种方式使氢元素游离出来，并与热素结合，以氢气的形式逸出。我们通常使用煅烧至红色的铁实现这一目的。铁在这个过程中被氧化，并变成一种类似于埃尔巴（Elba）岛铁矿石的物质。这种氧化状态下的铁对磁铁的吸引力非常弱，而且在酸中溶解时不会产生泡腾。

烧红的炭能吸引与氢元素化合的氧，因而同样具有使水分解的能力。在水分解过程中会生成碳酸气体并与氢气混合，但很容易用水或碱吸收碳酸气体的方式留下纯氢气。同样可以通过将铁或锌溶解在稀硫酸中获得氢气。这两种金属对水的分解非常缓慢，而且在单独使用时非常困难，但在硫酸的帮助下则能非常容易且迅速地使水分解；在此过程中，氢元素与热素结合后以氢气的形式脱离，而水中的氧元素与金属以氧化物的形式化合后立即溶解在酸中，并形成铁或锌的硫酸盐。

　　一些非常杰出的化学家认为，氢元素就是施塔尔说的"燃素"；由于这位大名鼎鼎的化学家施塔尔认为"燃素"存在于硫、碳、金属等之中，他们就必定要假设氢元素同样存在于所有这些物质之中，但他们却不能通过事实证明他们的假设；即使他们能够证明，也没有任何意义，因为这种氢的脱离并不能充分解释煅烧和燃烧现象（见表2.7.1）。我们必须反复思考这个问题："不同种类的燃烧过程所释放的热素和光是由可燃物提供的，还是由所有燃烧过程中化合的氧元素提供的？"关于氢元素是脱离的"燃素"这一假设对这个问题没有任何启示，而且这个问题只应属于那些提出假设并应该证明假设合理的人。一种理论要靠各种假设才能解释清楚各种自然现象，而另一种理论完全不依靠任何假设能同样解释明白，因此，二者的优劣自明，至少相对简单的理论更有优势[1]。

表2.7.1　氢元素与单质形成的二元化合物表

单 质	生成的化合物	
	新名称	旧名称
热素	氢气	易燃空气
氮	氨	挥发性碱
氧	水	水
硫	氢化硫或硫化氢	目前仍属未知[2]
磷	氢化磷或磷化氢	

〔1〕那些想了解莫维先生、贝托莱先生、佛克莱先生和我本人对这一重大化学问题的看法的读者，可以查阅我们翻译的柯万先生的《燃素论》（*Essay upon Phlogiston*）。
〔2〕这些化合物在气体状态下发生，并分别形成硫化氢和磷化氢气体。——A

续表

单　质	生成的化合物	
	新名称	旧名称
碳	氢—亚碳根或碳—亚氢根[1]	最近才知道
金属物质，如铁等	金属氢化物[2]，如氢化铁等	目前仍属未知

---

〔1〕氢元素与碳元素的这种结合包括固定油和挥发性油，并形成相当一部分的植物氧化物、植物酸、动物氧化物和酸化物的根。当它以气体状态发生时，就会形成碳酸氢气。——A

〔2〕这些化合物都不为人所知，由于氢元素对热素的亲和力很强，甚至在常温下很可能不存在。——A

第八章
对硫元素及其生成化合物的分析

　　硫是一种可燃物质，具有很强的化合倾向。硫在常温下自然呈固态，需要比水沸腾稍多的热素量才能使其液化。在火山附近自然形成的硫具有相当高的纯度，常见的硫主要是以硫酸状态与高岭土岩石中的黏土化合，或在石膏中与石灰化合，等等。用处于烧至炽热的炭带走其中的氧元素，就可以从这些化合物中得到纯态的硫，形成的碳酸以气态形式逸出。硫与黏土、石灰等化合成可被酸分解的硫酸盐状态；酸与土质物质化合成中性盐并析出硫单质（见表2.8.1）。

表2.8.1　硫元素与单质形成的二元化合物表

单　质	生成的化合物	
	新名称	旧名称
热素	硫气	
氧	氧化硫	软硫
	亚硫酸	硫黄酸
	硫酸	矾酸
氢	硫化氢	未知化合物
氮	硫化氮	
磷	硫化磷	
碳	硫化碳	

续表

单 质	生成的化合物	
	新名称	旧名称
锑	硫化锑	粗锑
银	硫化银	
砷	硫化砷	雌黄，雄黄
铋	硫化铋	
钴	硫化钴	
铜	硫化铜	黄铜矿
锡	硫化锡	
铁	硫化铁	黄铁矿
锰	硫化锰	
汞	硫化汞	黑硫汞矿，硃砂
钼	硫化钼	
镍	硫化镍	
金	硫化金	
铂	硫化铂	
铅	硫化铅	方铅矿
钨	硫化钨	
锌	硫化锌	闪锌矿
草碱	硫化草碱	带有固定植物碱的碱性硫肝
苏打	硫化苏打	带有矿物碱的碱性硫肝
氨	硫化氨	挥发性硫肝，发烟波义耳液体
石灰	硫化石灰	石灰质硫肝
苦土	硫化苦土	苦土硫肝
重晶石	硫化重晶石	重晶石硫肝
黏土	硫化黏土	仍属未知

第九章
对磷元素及其生成化合物的分析

磷是一种易燃单质，直到 1667 年才被化学家勃兰特（Brandt）发现，但他对磷的制取方法一直只字不提。不久，孔克尔（Kunkle）先生弄清了勃兰特先生的制备方法，便将其公之于众。从那时起，它就以"孔克尔磷"的名字而闻名。在很长一段时间里，磷只能从尿液中获取；虽然荷伯格先生在1692年的《科学院文集》中对磷的制取方法作出了说明，但所有的欧洲哲学家却都是在英国获得磷的。1737年在皇家花园，当着科学院一个委员会的面，磷首次在法国制取得到。人们现在按照盖恩（Gahn）、舍勒、鲁埃尔等各位先生的制取法，能以更简便更经济的方式从动物骨骼中获得磷，实际上，动物骨骼就是由石灰质磷酸盐构成的。将成年动物的骨骼煅烧成白色，捣碎并用一个细筛过滤；将一定量的稀硫酸倒在细粉上，稀硫酸的量要少于足以使全部细粉溶解的量。硫酸与骨骼的石灰质土质化合成为硫酸石灰，磷酸以液态游离在水中。将液体倒出并用沸水清洗残留物；将这些用来清洗附着酸的水与之前倒出的液体混合在一起，让水分缓慢蒸发掉；溶化的硫酸石灰以丝线的形状结晶，将这些线结晶移除并继续蒸发水分，就能得到白色透明玻璃状外观的磷酸。将其研磨成粉末状并与其重量1/3的碳混合，通过升华就能得到非常纯的磷。使用上述方法得到的磷酸，必定不会像通过磷燃烧或硝酸氧化纯磷所得到的那样纯。在实验研究中始终用后面的方法获得磷酸。

磷元素几乎存在于所有动物物质中，也存在于一些植物中，这就提供了一种分析动物物质的方法。在所有物质中，磷元素通常与碳元素、氢元素和氮元素化合并形成非常复杂的根，其中大部分根是通过与氧一级化合而处于氧化物的状态（见表2.9.1）。哈森夫拉兹先生发现木炭中也含有磷，这使人们有理由怀疑，磷在植物界中比人们通常认为的更普遍。可以肯定的是，我们通过适当的加工方法可以从一些植物科的每一个体中获得磷。由于目前还没有任何实验能证实磷是一种复合物，因此我把它与单质或基本物质放在一起。磷在32°（104°）的温度下能够着火燃烧。

表2.9.1　磷元素与单质形成的二元化合物表

单　质	生成的化合物
热素	磷气
氧	氧化磷
	亚磷酸
	磷酸
氢	磷化氢
氮	磷化氮
硫	磷化硫
碳	磷化碳
金属物质	金属磷化物[1]

---

〔1〕在所有磷元素与金属形成的化合物中，目前已知的只有磷元素与铁元素化合形成的以前称为磷铁矿的物质。在这种化合物中，磷元素是否被氧化我们尚无法确定。——A

续表

单 质	生成的化合物
草碱	磷化草碱、苏打等[1]
苏打	
氨	
石灰	
重晶石	
苦土	
黏土	

[1] 磷元素与碱和土质物质形成的化合物尚不为人所知。而且从让·热布雷先生的实验来看，它们似乎是不可能的。——A

第十章

对碳元素与单质生成化合物的分析

　　由于碳元素目前仍无法被分解，依据我们目前的认识水平，它必定被视为一种单质。根据现代实验，碳元素似乎大量存在于植物物质中。前面已经指出，碳元素在这些化合物中与氢元素，有时与氮元素和磷元素化合后形成化合物的根，并根据根的氧化程度转化成氧化物或酸。

　　为获得植物或动物物质中所含的碳，将它们置于火的作用下，先用温和的火焰加热，再用强烈的火焰加热，目的是排除最后一部分顽固地附着在炭上的水。在化学实验过程中，将木材或其他物质放入通常用来做加热的石质或瓷质蒸馏器中进行，然后放在一个反射炉中并逐渐升至最高温度。热素挥发出来或变成气体，物质的各部分都能很容易与热素以这种形式结合，而碳元素的性质比较稳定则留在蒸馏器里与少量的土质物质和一些固定盐化合（见表2.10.1）。

　　对木材进行碳化，采用的是成本较低的加工工艺。为了防止任何超过维持一定火焰所必需的空气进入，木头被堆放在一起并用土覆盖，维持火焰直到所有的水和油被赶走，之后关闭所有的气孔使火熄灭。

　　我们可以通过碳元素在空气中，或者说在氧气中燃烧，或者通过硝酸来分析并确定碳元素的性质。借助这两种分析方法，碳元素都会被转化为碳酸，有时还会留下一点草碱和一些中性盐。目前化学家们很少关注到这一分析。我们甚至不能确定草碱在燃烧前是否已经存在于炭中，或者草碱是否在燃烧过程中由某种未知的化合方式形成（见表2.10.1）。

表2.10.1　碳元素与单质形成的二元化合物表

单　质	生成的化合物	
氧	氧化碳	未知
	碳酸	固定空气，白垩酸
硫	碳化硫	未知
磷	碳化磷	
氮	碳化氮	
氢	碳—亚氢根	—
	固定油和挥发性油	
金属物质	金属碳化物	在这些化合物中，只有碳化铁和碳化锌是已知的，以前称它们为石墨
碱与土质	碳化草碱等	未知

第十一章
对盐酸、萤石酸和月石酸的根及生成化合物的分析

　　关于这些物质的化合，无论是彼此的组合，还是与其他可燃物体的组合，目前都是完全未知的，因此我没有试图就这些物质的命名形成任何表格。只知道这些根易氧化，易形成盐酸、萤石酸和月石酸，并且在酸性状态下，它们会形成多种化合物，对此我将在后面的内容中作详细介绍。到目前为止，化学还不能使它们中的任何一种脱氧以获得其单质状态。要获得这些物质的单质，必须借助一种物质，氧对这种物质的亲和力比对上述根的亲和力更强，无论是通过单一亲和力，还是通过双重选择性亲和力。所有已知与这些酸根来源有关的内容，都将在分析它们与可成盐基形成化合物的各节中提到。

第十二章
对金属间相互形成化合物的分析

在我们结束对单质或基本物质的说明之前，可能有必要给出一个合金或金属相互组合的表格。由于这样一个表格既过于庞杂，而且尚未尝试进行一系列的实验来验证是不能令人十分满意的，因此我认为最好完全略去这个表格。需要说明的是，这些合金是根据在混合物或组合中所占比例最大的金属来命名的。因此，"金银合金（alloy of gold and silver）"或"金与银的合金（gold alloyed with silver）"，表明金是占主要组成的金属。

与所有其他物质化合一样，金属合金也具有一定的饱和度。根据德·拉·布里谢（de la Briche）先生的实验，金属合金甚至可能存在有两个截然不同的饱和度。

第十三章

对亚硝酸和硝酸及其与成盐基生成化合物的分析

亚硝酸和硝酸可从一种在技术上长期以"硝石"为名的中性盐中获得。这种盐是从旧建筑物的垃圾、地窖、马厩或谷仓，以及通常从所有人类居住过的地方的泥土中，采用浸滤法提取的。在这些地方的土壤中，硝酸通常与石灰和苦土、有时与草碱形成化合物，但很少能与黏土形成化合物。除草碱外的其他所有这种盐都因易吸收空气中的水分而很难保存。在硝石制造业和皇家精炼厂中，就利用硝酸对草碱的吸引力强于其他碱类的优势，将石灰、苦土和高岭土沉淀下来，而且所有这些硝酸盐都经还原成为草碱或硝石[1]。

将沃尔夫瓶（Woulfe）装置（图版Ⅳ，图1）中的所有瓶子都半充满水，并小心用胶泥封住所有接头，在与此装置联结的一个曲颈瓶中，用1份浓硫酸分解3份纯硝石盐，硝石盐经蒸馏能获得硝酸。亚硝酸因混有亚硝气以红色蒸气（即以未被氧气饱和的红色蒸气）的形式经过装置。部分酸在容器中以深橙红色液体的形式冷凝，而其余部分则与瓶中的水化合。在高温蒸馏过程中，由于氧气在高温下对热素的亲和力比它对亚硝酸的亲和力更强，会有大量的氧气逸出，尽管在常温下大气的这种亲和力是相反的。正是由于氧元素的脱离，硝酸中性盐在这种操作中被转化为亚硝酸中性盐。再经过缓慢加

---

〔1〕对几份孟加拉或几份俄属乌克兰地区的天然泥土进行浸滤，也能大量获得硝石。——E

热，亚硝酸又恢复到硝酸状态，过剩的亚硝气加热后脱离出来，剩下被大量水稀释后的硝酸。

将非常干燥的黏土与硝石盐混合，可以获得浓度更高的硝酸，而且损失更少。将这种混合物放入一个陶制蒸馏器中，并用强火蒸馏。黏土因对草碱有很强的亲和力而与之化合在一起，含有少量亚硝气的硝酸从混合物上面通过。在蒸馏器中柔和地加热酸，可以很容易使少量亚硝酸气分离出来并进入接收器，而高纯度的浓硝酸则保留在蒸馏器中。

前面的内容已经指出，氮元素就是硝酸的根。$20\frac{1}{2}$份重量的氮气被$43\frac{1}{2}$份重量的氧气化合后，能生成64份重量的亚硝气。如果再让36份的氧气与之化合，就能生成100份重量的硝酸化合物。氮气与处在这两个极端氧化程度中间量的氧气化合会产生不同种类的亚硝酸，或者换句话说，硝酸中含有一定数量的亚硝气。我通过分解的方式确定了上述比例，虽然不能保证比例的绝对准确，但数值与事实不会相差太大。卡文迪许先生首次通过合成实验证明氮元素是硝酸的基，他的实验给出的氮的比例比我的要大一些。但他很有可能制得的是亚硝酸而不是硝酸，上述情况在一定程度上解释了我们的实验结果存在差异的原因。

所有哲学性质的实验都需要尽可能高的准确性，实验中必须应用已经除掉所有杂质的纯硝酸。如果怀疑蒸馏后硝酸中有硫酸，我们只需滴入少量重晶石硝酸盐，即可轻松将其沉淀。由于硫酸有更强的亲和力，它就能吸引重晶石，并与重晶石形成一种不可溶的中性盐沉到底部；也可以用同样的方法清除盐酸，只要滴入少量的硝酸银，就能产生盐酸银沉淀物。当这两种沉淀完成后，我们将溶液缓慢加热，蒸馏掉大约7/8的体积，剩余的液体就是高纯度硝酸。

硝酸是既容易参与化合同时也极容易分解的物质之一。除了金、银和铂之外，几乎所有的单质都能在一定程度上夺取硝酸中的氧元素；甚至有些单质能将硝酸完全分解。人们很早就知道硝酸的存在，化学家们对硝酸化合物比对其他任何酸的化合物研究得都要更充分。这些化合物曾被马凯尔和博姆（Beaumé）两位先生称为"硝石类"。由硝石形成的酸可分为硝酸和亚硝酸，因此我将这些化合物的名称更改为硝酸盐和亚硝酸盐，并且对每个基增加专有名称来区分各种化合物（见表2.13.1与表2.13.2）。

表2.13.1　亚硝酸形态的氮元素与成盐基质生成的化合物表

基的名称	中性盐的名称	
	新名称	备注
重晶石	亚硝酸重晶石	最近才知道存在这些盐，在旧命名法中，它们没有具体的名称
草碱	亚硝酸草碱	
苏打	亚硝酸苏打	
石灰	亚硝酸石灰	
苦土	亚硝酸苦土	
氨	亚硝酸氨	最近才知道存在这些盐，在旧命名法中，它们没有具体的名称
黏土	亚硝酸黏土	
氧化锌	亚硝酸锌	金属既能溶于亚硝酸，又能溶于硝酸，因此形成的金属盐必定具有不同的氧化程度。金属氧化程度最低的盐必定称为亚硝酸盐，当氧化程度较高时称为硝酸盐，但是这种区分界线难以确定。以前的化学家们对这些盐很陌生
氧化铁	亚硝酸铁	
氧化锰	亚硝酸锰	
氧化钴	亚硝酸钴	
氧化镍	亚硝酸镍	
氧化铅	亚硝酸铅	
氧化锡	亚硝酸锡	
氧化铜	亚硝酸铜	
氧化铋	亚硝酸铋	
氧化锑	亚硝酸锑	
氧化砷	亚硝酸砷	
氧化汞	亚硝酸汞	

续表

基的名称	中性盐的名称	
	新名称	备注
氧化银		
氧化金	金、银和铂极可能只形成硝酸盐，不能以亚硝酸盐的状态存在	
氧化铂		

注：表中的化合物根据其成盐基与酸的亲和力强弱排序。

表2.13.2　完全被氧所饱和的硝酸形态的氮元素，与成盐基生成的化合物表

基的名称	得到的中性盐名称	
	新名称	旧名称
重晶石	硝酸重晶石	带有一个重土基的硝石
草碱	硝酸草碱	硝石，硝石盐，含草碱基的硝石
苏打	硝酸苏打	四边形硝石，带矿物碱的硝石
石灰	硝酸石灰	石灰质硝石，带石灰质基的硝石
		硝石母液，或硝石盐
苦土	硝酸苦土	苦土硝石，带镁氧氨基的硝石
氨	硝酸氨	氨硝石
高岭土	硝酸高岭土	亚硝矾，泥质硝石，含矾土基的硝石
氧化锌	硝酸锌	锌硝石
氧化铁	硝酸铁	铁硝石，玛尔斯硝石，硝化铁
氧化锰	硝酸锰	锰硝石
氧化钴	硝酸钴	钴硝石
氧化镍	硝酸镍	镍硝石
氧化铅	硝酸铅	萨特恩硝石，铅硝石
氧化锡	硝酸锡	锡硝石
氧化铜	硝酸铜	铜硝石或维纳斯硝石
氧化铋	硝酸铋	铋硝石

续表

基的名称	得到的中性盐名称	
	新名称	旧名称
氧化锑	硝酸锑	锑硝石
氧化砷	硝酸砷	砷硝石
氧化汞	硝酸汞	汞硝石
氧化银	硝酸银	银硝石或月神硝石，月神腐蚀剂
氧化金	硝酸金	金硝石
氧化铂	硝酸铂	铂硝石

注：表中化合物以其成盐基与酸的亲和力强弱排序。

第十四章
对硫酸及其生成化合物的分析

　　长期以来，硫酸一直通过蒸馏硫酸铁获得，而硫酸铁是按照15世纪巴塞尔·瓦伦丁（Basil Valentine）所描述的过程将硫酸与氧化铁化合得来的；但现代是以更经济的方式，即在适合的容器中燃烧硫来获得的。为了促进硫燃烧、氧化，可以加入少量硝石盐粉末，即硝酸草碱与硫混合。硝石分解后将氧气释放给硫，并加速硫酸的转化。尽管添加了硝石盐，硫在密闭容器中也只能持续燃烧有限的时间。因为随着氧气耗尽，燃烧停止，容器中的空气几乎变成了纯氮气，而且生成的硫酸长时间处于蒸气状态，也阻碍了燃烧的继续进行。

　　在大规模制造硫酸的工厂中，硝石和硫的混合物在有铅制内衬的大型封闭室内燃烧，燃烧室底部有少量水可促进蒸气的凝结。然后将凝结液体在大容量曲颈瓶中温和加热蒸馏，含有少量酸的水便从上面通过，而硫酸则以浓缩的状态留在瓶内。最后得到的浓硫酸呈透明状且没有任何味道，重量几乎是等体积水的两倍。用几套手拉风箱将新鲜空气正对着硫火焰导入密室以促进燃烧，并将亚硝气经长蛇形管排出，与水接触，以吸收其中可能含有的任何硫酸或亚硫酸气体。这样就会使硫的燃烧过程更容易进行，并能大大延长硫的燃烧时间。

　　贝托莱先生通过一项实验发现，69份硫在燃烧时与31份氧化合，能形成100份硫酸。他通过另一个以不同方式进行的实验计算得出，100份硫酸由72

份硫与28份氧气化合形成,这些都是以重量而论的。

硫酸和其他酸一样,金属只有在提前被氧化的条件下才能被它溶解。但大多数金属只能够使一部分酸分解,以至于带走足够量的氧气后,便能溶于未分解的那部分酸中。在加热至沸腾的浓硫酸中,银、汞、铁和锌都会发生这种情况(见表2.14.1)。它们首先通过分解一部分酸来发生氧化,然后溶解在另一部分酸中。未分解的部分酸并没有因这些金属充分脱氧而恢复成硫,它只是被还原成亚硫酸状态,而亚硫酸受热后以亚硫酸气体的形式逸出并挥发掉。

除铁和锌以外的其他金属,如银和汞等,都不溶于稀硫酸,因为它们对氧的亲和力不足以将氧从与硫、亚硫酸或氢的化合中分离出来。但铁和锌能在酸的作用下使水发生氧化分解,而且无须热素的帮助。

表2.14.1 硫酸与成盐基生成的化合物表

基的名称	生成的化合物	
	新名称	旧名称
重晶石	硫酸重晶石	重石、重土矾
草碱	硫酸草碱	矾化酒石
杜巴斯盐	硝酸苏打	四边形硝石,带矿物碱的硝石
复制秘方药	硝酸石灰	石灰质硝石,带石灰质基的硝石
苏打	硫酸苏打	格劳伯尔盐(芒硝)
石灰	硫酸石灰	透明石膏、石膏、石灰质矾
苦土	硫酸苦土	泻盐、泡腾盐、苦土矾
氨	硫酸氨	格劳伯尔秘氨盐
高岭土	硫酸高岭土	明矾
氧化锌	硫酸锌	白矾、皓矾、白色矾绿、锌矾
氧化铁	硫酸铁	绿矾、玛尔斯矾、铁矾

续表

基的名称	生成的化合物	
	新名称	旧名称
氧化锰	硫酸锰	锰矾
氧化钴	硫酸钴	钴矾
氧化镍	硫酸镍	镍矾
氧化铅	硫酸铅	铅矾
氧化锡	硫酸锡	锡矾
氧化铜	硫酸铜	蓝矾、罗马矾、铜矾
氧化铋	硫酸铋	铋矾
氧化锑	硫酸锑	锑矾
氧化砷	硫酸砷	砷矾
氧化汞	硫酸汞	汞矾
氧化银	硫酸银	银矾
氧化金	硫酸金	金矾
氧化铂	硫酸铂	铂矾

注：表中化合物以其亲和力强弱排序。

第十五章
对亚硫酸及其生成化合物的分析

亚硫酸由氧气与硫经低于硫酸的氧化程度化合而成。亚硫酸可以通过缓慢地燃烧硫获得，也可以将银、锑、铅、汞或炭放入硫酸中蒸馏获得；通过蒸馏操作，一部分氧离开硫酸并与这些可氧化基化合，而仍处于氧化状态的亚硫酸被蒸出。亚硫酸在常温常压下只能以气体的形式存在，但克卢埃（Clouet）先生的实验表明，亚硫酸气体在极低的温度下凝结变成液体。水对亚硫酸气体的吸收量比对碳酸气体的吸收量大很多，但要比对盐酸气体的吸收量少很多。

□ 晶体

晶体（Crystal）是一种石英结晶体矿物，由微小粒子组成，这些粒子以相同的顺序重复排列，使得晶体具有规则的形状。晶体往往是有颜色的，因为含有杂质，例如，含有铬的晶体呈红色，含有铁的晶体呈蓝色。图中是磷酸铁晶体，主要产于南美洲。

如果金属事先未被氧化，在溶解过程中是以从亚硫酸中获得氧为目的，就不能溶解在亚硫酸中，这是一个普遍、公认的事实，且我已经多次重复过这种实验。因此，当亚硫酸已经被剥夺了形成硫酸所必需的大部分氧气，它就更倾向于重新得到氧气，而不是向大部分金属提供氧气。除非金属提前通过其他方式进行了氧化处理，否则亚硫酸就不能溶解金属。根据同样的原理，金属氧化物在亚硫酸中溶解时不会产生气泡，且很容易溶解。甚至亚硫酸在性质上与盐酸一样，不能溶于硫酸的富含氧气的金属氧化物，却能在亚硫酸中溶解并形成真正的硫酸盐。如果不是铁、汞和其他一些金属在亚硫酸溶液中溶解的现象，使我们相信这些金属物质在亚硫酸溶液中容易发生两种程度的氧化，我们可能会得出不存在金属亚硫酸盐的结论。因此，金属氧化程度最低的中性盐必须称为"亚硫酸盐"，而完全氧化的中性盐必须称为"硫酸盐"。但我们目前尚不清楚这种区别是否适用于除铁和汞之外的其他金属硫酸盐（见表2.15.1）。

表2.15.1　亚硫酸与成盐基生成的化合物表

基的名称	中性盐的名称
重晶石	亚硫酸重晶石
草碱	亚硫酸草碱
苏打	亚硫酸苏打
石灰	亚硫酸石灰
苦土	亚硫酸苦土
氨	亚硫酸氨
黏土	亚硫酸黏土
氧化锌	亚硫酸锌
氧化铁	亚硫酸铁
氧化锰	亚硫酸锰
氧化钴	亚硫酸钴
氧化镍	亚硫酸镍
氧化铅	亚硫酸铅
氧化锡	亚硫酸锡
氧化铜	亚硫酸铜
氧化铋	亚硫酸铋
氧化锑	亚硫酸锑

续表

基的名称	中性盐的名称
氧化砷	亚硫酸砷
氧化汞	亚硫酸汞
氧化银	亚硫酸银
氧化金	亚硫酸金
氧化铂	亚硫酸铂

注：在这些盐中，古代化学家们唯一知道的就是被称为"施塔尔硫盐"的亚硫酸草碱。因此在
　　我们的新命名法之前，这些具有固定植物碱基的化合物必定会被称为"施塔尔硫盐"，
　　而具有其他碱基的化合物也是如此。

　　在这个表中，我们遵循了伯格曼关于硫酸吸引力的强弱顺序，该次序对于土质物质和碱
　　性物质相同，但对于金属氧化物是否相同则不确定。——A

第十六章
对亚磷酸和磷酸及其生成化合物的分析

我们已经在第二篇第九章中，给出了这种奇特物质的发现史，以及对磷元素在植物体和动物体中的存在方式的观察。获得纯磷酸的最佳方法是，在用蒸馏水将内表面湿润了的钟形玻璃罩下燃烧提纯过的磷。磷在燃烧过程中能吸收两倍半重量的氧气，因此100份磷酸是由$28\frac{1}{2}$份的磷与$71\frac{1}{2}$份的氧气化合生成。还可以在放置在水银上的干燥玻璃罩内燃烧磷来获得这种磷酸，它呈固体白色片状，能大量地吸收空气中的水分。

为了获得亚磷酸，也就是比磷酸状态下含氧元素更低的磷氧化物，必须在接通水晶瓶的玻璃漏斗中让磷以自燃的方式非常缓慢地燃烧；几天后会发现磷已经完全氧化，而亚磷酸按形成比例吸收空气中的水分后滴入水晶瓶中。长期暴露在流通空气中的亚磷酸，会从空气中吸收氧气且很容易变成磷酸。

由于磷对氧气有足够强的亲和力，可以从硝酸和硫酸中吸引氧气。因此，我们可以借助制备相对简单且更经济的硝酸和硫酸来生成磷酸：将一个管状曲颈瓶充入一半体积的浓硝酸，并缓慢加热，然后向瓶中投入小片磷；磷片的溶解伴着泡腾并释放出红雾状亚硝气；只要磷片溶解就再补充，然后加大曲颈瓶下面的火焰以驱除最后的硝酸颗粒；留在曲颈瓶中的磷酸部分呈液体状，部分凝结呈固体状（见表2.16.1）。

表2.16.1　亚磷酸和磷酸与成盐基生成的化合物表

基的名称	生成的中性盐名称	
	亚磷酸	磷酸
石灰	亚磷酸[1]石灰	磷酸[2]石灰
重晶石	亚磷酸重晶石	磷酸重晶石
苦土	亚磷酸苦土	磷酸苦土
草碱	亚磷酸草碱	磷酸草碱
苏打	亚磷酸苏打	磷酸苏打
氨	亚磷酸氨	磷酸氨
黏土	亚磷酸黏土	磷酸黏土
氧化锌[3]	亚磷酸锌	磷酸锌
氧化铁	亚磷酸铁	磷酸铁
氧化锰	亚磷酸锰	磷酸锰
氧化钴	亚磷酸钴	磷酸钴
氧化镍	亚磷酸镍	磷酸镍
氧化铅	亚磷酸铅	磷酸铅
氧化锡	亚磷酸锡	磷酸锡
氧化铜	亚磷酸铜	磷酸铜
氧化铋	亚磷酸铋	磷酸铋
氧化锑	亚磷酸锑	磷酸锑
氧化砷	亚磷酸砷	磷酸砷
氧化汞	亚磷酸汞	磷酸汞

〔1〕所有亚磷酸盐都是最近才发现的，因此目前尚未命名。——A
〔2〕大部分磷酸盐是最近才发现的，因此目前尚未命名。——A
〔3〕金属亚磷酸盐的存在是基于金属在不同氧化程度下易溶于磷酸的假定，但这目前尚未得到证实。——A

续表

基的名称	生成的中性盐名称	
	亚磷酸	磷酸
氧化银	亚磷酸银	磷酸银
氧化金	亚磷酸金	磷酸金
氧化铂	亚磷酸铂	磷酸铂

注：表中化合物以其亲和力强弱排序。

第十七章
对碳酸及其生成化合物的分析

在所有的已知酸中，碳酸是自然界中最丰富的一种；碳酸存在于白垩、大理石和所有石灰质的石头中，并被一种叫作"石灰（lime）"的特殊土质物质中和。要使碳酸脱离这种化合物，只需加入一些硫酸或其他对石灰有较强亲和力的物质；随后就会出现一种急剧膨胀的现象，碳酸立即呈气体状态，这是由于碳酸的离析产生的。这种气体不能通过目前已知任何程度的冷却或压缩凝聚成固体或液体，碳酸气体能与约等体积的水结合，形成一种极弱的酸。碳酸可以从发酵的糖类物质大量获得，但随后会被溶解在溶液中的少量乙醇污染。

由于碳元素是碳酸的基，我们可以在氧气中燃烧炭，或人为地将炭和金属氧化物按适当比例化合形成；氧与碳化合形成碳酸气体，而处于游离状态的金属则恢复其常规形态（见表2.17.1）。

□ **约瑟夫·布莱克**

约瑟夫·布莱克（Joseph Black，1728—1799年），英国化学家、物理学家。布莱克创造了定量化学分析方法，并用这个方法进行煅烧石灰石的实验。但在实验结束后，残余物并未因吸收"燃素"而增重，反而因放出"固定气体"（即二氧化碳）而变轻。他从多个方面研究了这种气体的性质，特别是其无助燃性。这动摇了当时流行的"燃素说"，为拉瓦锡的研究奠定了理论基础。

我们对碳酸的首次了解要归功于布莱克（Black）博士，这种酸之前始终保持气体状态，使其无法被化学研究所发现。

如果我们能用其他更经济的方法来分解这种气体，这将是对社会最有价值的发现，因为通过这种方法，可以为商业目的获得在石灰质土、大理石、石灰石等中所包含的极为丰富的碳。这不能靠单一的吸引力来实现，要分解碳酸就需要一种像木炭本身一样的可燃物质，结果只是使用了一种可燃物质与另一种并不更具价值的物质交换；也许能用双重吸引力来实现，因为植被在生长过程中，大自然用最普通的材料很容易地就完成了这一过程。

表2.17.1　碳酸与成盐基生成的化合物表

基的名称	生成的化合物	
	新名称	旧名称
重晶石	碳酸[1]重晶石	充气或泡腾重土
石灰	碳酸石灰	白垩、石灰质晶石、充气石灰土
草碱	碳酸草碱	泡腾的或充气的固定植物碱，草碱臭气
苏打	碳酸苏打	充气或泡腾的固定矿物碱，臭气苏打
苦土	碳酸苦土	充气、泡腾、柔和或有臭气的苦土
氨	碳酸氨	充气、泡腾、柔和或有臭气的挥发性碱
黏土	碳酸黏土	充气或泡腾的泥质土，或矾土
氧化锌	碳酸锌	锌晶石、臭气锌或充气锌
氧化铁	碳酸铁	晶石铁矿、臭气铁或充气铁
氧化锰	碳酸锰	充气锰

---

〔1〕由于人们最近才熟悉这些盐，因此准确地说它们没有任何旧名称。莫维先生在《方法论百科全书》第一卷中称它们为"有害盐（mephites）"；伯格曼先生给它们起了以"充气的（aerated）"为前缀的名字；佛克罗伊先生将碳酸称为"白垩酸（chally）"，并给它们起了"白垩"的名字。——A

续表

基的名称	生成的化合物	
	新名称	旧名称
氧化钴	碳酸钴	充气钴
氧化镍	碳酸镍	充气镍
氧化铅	碳酸铅	晶石铅矿，或充气铅
氧化锡	碳酸锡	充气锡
氧化铜	碳酸铜	充气铜
氧化铋	碳酸铋	充气铋
氧化锑	碳酸锑	充气锑
氧化砷	碳酸砷	充气砷
氧化汞	碳酸汞	充气汞
氧化银	碳酸银	充气银
氧化金	碳酸金	充气金
氧化铂	碳酸铂	充气铂

注：表中化合物以其亲和力强弱排序。

第十八章
对盐酸和氧化盐酸及其生成化合物的分析

盐酸在矿物界非常丰富，可与不同的成盐基自然化合，特别是与苏打、石灰和苦土化合。在海水和多个湖泊的水中，盐酸与这三种基化合在一起，而在岩盐矿中主要与苏打化合。目前盐酸似乎还未能在任何化学实验中分解得到，因此我们对盐酸根的性质一无所知，只能通过与其他酸的类比来得出盐酸含有氧物质作为酸素的结论。贝托莱先生曾怀疑，盐酸根具有金属的性质；但由于大自然似乎每天都在有人居住的地方将瘴气与气态流体结合形成这种酸，因此这就必然要假设大气中是存在金属气体的。这当然不是不可能的，但又没有证据予以否认。

盐酸只对成盐基有适度的吸附性，所以硫酸可以很容易将盐酸从它与这些基生成的化合物中分解出来（见表2.18.1）。如硝酸等其他酸，也可能实现相同的应用，但易挥发的硝酸会在蒸馏过程中与盐酸混合。大约一份重量的硫酸能使两份烧碎的海盐完全分解。该分解实验需要在一个管状曲颈瓶中完成，曲颈瓶应与适合的沃尔夫装置接通（图版Ⅳ，图1）。当所有的接头都完全用胶泥密封好后，我们通过细管将海盐放进曲颈瓶中，而后将硫酸倒在海盐上面并迅速用打磨好的水晶瓶塞将瓶口塞住。盐酸在常温下只能以气态形式存在，如果没有水参与就无法凝聚在一起。因此，我们需要在沃尔夫装置的瓶子里充入一半体积的水。盐酸气体从曲颈瓶内的海盐中驱除出来并与水结合，形成古代化学家们所谓的"发烟盐精"或格劳伯尔（Glauber）海盐精，我们现在将其命名为"盐酸"。

通过上述过程得到的盐酸仍能够与更多的氧气化合，从锰、铅或汞的氧化物中蒸馏出的酸称之为"氧化盐酸"；它与盐酸一样，只能以气态形式存在，并且能被水吸收的量很少。当氧化盐酸在水中超过一定量时，过量的氧化盐酸便凝结成固体形态沉到容器底部。贝托莱先生已经证明氧化盐酸能够与大量的成盐基化合（见表2.18.2）。化合生成的中性盐和碳及许多金属物质在一起很容易产生爆燃，因为大量的热素会随氧一起变成氧化盐酸的组成成分，使爆燃发生得非常剧烈且危险。

表2.18.1　盐酸与成盐基生成的化合物表

基的名称	生成的中性盐	
	新名称	旧名称
重晶石	盐酸重晶石	有重土基的海盐
草碱	盐酸草碱	西尔维斯解热盐，盐化植物固定碱
苏打	盐酸苏打	海盐
石灰	盐酸石灰	盐化石灰、石灰油
苦土	盐酸苦土	海泻盐、盐化苦土
氨	盐酸氨	氨盐
黏土	盐酸黏土	盐化矾、带矾土基的海盐
氧化锌	盐酸锌	锌海盐，或盐锌
氧化铁	盐酸铁	铁盐、玛尔斯海盐
氧化锰	盐酸锰	锰海盐
氧化钴	盐酸钴	钴海盐
氧化镍	盐酸镍	镍海盐
氧化铅	盐酸铅	角—铅（horny-lead）、铅霜
氧化锡	盐酸锡烟	发烟利巴菲乌斯液
	盐酸锡固体	固体锡醅

续表

基的名称	生成的中性盐	
	新名称	旧名称
氧化铜	盐酸铜	铜海盐
氧化铋	盐酸铋	铋海盐
氧化锑	盐酸锑	锑海盐
氧化砷	盐酸砷	砷海盐
氧化汞	盐酸汞甘	甘升汞
	汞腐蚀剂	甘汞（calomel）、鹰白质（aquila alba）
氧化银	盐酸银	角银（horny silver）、银霜（argentum corneum）、露娜霜（luna cornea）
氧化金	盐酸金	金海盐
氧化铂	盐酸铂	铂海盐

注：表中化合物以其亲和力强弱排序。

表2.18.2 氧化盐酸与成盐基生成的化合物表

基的名称	新命名法命名的中性盐名称
重晶石	氧化盐酸重晶石
草碱	氧化盐酸草碱
苏打	氧化盐酸苏打
石灰	氧化盐酸石灰
苦土	氧化盐酸苦土
黏土	氧化盐酸黏土
氧化锌	氧化盐酸锌
氧化铁	氧化盐酸铁
氧化锰	氧化盐酸锰
氧化钴	氧化盐酸钴
氧化镍	氧化盐酸镍
氧化铅	氧化盐酸铅

续表

基的名称	新命名法命名的中性盐名称
氧化锡	氧化盐酸锡
氧化铜	氧化盐酸铜
氧化铋	氧化盐酸铋
氧化锑	氧化盐酸锑
氧化砷	氧化盐酸砷
氧化汞	氧化盐酸汞
氧化银	氧化盐酸银
氧化金	氧化盐酸金
氧化铂	氧化盐酸铂

注：表中化合物以其亲和力强弱排序。古代化学家们完全不了解这种盐类排序，这是贝托莱
先生在1786年发现的。——A

第十九章
对硝基盐酸及其生成化合物的分析

　　硝基盐酸以前称为"王水"，它是由硝酸和盐酸形成的一种混合物，是这两种酸的根化合形成一种具有复合基的酸。硝基盐酸具有它自身特有的或与其他所有酸都不同的性质，尤其是它能溶解金和铂。

　　使用硝基盐酸溶解金属就像所有其他的酸溶解金属一样，金属首先从复合基中吸引一部分氧气而被氧化（见表2.19.1）。溶解过程会释放出一种目前尚未描述过的特殊气体，这种气体可以称为"硝基盐气"。这种气体具有非常难闻的气味，如果被动物吸入则会致命；对铁有腐蚀作用，能使铁生锈；能被水大量吸收，使水呈弱酸性特征。将相当数量的铂金属溶解在硝基盐酸中，我们所看到的现象形成了上面的分析结论。

　　最初我曾假设，在硝酸和盐酸混合物中，盐酸吸引了硝酸中的部分氧元素而转化成为氧化盐酸，因此赋予硝基盐酸能溶解金的性质。但是根据这个假设，有几个实验事实仍然无法解释。如果是这样的话，这种混合酸在加热时一定能够释放出亚硝气，但这在理论上是不可能的。考虑到这些原因，让我更倾向于接受贝托莱先生的见解，即应将硝基盐酸视为一种具有复合基或根的单酸。

表2.19.1 硝基盐酸与成盐基生成的化合物表

基的名称	中性盐的名称
黏土	硝基盐酸黏土
氨	硝基盐酸氨
氧化锑	硝基盐酸锑
氧化银	硝基盐酸银
氧化砷	硝基盐酸砷
重晶石	硝基盐酸重晶石
氧化铋	硝基盐酸铋
石灰	硝基盐酸石灰
氧化钴	硝基盐酸钴
氧化铜	硝基盐酸铜
氧化锡	硝基盐酸锡
氧化铁	硝基盐酸铁
苦土	硝基盐酸苦土
氧化锰	硝基盐酸锰
氧化汞	硝基盐酸汞
氧化钼	硝基盐酸钼
氧化镍	硝基盐酸镍
氧化金	硝基盐酸金
氧化铂	硝基盐酸铂
氧化铅	硝基盐酸铅
草碱	硝基盐酸草碱
苏打	硝基盐酸苏打
氧化钨	硝基盐酸钨
氧化锌	硝基盐酸锌

注：表中化合物以其亲和力强弱排序。这些化合物中的大部分，尤其是土质物质和碱类化
   合物还几乎没有被研究过，我们尚不清楚它们是否会形成一种混合盐，其中化合物的根
   是仍然化合在一起，或者是两种酸分开并分别形成两种不同的中性盐。——A

第二十章
对萤石酸及其生成化合物的分析

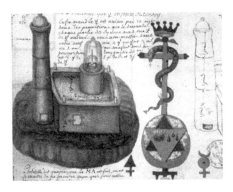

□ **炼金术中的"干法"**

在炼金术中常用"干法",它由两个部分组成:左边的两只炼金炉,较高的一只呈塔状,用于锻炼、连接和分离;另一只称作"沙浴器",是为特定烧结装置而建造的,专门用于要求恒定温热状态的工序,所有长时间的蒸煮工序都在这只炉内进行。这是此法的示意图。到了拉瓦锡的时代,"湿法"已经胜过"干法",化学家们不再依赖于熔化。

萤石酸存在于自然界中的氟石[1]中,能与石灰质土化合并形成不溶的中性盐。要从中性盐化合物中分离得到萤石酸,可将氟石即萤石酸石灰放进一个盛有适量硫酸的铅质曲颈瓶中;再配上一个也是铅质并装入一半体积水的接收瓶,最后用火加热曲颈瓶。由于硫酸具有更强的亲和力,可将萤石酸排出并被接收瓶中的水吸收。由于萤石酸在常温下处于气体状态,因此可以使用一套汞液面上的气体化学装置接收。在分离过程中,我们务必使用金属容器,因为萤石酸可溶解玻璃和含硅的物质,甚至在蒸馏过程中能将这些物体变成挥发性物质,并以

---

〔1〕通常又称为"萤石(derbysbire spars)"。——E

气体形式一起带走。

　　我们要感谢马格拉夫（Margraff）先生让我们第一次认识了这种酸，尽管由于他始终未能在混入大量硅土的条件下获得萤石酸，因此他不知道萤石酸是一种独特的酸。德·利安考特公爵（The Duke de Liancourt）以布兰杰（Boulanger）先生的名义发表的论文，大大丰富了我对萤石酸性质的认识；舍勒先生可能已经对萤石酸进行了全面研究（见表2.20.1），我们剩下来要做的，就是去努力发现萤石酸根的本质。由于萤石酸似乎在任何实验中都未被分解过，所以目前不能形成任何关于萤石酸根的概念。只有通过复合基的亲和力实验使萤石酸根分解，才会有在一定程度上获得成功的可能。

表2.20.1　萤石酸与成盐基生成的化合物表

基的名称	中性盐的名称
石灰	萤石石灰
重晶石	萤石酸重晶石
苦土	萤石酸苦土
草碱	萤石酸草碱
苏打	萤石酸苏打
氨	萤石酸氨
氧化锌	萤石酸锌
氧化锰	萤石酸锰
氧化铅	萤石酸铅
氧化锡	萤石酸锡
氧化钴	萤石酸钴
氧化铜	萤石酸铜
氧化镍	萤石酸镍
氧化砷	萤石酸砷

续表

基的名称	中性盐的名称
氧化铋	萤石酸铋
氧化汞	萤石酸汞
氧化银	萤石酸银
氧化金	萤石酸金
氧化铂	萤石酸铂
通过干燥方法	
黏土	氟酸黏土

注：表中化合物以其亲和力强弱排序。古代的化学家们完全不知道这些化合物，因此在旧的命名法中没有名称。——A

第二十一章
对月石酸及其生成化合物的分析

月石酸是一种从印度获得的叫作硼砂或月石砂（tincall）的盐中提取的固体酸。尽管硼砂在技术领域的应用由来已久，但我们对其起源以及提取和提纯方法了解得还很不全面；然而可以肯定的是，硼砂是在东方国家某些地区的土中和湖中发现的一种天然形成的盐。硼砂的全部贸易都掌握在荷兰人手中，他们一直拥有独家的提纯硼砂的技术，直到最近，巴黎的勒吉利埃先生在制造技术方面才能与他们相匹敌；但硼砂提纯的方法对世界来说仍然是个秘密。

我们通过化学分析了解到，硼砂是一种由苏打组成并含有过量基的中性盐，被一种曾长期称为"荷伯格氏镇静盐"（现在叫作"硼酸"）的特殊酸部分饱和。这种酸在某些湖泊的水中以未化合的状态存在。意大利彻恰约（Cherchiaio）的湖中每品脱水含 $94\frac{1}{2}$ 格令的月石酸。

为了获得月石酸，先将一些硼砂溶化在沸水中，取过滤溶液加入硫酸，或任何其他比月石酸对苏打亲和力更强的酸。月石酸被分离出来并经过冷却获得其结晶形式。长期以来，月石酸一直被认为是在获得它的过程中形成的，因此经这个过程，它应随着月石酸与苏打分离开来所使用酸性质的不同而不同。但是现在普遍承认，只要通过洗涤、反复溶解和结晶，使之完全纯化而不含其他酸的混合物，无论用什么方法，获得的都是同一种酸。月石酸既能溶于水也能溶于乙醇，并具有使乙醇火焰呈现绿色的性质。这种现象曾使人们怀疑月石酸含有铜，但没有得到任何确定性实验的证实。相反，如果硼酸含有任何一种金属，也只能将其视为混合物中的特例。月石酸不能以湿润的方式直接溶解任何金属并生成化合物，但使用复合基的亲和力能够生成月石酸化合物。

表2.21.1按亲和力强弱，对以湿法方式生成的化合物进行了排序。尽管我们将黏土排在表中末位，但是当我们用干法操作时，该排序就会发生变化，比如黏土必须直接排在苏打之后。

目前，人们对月石酸的基还不了解，而且还没有任何实验能够分解月石酸。但根据与其他酸的类比可以得出，氧作为酸素存在于月石酸的构成中。

表2.21.1　月石酸与成盐基生成的化合物表

基的名称	中性盐的名称
石灰	月石酸石灰
重晶石	月石酸重晶石
苦土	月石酸苦土
草碱	月石酸草碱
苏打	月石酸苏打
氨	月石酸氨
氧化锌	月石酸锌
氧化铁	月石酸铁
氧化铅	月石酸铅
氧化锡	月石酸锡
氧化钴	月石酸钴
氧化铜	月石酸铜
氧化镍	月石酸镍

续表

基的名称	中性盐的名称
氧化汞	月石酸汞
黏土	月石酸黏土

注：表中化合物以其亲和力强弱排序。古代的化学家们既不知道这些化合物，也未给大部分
　　化合物命名。月石酸以前被称为"镇静盐"，带有固定植物碱基的月石酸复合物被称为
　　"硼砂（borax）"。——A

第二十二章
对砷酸及其生成化合物的分析

　　马凯尔先生在1746 年的《科学院文集》中指出，当白色氧化砷与硝石的一种混合物在高温下加热时，会得到一种被他称之为"中性砷盐"的中性盐。金属砷能够起到酸的作用，人们当时还不清楚产生这一独特现象的原因。但更现代的实验表明，砷在此过程中夺走硝酸中的氧元素而发生氧化。实际上，砷被转化为砷酸并与草碱化合。现在还有其他已知的方法来氧化砷，并从砷氧化物中获得砷酸。其中最简单和最有效的方法是：将白色的砷氧化物溶解在按重量计算的三份盐酸中；在沸腾状态下，向该溶液中加入两份硝酸并蒸发至干燥。在这个过程中，硝酸分解，硝酸中的氧元素与砷氧化物化合后转化为砷酸，亚硝酸根以亚硝气的形态释放出来；而盐酸被加热后转化为可以用适当容器收集的盐酸气体。在坩埚中将砷酸加热至开始变红，能使砷酸完全脱离上述过程中使用的其他酸；剩余的物质就是纯净的固体砷酸。

　　莫维先生在第戎（Dijon）的实验室中成功地重复了舍勒先生的制备过程，其具体操作如下：在黑色氧化锰中蒸馏盐酸，盐酸因夺走氧化锰中的氧元素而转化为氧化盐酸，将氧化盐酸放入装有白色砷的氧化物容器中，并用少许蒸馏水覆盖表面；砷夺走过度饱和的氧元素促使氧化盐酸分解，砷转化为砷酸，而氧化盐酸则重新还原成普通盐酸。通过蒸馏分离这两种酸，在蒸馏要结束时缓慢增加热度，会有盐酸气体逸出，而砷酸则以白色固体形式留在容器中。

　　砷酸的挥发性远低于白色的砷氧化物。制备砷酸时由于其未能充分氧化，溶液中通常含有白色砷氧化物；这可以通过继续添加亚硝酸来防止，如同前面过程中所描述的一样，直到不再产生亚硝气为止。根据以上分析，我对砷酸给出以下定义：砷酸是一种由砷与氧元素按照固定比例在加热至炽热条件下化合形成的白色固体金属酸，它能溶于水并与许多成盐基生成化合物。

表2.22.1　砷酸与成盐基生成的化合物表

基的名称	中性盐的名称
石灰	砷酸石灰
重晶石	砷酸重晶石
苦土	砷酸苦土
草碱	砷酸草碱
苏打	砷酸苏打
氨	砷酸氨
氧化锌	砷酸锌
氧化锰	砷酸锰
氧化铅	砷酸铅
氧化铁	砷酸铁
氧化锡	砷酸锡
氧化钴	砷酸钴
氧化铜	砷酸铜
氧化镍	砷酸镍
氧化铋	砷酸铋
氧化汞	砷酸汞
氧化锑	砷酸锑
氧化银	砷酸银

续表

基的名称	中性盐的名称
氧化金	砷酸金
氧化铂	砷酸铂
黏土	砷酸黏土

注：表中化合物以其亲和力强弱排序。古代的化学家们完全不知道盐的这种排序。马凯尔先生于1746年发现砷酸与草碱和苏打生成的化合物，并把它们命名为砷的中性盐。——A

第二十三章
对钼酸及其生成化合物的分析

钼是一种特殊的金属，能够被氧化并形成实际意义上的固体酸[1]。要制备钼酸，可将一部分含钼矿石（该金属的天然硫化物）放入曲颈瓶中，再加入5或6份硝酸，并用硝酸重量1/4的水进行稀释，然后加热曲颈瓶；硝酸中的氧元素同时作用于钼和硫，将一种转化为钼而另一种转化为硫酸；只要有红色的亚硝气逸出，就倒入一定体积的新鲜硝酸；这样能使钼尽可能地被全部氧化，钼酸以类似于白垩粉末的形式留存在曲颈瓶底部。钼酸必须在温水中清洗，以分离任何附着的硫酸颗粒；由于钼酸几乎不溶于水，在清洗操作中损失很小。古代化学家对钼酸与成盐基生成的所有化合物一无所知。

---

〔1〕钼酸是由舍勒先生发现的，化学上的其他几种酸的发现都应归功于他。——A

第二十四章
对钨酸及其生成化合物的分析

钨是一种特殊的金属，钨矿石经常与锡矿石混淆在一起。钨矿石与水的比重为6:1，其结晶态类似于石榴石，颜色从灰白色到黄色和淡红色各不相同。在萨克森（Saxony）和波希米亚（Bohemia）的几个地方发现有钨矿石存在。在康沃尔（Cornwal）的矿场中经常出现一种叫作黑钨矿（Wolfram）的钨金属矿石。在所有矿石中，钨金属以氧化态存在；甚至在某些矿石中，钨似乎已经被氧化成酸的状态，并与石灰化合成现实中存在的钨酸石灰（见表2.24.1）。

为了获得游离的钨酸，将1份钨矿与4份碳酸草碱混合，并在坩埚中熔化，制成粉末，然后将粉末倒在12份重量的沸水中，并加入硝酸，得到的固体沉淀物就是钨酸。为确保钨被完全氧化，加入更多的硝酸并蒸发至干燥，重复此操作，直到产生红色的亚硝气为止。为了获得完全纯净的钨酸，必须在铂坩埚中进行矿石与碳酸草碱的熔合，否则普通坩埚中的泥质会与产品混合而使钨酸混入杂质。

表2.24.1　钨酸与成盐基生成的化合物表

基的名称	中性盐的名称
石灰	钨酸石灰
重晶石	钨酸重晶石

续表

基的名称	中性盐的名称
苦土	钨酸苦土
草碱	钨酸草碱
苏打	钨酸苏打
氨	钨酸氨
黏土	钨酸黏土
氧化锑[1]等	钨酸锑[2]等

〔1〕拉瓦锡先生对这些金属氧化物按字母顺序进行了排序；但由于它们的亲和力强弱顺序未知，没有任何用途，而被我省略了。——E

〔2〕古代的化学家不知道这些盐的存在。——A

第二十五章
对亚酒石酸及其生成化合物的分析

　　人们所熟知的酒石，即为在葡萄酒发酵完成后固定在容器内部的凝结物，是由一种特殊的酸与草碱生成的过量的盐化合物。舍勒先生首先提出了获得纯酒石酸的方法。在发现酒石酸对石灰的亲和力比草碱的强之后，他指导我们用下列方法进行实验：将纯酒石溶解在沸水中，加足量的石灰至酸被完全饱和；生成的亚酒石酸石灰几乎不溶于冷水而沉到底部，经倾析将其从草碱溶液中分离出来；再用冷水将其洗涤并干燥；然后倒入一些硫酸并用8份或9份水稀释，一边经常搅拌，一边缓慢加热混合物12个小时；让硫酸与石灰化合，亚酒石酸便处于游离状态。在加热过程中有少量的气体被分离出来，但目前还没有分析检验过。在加热结束后将清澈的液体倒出，用冷水洗净硫酸石灰并加入倒出的清澈液体中，然后将液体全部蒸发，就能得到凝固形态的酒石酸。8～10盎司的硫酸与2磅纯酒石化合后能生成约11盎司的亚酒石酸。

　　由于可燃基的存在，或者说由于源自酒石的酸并未被氧完全饱和，我们称这种酸为"亚酒石酸（tartarous acid）"，而由酒石酸与成盐基化合形成的中性盐为"亚酒石酸盐（tartarites）"。亚酒石酸的基是氧化程度比在草酸中低的碳—氧或氢—碳根；而且根据哈森夫拉兹先生的实验，氮元素似乎以非常大的量成为亚酒石酸根的构成组分。亚酒石酸进一步氧化可转化为草酸、苹果酸和亚醋酸，但酸根中的碳氢比例在这些转化过程中可能会发生变

化，而且这些酸之间的区别并不仅
仅是不同的氧化程度。

　　亚酒石酸与固定碱可生成两种
不同饱和程度的盐化合物；其中一种
是酸过量形成的盐，人们不合理地
将其叫作"酒石乳（cream of tar-
tar）"，而按我们的新命名法，它
被命名为"弱亚酒石酸草碱（acid-
ulous tartarite of potash）"；第二
种是与酒石酸以同等饱和程度完全
形成的中性盐，以前称作"植物盐
（vegetable salt）"，我们现在将

□ **18世纪的化学箱**

　　17世纪中叶以来，化学终于摆脱了炼金术和
医学附庸的地位，成为独立的化学科学。到了18世
纪，化学进入了承前启后的大变革时代。图为18世
纪的化学家普遍使用化学箱样式，此箱由迈克尔·法
拉第发明。

其命名为"亚酒石酸草碱"。亚酒石酸与苏打形成的亚酒石酸苏打，以前叫
作"塞涅特盐（sal de seignette）"或"罗谢尔多用盐（sal polychrest of Ro-
chell）"（见表2.25.1）。

表2.25.1　亚酒石酸与成盐基生成的化合物表

基的名称	中性盐的名称
石灰	亚酒石酸石灰
重晶石	亚酒石酸重晶石
苦土	亚酒石酸苦土
草碱	亚酒石酸草碱
苏打	亚酒石酸苏打
氨	亚酒石酸氨
黏土	亚酒石酸黏土
氧化锌	亚酒石酸锌

续表

基的名称	中性盐的名称
氧化铁	亚酒石酸铁
氧化锰	亚酒石酸锰
氧化钴	亚酒石酸钴
氧化镍	亚酒石酸镍
氧化铅	亚酒石酸铅
氧化锡	亚酒石酸锡
氧化铜	亚酒石酸铜
氧化铋	亚酒石酸铋
氧化锑	亚酒石酸锑
氧化砷	亚酒石酸砷
氧化银	亚酒石酸银
氧化汞	亚酒石酸汞
氧化金	亚酒石酸金
氧化铂	亚酒石酸铂

注：表中化合物以其亲和力强弱排序。

第二十六章
对苹果酸及其生成化合物的分析[1]

苹果酸存在于成熟和未成熟的苹果以及许多其他水果的酸汁中。其制备方法如下：用草碱或苏打饱和苹果汁，加入适量溶于水的醋酸铅；发生复分解后，苹果酸与氧化铅化合生成不溶于水的沉淀，醋酸草碱或醋酸苏打则留在液体之中。用冷水清洗倾析分离出来的苹果酸铅并加入一些稀硫酸；硫酸与铅化合形成不溶于水的硫酸盐，而苹果酸通常在液体中处于游离状态。

苹果酸在大量水果中与柠檬酸和亚酒石酸混合，是介于草酸和醋酸之间的一种酸，它比前者氧化程度高但比后者低。赫尔姆布塔特（Hermbstadt）先生根据这种情况称之为"非完全醋（imper fect vinegar）"；但它又有别于亚醋酸，在苹果酸根的组成中含有更多的碳元素和更少的氢元素。

如果前述过程用的是很稀的酸，则液体中既含苹果酸又含草酸，很可能还含有少许亚酒石酸；将这些酸与石灰水混合，就会产生草酸石灰、酒石酸石灰和苹果酸石灰；前两种不溶于水被沉淀下来，苹果酸石灰继续溶解在水中；再按前面所述的方式，先后用醋酸铅和硫酸便能将纯苹果酸从液体中分离出来。

---

〔1〕拉瓦锡先生只按字母顺序给出了排序，列表因为亲和力的强弱顺序不详被我省略了。苹果酸与成盐基生成的所有化合物都以基的名字前面加"苹果酸"来命名，但古代化学家们并不知道这些化合物。——E

第二十七章
对柠檬酸及其生成化合物的分析

柠檬酸常常通过榨挤柠檬而获得，而且人们在许多其他水果汁中，发现它与苹果酸混合在一起。要得到浓缩后的纯柠檬酸，首先要在冷藏地窖中长时间地静置以除去水果中的黏液部分，然后在华氏温度21°～23°下浓缩；水被冻结了，而柠檬酸仍能保持液态，并减少到原来体积的1/8。更低的温度会使柠檬酸冻结在冰中使其难以分离。这是乔治乌斯（Georgius）先生提供的方法。

得到柠檬酸更容易的方法是：用石灰饱和柠檬汁，化合后形成不溶于水的柠檬酸石灰盐（见表2.27.1）。将这种盐冲洗后，再倒入适量的硫酸就会形成硫酸石灰沉淀，使柠檬酸游离在液体中。

表2.27.1　柠檬酸与成盐基生成的化合物表

基的名称	中性盐的名称
重晶石	柠檬酸重晶石
石灰	柠檬酸石灰
苦土	柠檬酸苦土
草碱	柠檬酸草碱
苏打	柠檬酸苏打
氨	柠檬酸氨

续表

基的名称	中性盐的名称
氧化锌	柠檬酸锌
氧化锰	柠檬酸锰
氧化铁	柠檬酸铁
氧化铅	柠檬酸铅
氧化钴	柠檬酸钴
氧化铜	柠檬酸铜
氧化砷	柠檬酸砷
氧化汞	柠檬酸汞
氧化锑	柠檬酸锑
氧化银	柠檬酸银
氧化金	柠檬酸金
氧化铂	柠檬酸铂
黏土	柠檬酸黏土

注：表中化合物以其亲和力强弱排序。这些化合物对古代的化学家来说是未知的，其成盐
基与该酸的亲和力强弱顺序由第戎学院的伯格曼先生和德·布雷内先生确定。——A

第二十八章
对焦亚木酸及其生成化合物的分析

古代的化学家发现，大多数木材，特别是较重和较致密的木材，在明火中通过蒸馏会释放出一种特殊的酸精（acid spirit）；但戈特林（Goetling）先生在1779年的《化学学报》中介绍了关于他所做的焦亚木酸的实验，在这之前没有人对其性质和属性进行过任何研究。无论从哪一种木头获得的酸精都相同。第一次蒸馏时得到的是褐色的酸精，并且掺杂了较多的渣和油（见表2.28.1），经再次蒸馏就能分离提纯出焦亚木酸。焦亚木酸根主要由碳、氢两种元素组成。

表2.28.1　焦亚木酸与成盐基生成的化合物表[1]

基的名称	中性盐的名称
石灰	焦亚木酸石灰
重晶石	焦亚木酸重晶石
草碱	焦亚木酸草碱
苏打	焦亚木酸苏打
苦土	焦亚木酸苦土

〔1〕表中化合物以亲和力强弱排序。上述排序是由德·莫维和埃洛斯·布尔菲叶·德·克莱沃（Elos Bourfier de Clervaux）两位研究员确定的。这些化合物直到最近才被了解。——A

续表

基的名称	中性盐的名称
氨	焦亚木酸氨
氧化锌	焦亚木酸锌
氧化锰	焦亚木酸锰
氧化铁	焦亚木酸铁
氧化铅	焦亚木酸铅
氧化锡	焦亚木酸锡
氧化钴	焦亚木酸钴
氧化铜	焦亚木酸铜
氧化镍	焦亚木酸镍
氧化砷	焦亚木酸砷
氧化铋	焦亚木酸铋
氧化汞	焦亚木酸汞
氧化锑	焦亚木酸锑
氧化银	焦亚木酸银
氧化金	焦亚木酸金
氧化铂	焦亚木酸铂
黏土	焦亚木酸黏土

第二十九章
对焦亚酒石酸及其与成盐基[1] 生成化合物的分析

　　焦亚酒石酸是指用明火蒸馏提纯后的酸性酒石酸草碱获得的一种稀的焦臭酸。要得到焦亚酒石酸，要将一半体积的酒石弄成粉末装入曲颈瓶中，装配一个细管连接接收瓶，并用一个弯管接通气体化学装置的玻璃钟罩；逐渐加大曲颈瓶下面的加热火焰，而后就会得到混有油的焦亚酒石酸，用一只漏斗可将其分离。在蒸馏过程中有大量的碳酸气体从中分离出来。上述操作得到的焦亚酒石酸中含有较多的油，应将其从中分离除去。一些作者建议通过第二次蒸馏来实现这一目标，但第戎学院的学者告诉我们，这样做存在发生爆炸的巨大危险。

---

　　[1]成盐基与焦亚黏酸的吸引力次序目前仍属未知。拉瓦锡先生根据它与焦亚木酸相似的性质，猜想二者的亲和力相同；但这并未经过实验证实，因此将该表省略。直到不久前，人们才知道所有这些化合物都被称为焦亚酒石酸盐。——E

第三十章
对焦亚黏酸及其生成化合物的分析

焦亚黏酸可用火焰加热蒸馏糖和一切含糖物质获得。由于含糖物质加热后会出现膨胀现象，有必要空置蒸馏瓶体积7/8的空间。焦亚黏酸的颜色是黄色的，偏红色，在皮肤上留下的痕迹不易擦除，除非连表皮一起去掉。通过二次蒸馏可以得到颜色较淡的焦亚黏酸，可像柠檬酸一样通过冷冻浓缩提纯。焦亚黏酸主要是由水和轻微氧化的油组成，用硝酸进一步氧化可转化成为草酸和苹果酸。

有人认为焦亚黏酸在蒸馏过程中会释放出大量气体，其实，只要在适宜的热度下缓慢加热就不会出现这种情况（见表2.30.1）。

表2.30.1　焦亚黏酸与成盐基生成的化合物表

基的名称	中性盐的名称
草碱	焦亚黏酸草碱
苏打	焦亚黏酸苏打
重晶石	焦亚黏酸重晶石
石灰	焦亚黏酸石灰
苦土	焦亚黏酸苦土
氨	焦亚黏酸氨
黏土	焦亚黏酸黏土

续表

基的名称	中性盐的名称
氧化锌	焦亚黏酸锌
氧化锰	焦亚黏酸锰
氧化铁	焦亚黏酸铁
氧化铅	焦亚黏酸铅
氧化锡	焦亚黏酸锡
氧化钴	焦亚黏酸钴
氧化铜	焦亚黏酸铜
氧化镍	焦亚黏酸镍
氧化砷	焦亚黏酸砷
氧化铋	焦亚黏酸铋
氧化锑	焦亚黏酸锑

注：表中化合物以亲和力强弱排序。古代化学家对这些化合物一无所知。——A

第三十一章
对草酸及其生成化合物的分析

在瑞士和德国，草酸主要是从酸模草（sorrel）的果汁中提炼出来的，经过长时间的静置，便可得到草酸结晶。草酸在晶体状态下与草碱部分饱和，形成实际上的酸性草酸草碱，或是含有过量酸的盐。纯草酸必须经人工氧化糖来形成，而实际上糖很可能就是草酸根。在1份糖中倒入6份或8份硝酸，然后缓慢加热；因大量氮气释放会出现相当多的泡沫；当硝酸被分解后，其氧元素与糖化合。让液体静置存放能形成纯草酸晶体，务必用吸墨纸分离剩余的硝酸并干燥晶体，为了确保草酸的纯度可将草酸晶体溶化在蒸馏水中再重新结晶。

草酸第一次结晶后所剩余的液体，可以通过将其冷冻获得苹果酸。苹果酸比草酸氧化程度更高，通过糖的进一步氧化可以转化为醋酸或醋。

与少量苏打或草碱化合后的草酸与亚酒石酸一样，具有无须分解就可以形成许多化合物的性质。我们应对这几种化合物形成的具有双基的三元中性盐进行合理命名（见表2.31.1）。酸模草盐，即与过量草酸化合生成的草碱，依我们的新命名法应称为"弱草酸草碱（acidulous oxalate of potash）"。

化学家们知道可以从酸模草中获得草酸已有一个多世纪，杜克洛（Duclos）先生在1688年的《科学院文集》中提到了这种酸，而波尔哈夫对草酸进行了更为准确的说明。但舍勒先生首次证明了酸模草盐中含有草碱，并进一步证明了草酸与糖氧化后形成的酸完全相同。

表2.31.1 草酸与成盐基生成的化合物表

基的名称	中性盐的名称
石灰	草酸石灰
重晶石	草酸重晶石
苦土	草酸苦土
草碱	草酸草碱
苏打	草酸苏打
黏土	草酸黏土
氧化锌	草酸锌
氧化铁	草酸铁
氧化锰	草酸锰
氧化钴	草酸钴
氧化镍	草酸镍
氧化铅	草酸铅
氧化铜	草酸铜
氧化铋	草酸铋
氧化锑	草酸锑
氧化砷	草酸砷
氧化汞	草酸汞
氧化银	草酸银
氧化金	草酸金
氧化铂	草酸铂

注：表中化合物以亲和力强弱排序。古代的化学家对这些内容一无所知。——A

第三十二章
对亚醋酸及其生成化合物的分析

亚醋酸主要由碳元素与氢元素化合在一起组成，由于氧元素的加入而表现出酸的性质。亚醋酸与亚酒石酸、草酸、柠檬酸、苹果酸等组成元素相同，但这些元素在每一种酸中的存在比例不同。并且，亚醋酸比这些酸中的其他几种表现出更高的氧化程度。我有理由相信，亚醋酸基含有小比例的氮元素，而且由于氮元素不包含在除酒石酸之外的其他任何植物酸的根中，这种情况便是造成各种酸存在差异的原因之一。亚醋酸，即醋，是将酒暴露在温和热度的空气环境下并添加少量发酵剂产生的，发酵剂通常是在发酵过程中与其他醋分离的酒液或母液或类似物质。酒液中由碳元素和氢元素组成的乙醇部分氧化后转化成为醋。环境中的氧气在发酵过程中不断被吸收，使氧气体积减少，转化过程必须在空气自由流通的条件下进行。因此，在制备亚醋酸用的发酵容器中总是只充入一半体积的酒液。在发酵过程中形成的亚醋酸极易挥发，并混有大量的水和杂质，要在石质或玻璃容器中用缓慢加热的方式蒸馏发酵液，才能得到纯亚醋酸。其实蒸馏过程中蒸发出来的酸在某种程度上发生了变化，其性质似乎因氧化程度较低而与留在蒸馏瓶中的酸并不完全相同；但这种情况以前没有被化学家们注意到。

蒸馏并不能完全除去亚醋酸中含有的多余水分；最好的方法是将亚醋酸溶液暴露在低于凝固点4°～6°（19°～23°）的低温下；通过这种方法，水溶液被部分冻结，而大量浓缩后的亚醋酸仍处于液体状态。在常温空气环境下，亚醋酸只能以气态形式存在，只有与大量的水结合才能保存。还有其他获得亚醋酸的化学方法，包括用硝酸氧化亚酒石酸、草酸或苹果酸。可以肯定的是，酸根的元素构成比例在氧化过程中会发生变化。哈森夫拉兹先生目前正在对其他几种获得亚醋酸的方法进行重复实验。

亚醋酸可以很容易地与各种成盐基化合，但所生成的大多数中性盐不能结晶，而且亚酒石酸和草酸生成的中性盐通常很难溶于水。亚酒石酸石灰和草酸石灰在任何可察觉的程度上都不溶于水。苹果酸盐的溶解度介于草酸盐和亚醋酸盐之间，苹果酸的氧化程度处于草酸与亚醋酸之间。根据以上性质，说明金属要在亚醋酸中溶解，须同其他酸一样提前形成金属氧化物。

除了亚醋酸草碱、亚醋酸苏打、亚醋酸氨、亚醋酸铜和亚醋酸铅盐外，古代化学家们几乎不知道任何由亚醋酸与成盐基化合形成的其他任何盐（见表2.32.1）。卡德先生发现了亚醋酸砷[1]，文泽尔先生、第戎学院的院士们、德·拉松先生和普鲁斯特（Proust）先生让我们熟悉了其他亚醋酸盐的性质。根据亚醋酸草碱所具有的在蒸馏中释放出氨的性质，我们有理由认为在亚醋酸的组成中除了碳、氢元素之外，亚醋酸的根还含有比例很小的氮元素，但上述氨的产生也许很可能是由草碱分解所致。

表2.32.1 亚醋酸与成盐基生成的化合物表

基的名称	中性盐的名称	按旧命名法得到的中性盐的名称
重晶石	亚醋酸重晶石	古人不知道，由莫维先生发现，他称之为"重晶石亚醋酸（barotic acéte）"

---

〔1〕《外国学者》（*Savans Etrangers*），第三卷。

续表

基的名称	中性盐的名称	按旧命名法得到的中性盐的名称
草碱	亚醋酸草碱	马勒叶酒石秘方土，巴塞尔·瓦伦丁和帕拉塞尔苏斯酒石秘方；施罗德特效酒石泻药，兹韦尔费酒盐精，塔克利乌斯再生酒石，西尔维斯和威尔逊利尿盐
苏打	亚醋酸苏打	带有矿物碱基的页土，矿页土或可结晶页土，矿物性亚醋酸盐
石灰	亚醋酸石灰	白垩盐，或珊瑚盐，或蟹眼盐；哈特曼提到过
苦土	亚醋酸苦土	由文泽尔先生首次提到
氨草胶	亚醋酸氨草胶	烈性敏德雷、勒氏醋、氨亚醋酸盐
氧化锌	亚醋酸锌	格劳伯尔、施韦德姆伯格、里斯波尔、波特、文泽尔等人了解这一物质，但未给出具体名称
氧化锰	亚醋酸锰	古人未命名
氧化铁	亚醋酸铁	玛尔斯醋，蒙内特、文泽尔和达延公爵有过描述
氧化铅	亚醋酸铅	铅，或萨图恩糖、醋和盐
氧化锡	亚醋酸锡	莱默里、马格拉夫、蒙内特、韦斯伦道夫和文泽尔等人了解这一物质，但未给出具体名称
氧化钴	亚醋酸钴	卡德先生的隐显墨水
氧化铜	亚醋酸铜	铜绿、铜盐颜料晶、铜盐颜料、蒸馏铜绿、维纳斯晶或铜晶
氧化镍	亚醋酸镍	古人不知道
氧化砷	亚醋酸砷	砷亚醋发烟水、卡德先生的液体磷
氧化铋	亚醋酸铋	乔弗罗瓦先生的铋糖；盖勒特、波特、韦斯伦道夫、伯格曼和德·莫维等人有所了解
氧化汞	亚醋酸汞	汞页土、凯泽著名的抗毒药；格贝弗在1748年提到过；赫洛特、马格拉夫、博姆、伯格曼和德·莫维有所了解
氧化锑	亚醋酸锑	未知
氧化银	亚醋酸银	马格拉夫、蒙内特和文泽尔曾描述过；不为古人所知
氧化金	亚醋酸金	所知甚少，施罗德和琼克曾提到过

续表

基的名称	中性盐的名称	按旧命名法得到的中性盐的名称
氧化铂	亚醋酸铂	未知
黏土	亚醋酸黏土	依据文泽尔的结论，亚醋酸只能溶解极少量的黏土

注：表中化合物以亲和力强弱排序。

第三十三章
对醋酸及其与成盐基生成化合物的分析

我们假设命名为醋酸的根醋（radical vinegar），是由与亚醋酸的根相同但氧化程度更高的酸根组成。根据这一观点，醋酸是氢—亚碳根可被氧化的最高程度。尽管这一情况极有可能发生，但在成为绝对的化学真理之前还需要通过更细致、更具确定性的实验来证实。醋酸可以按如下方式获得：在3份亚醋酸草碱或亚醋酸铜中倒入1份浓硫酸，蒸馏后能得到一种我们命名为醋酸（acetic acid），而以前称为根醋的浓度非常高的醋。目前，还没有严格的实验能证明这种醋酸比亚醋酸的氧化程度更高，也没有实验能证明它们之间的差异可能不是由于根或基组成元素之间的比例不同（见表2.33.1）。

表2.33.1　醋酸与成盐基生成的化合物表

基的名称	中性盐的名称
重晶石	醋酸重晶石
草碱	醋酸草碱
苏打	醋酸苏打
石灰	醋酸石灰
苦土	醋酸苦土
氨	醋酸氨
氧化锌	醋酸锌

续表

基的名称	中性盐的名称
氧化锰	醋酸锰
氧化铁	醋酸铁
氧化铅	醋酸铅
氧化锡	醋酸锡
氧化钴	醋酸钴
氧化铜	醋酸铜
氧化镍	醋酸镍
氧化砷	醋酸砷
氧化铋	醋酸铋
氧化汞	醋酸汞
氧化锑	醋酸锑
氧化银	醋酸银
氧化金	醋酸金
氧化铂	醋酸铂
黏土	醋酸黏土

注：表中化合物以其亲和力强弱排序。这些盐类对古人来说都是未知的；即使是那些最精通现代物质的化学家，也不知道由氧化醋酸根形成的大部分盐类，到底是属于亚醋酸盐还是属于醋酸盐。——A

第三十四章
对琥珀酸及其生成化合物的分析

　　缓慢加热容器中的琥珀，使其升华至容器颈部而冷却凝固下来的物质就是琥珀酸。在这项操作中，火焰既不能离得太远，也不能太强，否则琥珀油会随着琥珀酸一起蒸发出来。用吸纸将盐状琥珀酸上的液体吸净，并通过反复溶化和结晶进行提纯。

　　琥珀酸可溶于其自身重量24倍的冷水以及量少很多的热水中。琥珀酸稍微具有一点酸的性质，并且只对蓝色植物颜料有轻微的影响。琥珀酸与成盐基间的亲和力强弱排序由德·莫维先生提供（见表2.34.1），他是第一个努力确定这些排序的化学家。

表2.34.1　琥珀酸与成盐基生成的化合物表

基的名称	中性盐的名称
重晶石	琥珀酸重晶石
石灰	琥珀酸石灰
草碱	琥珀酸草碱
苏打	琥珀酸苏打
氨	琥珀酸氨
苦土	琥珀酸苦土
黏土	琥珀酸黏土

续表

基的名称	中性盐的名称
氧化锌	琥珀酸锌
氧化铁	琥珀酸铁
氧化锰	琥珀酸锰
氧化钴	琥珀酸钴
氧化镍	琥珀酸镍
氧化铅	琥珀酸铅
氧化锡	琥珀酸锡
氧化铜	琥珀酸铜
氧化铋	琥珀酸铋
氧化锑	琥珀酸锑
氧化砷	琥珀酸砷
氧化汞	琥珀酸汞
氧化银	琥珀酸银
氧化金	琥珀酸金
氧化铂	琥珀酸铂

注：表中化合物以其亲和力强弱排序。古代的化学家对所有的琥珀酸盐一无所知。——A

第三十五章
对安息香酸及其生成化合物的分析[1]

安息香酸被古代化学家称为"本杰明华（Flowers of Benjamin）"或安息华（Benzoin），由被叫作安息香的树胶或树脂经升华获得；乔弗罗瓦先生发现通过湿法可以获得安息香酸，该法由舍勒先生作了进一步完善。在安息香粉末上倒入由过量石灰配制的强石灰水；在蒸煮混合物的同时不断搅拌，半小时之后倾析出液体，只要出现中和现象，就以同样的方式加入新鲜的石灰水。只要不出现结晶就尽可能地让倾析出的所有液体加热蒸发，当液体冷却时滴入盐酸，直至不再有沉淀形成。经前面的操作生成安息香酸石灰，而经后面的操作盐酸与石灰化合形成盐酸石灰继续溶化在溶液中，而不溶的安息香酸凝结成固体沉淀。

---

〔1〕这些化合物被叫作安息香酸石灰、安息香酸草碱、安息香酸锌等；但由于不知道它们的亲和力强弱次序，以字母为序的列表就因没有必要存在而被删除。——E

第三十六章
对樟脑酸及其与成盐基生成化合物的分析[1]

樟脑是一种固体精油，由生长在中国和日本的一种叫"月桂（laurus）"的植物经升华而获得。从樟脑中8次蒸馏出的硝酸，科斯加顿（Kosegarten）先生将其转化成为一种类似于草酸的酸。但是这种酸与草酸在某种程度上存在差异；因此，我们一直认为有必要给它一个具体的名称，直到通过进一步的实验更全面地确定它的性质为止。

由于樟脑是某种碳—亚氢或氢—亚碳根，很容易能想到，它氧化后形成的产物应该是草酸、苹果酸及其他几种植物酸。科斯加顿先生的实验证明这一猜想完全有可能实现；樟脑酸与成盐基在化合过程中所呈现出的主要现象与草酸和苹果酸与成盐基在化合过程中所呈现出的现象相似，这使我相信它是由这两种酸混合组成的。

---

〔1〕这些被称为樟脑酸盐的化合物，全都不为古人所知，因此将以字母为序的列表删除。——E

第三十七章

对棓酸及其与成盐基生成化合物的分析[1]

　　棓酸早前被叫作涩味素（principle of astringency），可通过水浸泡或煎熬，或者温和加热蒸馏棓子得到。棓酸在近几年才受到关注。第戎学院委员会已经研究了棓酸的所有化合物并给出了目前对该酸的最详细说明。棓酸的酸性极弱，能使石蕊颜料变红和使硫化物产生分解，所有金属事先溶于其他酸后可与棓酸生成化合物。棓酸与铁化合后的产物是深蓝或紫罗兰色沉淀。如果说棓酸根应该有个名称，那么到目前为止还完全不为人所知。棓酸根广泛存在于柳叶橡树、沼生鸢尾、草莓、睡莲、秘鲁树皮（即金鸡纳树皮）、石榴花和树皮以及许多其他树木和树皮中。

---

　　〔1〕这些被称为鞣酸盐的化合物，均不为古人所知；其亲和力强弱次序尚未确定。——A

第三十八章
对乳酸及其与成盐基生成化合物的分析[1]

关于乳酸唯一准确的认知来自舍勒先生的著作。乳酸与少量土质物质化合后存在于乳清中。获得方法如下：通过蒸发，将乳清减少到其体积的1/8，过滤分离出所有的奶酪物质，然后加入尽可能多的石灰与乳酸化合，通过添加草酸与石灰，化合成不溶的中性盐，再被沉淀分离。当草酸石灰通过倾析分离后，将剩余的液体蒸发到如同蜂蜜的浓度。乙醇不与奶糖和其他杂质化合，因此用乙醇溶化乳酸。再经过滤，除去溶液中的杂质。蒸发或蒸馏掉溶液中的乙醇，最后剩下的就是乳酸。

乳酸与所有成盐基化合后形成不能结晶的各种盐，而且其性质似乎与亚醋酸非常相似。

---

〔1〕这些被称为乳酸盐的化合物，均不为古人所知；其亲和力强弱次序尚未确定。——A

第三十九章
对糖乳酸及其生成化合物的分析

　　熟悉药学的人早就知道，蒸发乳清可以得到某种很像从甘蔗中获得的含糖物质。这种含糖物质像普通的糖一样可以被硝酸氧化。可以先从其中蒸馏出几份硝酸，蒸发出剩余的液体，静置后获得草酸的晶体，同时通过沉淀得到一种非常细的白色粉末，这就是舍勒发现的糖乳酸。糖乳酸能与碱、氨、土质，甚至与金属化合。除了糖乳酸与它们形成难溶的盐这一点之外，目前几乎还不知道糖乳酸与这些物质的作用机理。伯格曼提供了表2.39.1中的吸引力强弱排序。

表2.39.1　糖乳酸与成盐基生成的化合物表

基的名称	中性盐的名称
石灰	糖乳酸石灰
重晶石	糖乳酸重晶石
苦土	糖乳酸苦土
草碱	糖乳酸草碱
苏打	糖乳酸苏打
氨	糖乳酸氨
黏土	糖乳酸黏土
氧化锌	糖乳酸锌
氧化锰	糖乳酸锰

续表

基的名称	中性盐的名称
氧化铁	糖乳酸铁
氧化铅	糖乳酸铅
氧化锡	糖乳酸锡
氧化钴	糖乳酸钴
氧化铜	糖乳酸铜
氧化镍	糖乳酸镍
氧化砷	糖乳酸砷
氧化铋	糖乳酸铋
氧化汞	糖乳酸汞
氧化锑	糖乳酸锑
氧化银	糖乳酸银

注：表中化合物以其亲和力强弱排序。古代化学家对这些盐却一无所知。——A

第四十章
对蚁酸及其生成化合物的分析

蚁酸最早是在17世纪由塞缪尔·费舍尔（Samuel Fisher）蒸馏蚁类得到的。马格拉夫先生在1749年，莱比锡的阿德维森（Ardwisson）和奥克恩（Ochrn）两位先生于1777年分别对蚁酸进行了研究。蚁酸是从大型红蚁（formica rufa, Lin）身上提取的，这种红蚁在有树木的地方经常筑造大型蚁穴。蚁酸是在玻璃蒸馏瓶或蒸馏器中用缓慢加热的方式蒸馏蚁类得到的，或是用冷水清洗蚁类，并在布上擦干后倒入开水中溶化得到，也可以用优于前面两种方式以轻轻榨挤红蚁获得。纯蚁酸必须通过精馏才能得到，蒸馏可以将蚁酸从未化合的油质和焦质物质（见表2.40.1）中分离出来，再按照处理亚醋酸的方式冷冻后浓缩得到。

表2.40.1 蚁酸与成盐基生成的化合物表

基的名称	中性盐的名称
重晶石	蚁酸重晶石
草碱	蚁酸草碱
苏打	蚁酸苏打
石灰	蚁酸石灰
苦土	蚁酸苦土
氨	蚁酸氨

续表

基的名称	中性盐的名称
氧化锌	蚁酸锌
氧化锰	蚁酸锰
氧化铁	蚁酸铁
氧化铅	蚁酸铅
氧化锡	蚁酸锡
氧化钴	蚁酸钴
氧化铜	蚁酸铜
氧化镍	蚁酸镍
氧化铋	蚁酸铋
氧化银	蚁酸银
黏土	蚁酸黏土

注：表中化合物以其亲和力强弱排序。古代的化学家对这些化合物一无所知。——A

第四十一章
对蚕酸及其与成盐基生成化合物的分析[1]

　　当幼蚕变成蚕蛹时，这种昆虫的体液似乎呈现某种酸的性质，而且会释放出使蓝纸变红的微红色液体。第一个对这种液体进行细致研究的是第戎学院的肖西埃（Chaussier）先生，他将蚕蛾浸泡于乙醇中，乙醇能溶化蚕酸而不能溶化这种昆虫的任何胶质部分——将乙醇蒸发后得到的剩余物质就是蚕酸。蚕酸的性质和亲和力目前还没有得到精确确认，我们有理由相信类似的酸可以从其他昆虫身上获得。蚕酸根可能与其他的动物性酸一样是由碳元素、氢元素和氮元素组成的，也许其中还有磷元素的成分。

---

　　[1]这些称为蚕酸盐的化合物均不为古人所知；其吸引力强弱次序尚未确定。——A

第四十二章
对皮脂酸及其生成化合物的分析

　　为了获得皮脂酸，将一些板油放在平底锅中加热融化，同时加入一些石灰粉末，并不断搅拌，在操作结束时调大加热火焰，在整个过程中应注意避免接触操作产生的难闻蒸汽。皮脂酸在加热过程中与石灰化合生成难溶于水的皮脂酸石灰，在大量沸水中将皮脂酸石灰溶化后分离出油脂并蒸发掉水。然后对这种中性盐（见表2.42.1）通过煅烧、再溶化、再结晶等方式进行提纯。最后倒入适量的硫酸，蒸馏后得到皮脂酸液体。

表2.42.1　皮脂酸与成盐基生成的化合物表

基的名称	中性盐的名称
重晶石	皮脂酸重晶石
草碱	皮脂酸草碱
苏打	皮脂酸苏打
石灰	皮脂酸石灰
苦土	皮脂酸苦土
氨	皮脂酸氨
黏土	皮脂酸黏土
氧化锌	皮脂酸锌
氧化锰	皮脂酸锰
氧化铁	皮脂酸铁

续表

基的名称	中性盐的名称
氧化铅	皮脂酸铅
氧化锡	皮脂酸锡
氧化钴	皮脂酸钴
氧化铜	皮脂酸铜
氧化镍	皮脂酸镍
氧化砷	皮脂酸砷
氧化铋	皮脂酸铋
氧化汞	皮脂酸汞
氧化锑	皮脂酸锑
氧化银	皮脂酸银

注：表中化合物以其亲和力强弱排序。古代的化学家对这些化合物却一无所知。——A

第四十三章
对石酸及其与成盐基生成化合物的分析[1]

根据伯格曼和舍勒最近的实验，尿结石似乎是某种土质盐，它微显酸性并需要大量的水才能溶化，1 000格令沸水中只能溶化3格令尿结石，而且大部分会在低温下再次结晶。莫维先生将这种固体酸命名为结石酸（lithiasic acid），我们将其命名为石酸（bithic acid），其性质和特征至今仍鲜为人知。但有一些迹象表明石酸是一种呈酸性的中性盐，即过量的酸与成盐基生成的化合物。我有理由相信石酸确实是某种呈酸性的磷酸石灰。如果是这样，石酸必须从特殊的酸类中排除。

---

〔1〕最终将证明尿酸生成的其实是一种盐，古代的化学家对其的化合物一无所知。其亲和力强弱次序也尚未确定。——A

第四十四章
对氰酸及其生成化合物的分析

根源于目前关于氰酸所做的实验似乎对其性质仍存在相当程度的不确定性，我将不对氰酸的性质，以及提纯和从化合物中脱离的方法给出详细说明。铁与氰酸化合后呈蓝色，其他大多数金属同样能与氰酸化合。这些金属化合物由于存在较强的吸引力，能从碱、氨和石灰溶液中沉淀出来。根据舍勒先生的实验，特别是贝托莱先生的实验，氰酸根似乎是由碳元素和氮元素构成的；因此它是一种具有双基的酸。哈森夫拉兹先生的实验表明，氰酸中存在磷元素参与化合的现象仅属于偶然情况。

虽然氰酸与碱、土质和金属结合的方式与其他酸相同，但它只具有我们习惯上归于酸的一些性质；因此在这里把它归入酸类并不合适。正如我已经表明，在通过更多的实验进一步阐明这一问题之前很难对氰酸的性质形成最终结论。

表2.44.1 氰酸与成盐基生成的化合物表

基的名称	中性盐的名称
草碱	氰酸草碱
苏打	氰酸苏打
氨	氰酸氨
石灰	氰酸石灰

续表

基的名称	中性盐的名称
重晶石	氰酸重晶石
苦土	氰酸苦土
氧化锌	氰酸锌
氧化铁	氰酸铁
氧化锰	氰酸锰
氧化钴	氰酸钴
氧化镍	氰酸镍
氧化铅	氰酸铅
氧化锡	氰酸锡
氧化铜	氰酸铜
氧化铋	氰酸铋
氧化锑	氰酸锑
氧化砷	氰酸砷
氧化银	氰酸银
氧化汞	氰酸汞
氧化金	氰酸金
氧化铂	氰酸铂

注：表中化合物以其亲和力强弱排序。古代的化学家对这些化合物却一无所知。——A

第三篇
化学仪器与操作说明

该部分介绍了与现代化学有关的所有实验仪器和操作方法，其中包含的主要实验装置都是由拉瓦锡亲自设计的。

导　言

　　在这部作品的前两部分内容中，我刻意避免专门介绍化学实验的操作细则。因为依据我的经验发现，在一部专门论述推理的作品中，如果对实验过程和图版进行详细介绍，会使读者难以集中注意力而中断思路，导致阅读过程枯燥乏味；另一方面，如果我只局限于目前的简要说明，那么初学者就只能从我的作品中获得非常模糊的实用化学概念，而且一定会对他们既不能重复又不能完全理解的实验操作缺乏信心和兴趣。这种缺乏不可能从书籍中得到弥补——不仅没有充分而详尽介绍现代仪器和实验的任何书籍，而且能够查阅的著作都是按完全不同的排列次序，并用不同的化学语言来介绍实验操作的。因此，这必定会极有损于我写这部著作的主要目标。

　　出于以上原因，我决定在本书的第三篇中对与基础化学相关的所有仪器和操作作简要介绍。我认为把它放在书的末尾比放在书的开头更好，因为如果放在开头，我就必须假设作为刚刚接触

□ **18世纪的化学实验室**

　　18世纪化学工业的兴起，直接推动了化学这门科学的发展以及配套用具的更新。图为当时的一间化学实验室，可以看出，当时实验所用器皿的种类已相当丰富。

□ 化学实验爆炸事件

　　17世纪的化学家常常进行公开实验，其中鲁埃尔的实验较受欢迎。图片描绘了他正在巴黎皇家植物园演示化学实验，实验中发生了爆炸，引得众人惊呼。作为鲁埃尔的学生，拉瓦锡早年正是从鲁埃尔那里接受了对"燃素说"的怀疑观点。

化学的读者已经阅读了基本部分来熟悉无法知道的化学知识。因此，本书第三篇的全部内容可以被视为类似于通常放在学术论文末尾的图版类说明，以不致会因冗长的实验说明而中断文本的连续性。尽管我已经竭尽全力使这一部分清晰且富有条理，并且没有遗漏任何必要的仪器或装置，但我绝对不敢妄称，自己靠这些就可以宣布，那些愿意获得化学科学精确知识的人不必听课和进入实验室进行实验操作了。这些人应该熟悉各种仪器的使用，并通过实验操作积累实验经验。"Nihil est in intellectu quod non prius fuerit in sensu（没有任何智慧是可以不经感觉而获得的）"，著名的鲁埃尔让人以大型字母刷在其实验室中最醒目的地方的这条箴言，是一个化学专业的教师或学生都绝不能忽视的重要真理。

　　根据化学实验的目的，可以自然地将其分为以下几类：有些可以被认为是纯机械性的，如测定物体的重量和体积、研磨、澄清、检索、清洗、过滤等；还有一些可以被认为是真正的化学操作，因为它们是通过化学的力量和药剂来完成的，如溶化、熔化等。其中一些用于彼此分离物质构成的元素，一些用于将这些元素重新化合在一起。还有一些操作，如燃烧，则在同一过程中产生这两种效果。

　　我没有尽力严格地遵循上述方法，而是计划按照似乎最适合于传授知识的顺序来给出化学操作的细节。我将对现代化学有关的仪器给出具体说明，因为那些将大部分时间用于研究化学的人，甚至是许多科学领域的教授目前对这些仪器都知之甚少。

第一章

确定固体和液体的绝对重量和比重的必要仪器

为确定化学实验中物质的使用量，或确定从化学实验中产生的物质的量，目前最好的方法是通过一个精确制造的梁和天平来对重量进行适当校准，这种众所周知的操作被称为"称重"。用来作为单位或标准的砝码名称和数量极具随意性，不仅在不同的国家，甚至在同一国家的不同省份，以及同一省份的不同城市都存在差异。在商业和技术领域，这种不同具有无穷的意义。但在化学领域，只要实验结果能以相同单位的变换系数来表示，那么采用何种特定的重量单位并不重要。为此目的，在社会上使用的所有重量都统一为相同标准之前，不同地区的化学家可以使用本国通用的"磅"作为单位或标准，并以十进制而不是用现在采用的任意分刻度的方式去表示小数部分。无须知道成分和产品的绝对重量，也不需要计算就能很容易且最准确地确定这些成分和产品的相对比例，所有国家的化学家都将彼此彻底理解。通过这种方式，我们将对化学称重这一部分形成通用的表达方式。

鉴于这个观点，我一直计划将英镑划分为十进制小数点后的分度，最近我在巴黎市天平制造师傅尔谢先生的协助下取得了成功，他以极高的准确性和判断力为我完成并鉴定了这项工作。我建议一切从事实验的人们都应将"磅"作为类似的分刻度，他们将发现这样做只需要很少的十进制小数知识，在应用上也很轻松简单。

由于化学的有效性和精确性完全取决于实验前后成分和产物的重量测定，因此在这部分课题中不能采用太精确的方法。为此，必须配备良好的仪器来实现这一应用。由于在化学过程中常常被迫在一格令或更少的范围内确定大而重的仪器的皮重。因此，我们必须配备由细致的工匠制造的特别精确的横梁，而且这些天平必须始终与实验室分开，并放在某个酸性蒸气或其他腐蚀性液体无法进入的地方，否则天平的准确性会因钢生锈受到破坏。我有三套由方廷先生制造的不同尺寸的精密天平，除了伦敦的拉姆斯顿先生做的天平之外，我认为没有任何人可以在精确度和灵敏度上与之相提并论。最大的一台天平的横梁约3呎长，用于称重达15磅或20磅的重物；第二台适用于称18盎司或20盎司的重物，可以精确到1/10格令；最小的一台只打算用来称约1格罗斯的重物，对5%格令都很灵敏。

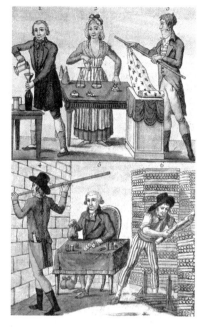

□ **统一的度量衡**

　　法兰西科学院由政府资助，常要求科学家完成某些工作并支付薪水。1790年，法兰西科学院组织委员会负责制定新度量衡系统，参与人员有拉瓦锡、孔多塞、拉格朗日和蒙日等人。1791年，拉瓦锡起草了报告，确定质量标准为千克，密度最大时的1立方分米水的质量为1千克，并主张以地球极点到赤道的距离的1×10^{-7}（约等于1米）为标准，建立米制系统。尽管这种系统的推广在当时受到了很大的阻力，但是今天已经被世界通用。统一的度量衡不仅有利于科学研究，而且促进了商业的公平。

　　除了这些只应用于实验研究的较为精密的天平之外，我们必须配备实验室称量使用的其他一些价格较低的普通天平，一台能称14磅或15磅、精确到半打兰[1]的大铁质天平；一台可以称量8磅或10磅、精确到10格令或12格令的中等量程天平；一台可以称量1磅左右、精确到1格令的小量程天平。

我们还必须为天平配备不同重量的砝码。这些砝码是普通的且是十进制的，制作工艺极为精密，可以通过极精密的天平重复检验和精确试验校正。当然我们需要一些经验并且准确地识别才能够正确使用不同的砝码。精准称量任何特定物质重量的最好方法，就是将其称量两次：一次用磅的十进制刻度；另一次用通常分刻度或普通制刻度。将二者比较后，我们就可获得极高精度的称量结果。

任何物质的比重可理解为该物质的绝对重量除以其大小的商数，或理解为除以任何确定体积的物质的重量所得的商数。为此，我们通常将一定体积的水的重量假定为单位，如为了表示金、硫酸等物质的比重，可以说金是水的19倍，而硫酸是水的2倍，其他物体的比重也是水的若干倍。

以水作为比重单位非常方便，因为要确定物质的比重通常是在水中称量。如果想确定被锤打成扁型、在空气中[2]重8盎司4格罗斯2格令金的比重，那么就用一根细的金属丝将其悬挂在静流天平（hydrostatic balance）的刻度下并完全浸入水中，然后再次称重。在布里松（Brisson）先生的实验中，以这种方式称量的金片重量减少了3格罗斯37格令。显然在水中称量的物体，其所失去的重量恰好等于排出水的重量，即相等体积水的重量。因此，我们可以肯定的是，相等体积的金重4 893格令、水重253格令，转换为以水为单位，得出水的比重为1.000 0，金的比重为19.361 7。我们可以用同样的方式得到所有其他固体物质的比重。除了在处理合金或金属玻璃（非晶合金）

---

〔1〕Dram，重量单位，在常衡中1打兰=1/16盎司或1.8克。

〔2〕参见布里松（Brisson）先生的《论比重》（*Essay upon Specific Gravity*），第5页。——A

时需要确定比重，我们在化学中很少一定要确定固体的比重。但是经常必须弄清液体的比重，因为这项比重往往是判断液体纯度或浓度的唯一方式。

使用静流天平来称量某种固体可以得到液体的比重。例如，用一根非常细的金丝悬挂一个很小的岩石晶体球，先将其悬挂在空气中，然后浸入我们希望确定其比重的液体中。当晶体在液体中称重时，晶体失去的重量与同等体积该液体的重量相等。在水和不同的液体中连续重复这一操作，并通过简易的计算，很快就可以确定这些液体，无论是相对于彼此还是相对于水的比重。但这种方法在测定与水的比重差别很小的液体时就不够精确，或者至少是相当麻烦的，如含矿物质水或其他任何溶化有极少量盐的水。

在一些迄今尚未公开的称重操作中，我使用了一种极为灵敏的仪器，并取得了很多成果。它由一个中空的由黄铜或银制成的筒$Abef$组成，筒底部bef装有压载物锡，如图（图版Ⅶ，图6）所示，将圆筒浸于水罐$lmno$之中。将一根直径不超过3/4吩的银丝杆放在圆筒的上部，在杆顶端装上一只计划用来放置砝码的小杯d，在杆柄上g处作一标记，其用处后面会给出说明。这个圆筒可以制成任何尺寸，准确地说，至少应相当于4磅水的体积。此仪器能装载锡的重量应当是使其差不多在蒸馏水中处于平衡的重量，要不了0.5打兰，或最多不超过1打兰，便能使筒底下沉至杆柄g处。

首先我们必须极精确地确定仪器的重量，以及在确定温度的蒸馏水中使其下降至标记处所必须加上的格令数。然后对希望确定其比重的所有液体实施同样的实验，经过计算，将记录到的差值换算为普通制标准或十进制的立方呎、品脱或磅，并将换算结果与水进行比较。这种方法与使用特定试剂做的实验相结合[1]，就是确定水质量的最好方法之一，甚至能够体现出极精

---

〔1〕关于这些试剂的使用，见伯格曼先生《化学与物理学论集》（*Chemical and Physical Essays*）中的矿物质水的分析相关优秀论文。——E

确的化学分析都无法区别的差异。在未来的某个时期，我将对我本人在水质分析上所做的一系列非常广泛的实验进行阐述。

这些金属的液体比重计只能用于测定仅含有中性盐或碱性物质的水的比重。对于乙醇和其他烈性酒，它们可以用不同重量的压载物来制造。当需要确定酸性液体的比重时，必须使用玻璃的液体比重计[1]（图版Ⅶ，图14）。这种比重计由一个中空的玻璃圆筒*abcf*组成，其下端被密封住，其上端拉拔成一个毛细管*a*，末端是小杯或小盘*d*。这种仪器按照用来检测的液体重量的比例，通过毛细管在圆筒底部导入一定量的汞来做压载物。我们可以把标有刻度的一个小纸条插入毛细管*ad*之中；尽管这些刻度在不同液体中并非精确地与格令的分数相吻合，但小纸条在计算中可能会非常有用。

本章所讲述的内容足以说明关于确定固体和液体绝对重量和比重的方法，而无须进一步说明，因为必备仪器都是众所周知且很容易买到的。但由于本书还没有描述用于测量气体的仪器，因此我将在下一章中对这些仪器作更详细的说明。

---

　[1]在三四年前，我曾见到过本市技艺精湛的工艺家克尼先生为布莱克（Black）博士制造的此类玻璃比重计。——E

第二章

气体的计量法——气态物质重量和体积的测量

第1节　气体化学仪器

法国化学家们最近将气体化学仪器这一名称应用于普利斯特里博士发明的非常简单而巧妙的装置，现在它已成为每个实验室必不可少的装置。此仪器由一个镶有铅皮或镀锡铜皮的水槽组成，水槽的尺寸依照应用环境或大或小，如图版 V 透视图所描绘的那样。图1中，为了更清晰地显示其内部构造，假设将同一个水槽或水箱的两面切割掉。我们在装置图中能分清隔板 $ABCD$（图1和图2）、池底或池体 $FGHI$ 部分（图2）。广口瓶或玻璃钟罩按此深度充满水，并将口朝下翻转，竖立在隔板 $ABCD$ 上（如图版 X，图1中 F 所示）。平面隔板边、池上边的部位称为"边（rim）"或"缘（borders）"。

水槽应该装满水，至少在隔板之上应保持1.5吋的深度，水量应该允许在水槽中的每个方向至少有1呎深的水。这种尺寸大小的水槽完全可以满足一般的实验需要，但为应用方便常常有必要留出更大的空间。因此，我建议那些打算在化学实验中使用它的人，在操作空间允许的情况下尽量把这个仪器做得尺寸更大。我的主水槽能容下4立方呎的水，其隔板表面有14平方呎。我起初认为这个尺寸太大，但现在却常常苦于空间太小而不够用。

在要进行大量实验的实验室里，除了一个可以称为总池（general magazine）的大池之外，还必须配备几个较小的水槽，甚至需要一些移动轻便的水槽，必要时可将它们搬到炉子旁边或任何能够搬到的地方。也有一些操作会把整个装置中的水弄脏，因此这些操作需要在单独的水槽里进行。

毫无疑问，用简易楔形接合的木质水槽或铁水桶比用铅或铜做内衬要便宜得多。我在第一个实验中就是使用由这种方式制作的水槽，但很快就发现了它们的不足。如果水位不能总是保持在同一水平面上，则干燥的楔形木质会收缩，而当要添加更多的水时，水就会从接缝处逸出流失。

我们在这种装置中使用水晶瓶或玻璃钟罩（图版Ⅴ，图9中A）容纳气体；当气体装满时，为了将它们从一个池槽移往另一个池槽；或者当池槽过挤时，为了保存它们，我们使用一个周边有立起的缘或框的平底托盘BC，并有便于携带的两个手柄DE。

经过对不同材料的多次实验，我发现大理石是建造汞气体化学仪器的最佳物质，因为大理石材质完全不受汞的影响，而且不像木材那样容易在连接处断开，也不会让汞液从缝隙中逸出，更不像玻璃或瓷器那样有破碎的风险。取一块约2呎长、15呎或18呎宽、10呎厚的大理石BCDE（图版Ⅴ，图3和图4），如图5处那样在mn处将其凿空至少4呎深作为储汞槽；为能较方便地放置广口瓶，凿一条至少约4呎深的沟TV（图3至图5）；这条沟有时会造成操作不便，可以将薄板插入槽xy（图5）之中，随时将沟盖上。我配置了两种构造尺寸不同的大理石池槽，我总是可以用其中的一个作储汞槽，它保存汞比其他任何容器都安全，既不会翻倒，又不易发生其他事故。如同前面描述的用水在这种装置中操作实验一样，我们在大理石制汞液槽中进行实验操作。但是玻璃钟罩务必具有较小的直径并且非常坚固，也可以使用图7中的广口玻璃管，卖玻璃的人将这些玻璃管称为量气管（Eudiometer）。图5所描绘的竖立在其位置上的是一个玻璃钟罩，而图6所绘的图形是一种叫作广口瓶的容器。

在释放的气体能被水吸收的所有实验中，必须用到汞气体化学实验装置，所有化合物中除了金属化合物之外，尤其是处于发酵等状态中的所有化合物更是如此。

第2节　气量计

由我发明并着人定制的气量计，能够为熔化实验提供均匀、持续氧气流的一种风箱式仪器被命名为气量计（gazometer）。后来我和默斯尼尔先生又对其进行了相当重要的修改和完善，把它变成了可以称为"通用仪器（universal instrument）"的装置，大多数要求精确的实验，没有它几乎是不可能完成的。我们为仪器赋予的名称，表明它是用来测量需检测气体的体积或数量的。

气量计由一个3呎长的坚固铁梁DE组成（图版Ⅷ，图1），在铁梁D和E的两端，同样是用铁制成并且连接得非常牢固的圆片。这根横梁不像普通天平那样悬着，而是靠一个光滑的钢制圆轴F（图9）支撑在两个活动的大摩擦轮上，以此来大大减少因摩擦产生的运动阻力并将其转变成为次级摩擦。作为一个附加的预防措施，用抛光水晶片盖住这两个摩擦轮支撑横梁的圆轴。整个机械装置固定在坚固的木柱BC（图1）顶部。在横梁的D端用一条直链悬着放砝码的天平托盘P，直链与弧nDo的弯曲部分相吻合，并处在一个专门的凹槽中。在横梁的另一端E上有另一条扁平链ikm，这条链要求不能因重量的增加或减少而延长或缩短。扁平链在i处牢固地固定着一个具有三个分支ai、ci和hi的三脚架，这三个分支分别吊着一个倒置的直径约18吋、深约20吋，由锻铜制作而成的大广口瓶A。图版中图1描绘的是气量计整体的机械透视图，图版Ⅸ中图2和图4描绘的是其内部结构的垂直截面图。

在广口瓶底部外围，按固定距离分成标注1、2、3的格子，用来放图版Ⅸ图6中分别标注成1、2、3的铅质砝码。在需要很大压力时，可用这些砝码来增加广口瓶的重量（后面再作详细解释），但这些砝码很少被用到。圆桶广口瓶A的下面de（图版Ⅸ，图4）是完全敞开的，但是其上面用一个铜盖abc密封住，在bf处的开口能用旋塞阀g关闭。从图中可以看出，铜盖置于距广口瓶顶部几吋的地方，以防止广口瓶整体浸入水中被淹没。假如要再次改造气量计，应该把盖子弄得更加平整且近乎达到水平。将广口瓶或气槽置于装满了水的圆桶状铜制容器LMNO（图版Ⅷ，图1）内部。

在圆桶状铜制容器LMNO（图版Ⅸ，图4）的中间放有两根细管st和xy，让两根细管在其上端的ty处彼此接近；细管的长度应比容器LMNO上沿LM高出一点，而且当广口瓶abcde触及底部NO时，其上端应约有0.5吋进入接通旋塞阀g的锥形孔b之中。

图版Ⅸ中图3描绘的是容器LMNO的底部，在其中间焊有一个中空的半球形帽，可以理解成是倒置的漏斗的宽端；st、xy（图4）两根细管在s和x端与球形帽匹配，并且以这种方式与细管mm、nn、oo、pp（图3）接通，这些细管平整地固定在容器的底部，并且全部顶端和球形帽sx连接。其中有三根细管延伸至容器的外面，如图版Ⅷ中图1所示。图中标注1、2、3的第一根细管，在标注为3的一端插入中间旋塞阀4，使之与广口瓶V接通，广口瓶A位于小型气体化学装置GHIK的隔板上，GHIK的内部如图版Ⅸ中图1所示。第二根细管从6至7处紧靠容器LMNO的外侧，延伸至8、9、10处，并且在11处与广口瓶V的下面接通。前一根细管是计划用来把气体输送至装置中的，而后一根细管则是计划用来向广口瓶中输送供实验用的少量气体。气体将根据其接收的压力程度流入或流出机器，在天平盘P上任意增加或减少砝码载重来改变压力。当气体被引入装置中时，压力就降低，甚至变为负压；但当要排出气体时，就要施加必要的额外压力。

第三根细管12、13、14、15计划用来将空气或其他气体送至必要的地方或装置，以进行燃烧、化合或者任何其他需要空气的实验装置中。

要解释第四个管子的用途，我们有必要进行如下讨论：假设容器LMNO

（图版Ⅷ，图1）装满了水，广口瓶A中部分充气、部分装水；显然，托盘P中的砝码可以校准到使盘的重量与广口瓶的重量严格处于平衡，这样可以防止外面的空气进入广口瓶，而且气体也不能从广口瓶逸出。在这种情况下，广口瓶内外的水都将完全处于同一水平面。假如托盘P中的重量相反地被减少后因自身重力而向下压，水位在广口瓶内将比在广口瓶外低。在这种情况下，广口瓶中包含的空气或气体受压缩的程度就将超过外部空气所受压缩的程度，超过的程度正好与水柱的重量成比例并等于内外水面液位之差。默斯尼尔先生也考虑到了这些因素，于是设计了一种确定广口瓶中所容纳的空气在任何时候所受压力程度的方法。为此，他使用一个玻璃制双虹吸管19、20、21、22、23，并在19和23处黏合牢固。虹吸管的末端19与仪器外部容器中的水自由连通，末端23与圆柱形容器底部的第四根细管相通，可依靠垂直的细管st（图版Ⅸ，图4）与广口瓶中所容纳的空气接通。他还在16这个部位（图版Ⅷ，图1）黏合了另一根玻璃管16、17、18，让此管与外面的容器LMNO中的水接通，在其上端18处与外面的空气接通。

　　通过这几项设计可以看出，水在细管16、17、18中必须与蓄水池LMNO中的水保持在同一水平位；因为随着广口瓶中的空气所受到的压力比外部空气所受到的压力或大或小，水位在支管19、20、21中必须处于或高或低的液位。为了确定水液位的差值，将一个以时和吩刻度为单位的黄铜刻度尺固定在这两根细管之间。我们很容易理解，由于空气和所有其他弹性流体都必须通过压缩来增加重量，因此只有了解它们的收缩程度才能够计算它们的数量，并将它们的体积转化为相应的重量；现在描述的这个装置就是为了实现这一目标。

　　但是要确定空气或气体的比重，并确定它们在已知体积中的重量，就必须知道它们的温度以及它们所受压力的大小。这可以通过一个小的温度计来实现，该温度计被牢固地固定在一个黄铜夹头中，而黄铜夹头被拧固在广口瓶A的瓶盖上。图版Ⅷ中图10描绘的便是这个温度计，图版Ⅷ中图1和图版Ⅸ中图4的24、25描绘了它所处的位置。水银球处于广口瓶A的内部，刻度杆要高出到盖子的外面。

如果没有比上面描述得更多的预防措施，实践气量法的过程仍然存在相当多的困难。当广口瓶A沉入LMNO蓄水池的水中时，广口瓶的重量必定等于它排出水的重量。因此，广口瓶对所容纳空气或气体的压缩必然成比例地减少。由于气体的比重在实验过程中不断减少，气量计在最后与开始所提供的气体不具有相同的密度。密度差异确实可以通过计算来确定，但这样做会引入数学核算，从而使气量计的使用变得既麻烦又困难。默斯尼尔先生通过以下设计解决了这种不便。将一根方形铁杆 26、27（图版Ⅷ，图1）垂直并高于横梁DE 的中间。此杆穿过中空的铜盒28，可由敞口向铜盒中加铅。铜盒被设计成可以依靠在齿轨上面运动的齿轮沿铁杆滑动，使铜盒升高或下降，并选择适当的位置将其固定。

当杠杆或横梁DE处于水平状态时，不会向任何一侧倾斜；但是当广口瓶A沉入池槽LMNO，使横梁向一侧倾斜时，显然灌了铅的铜盒28就必然越过支承中心，向广口瓶一侧倾斜，并增加它对所盛空气的压力。当铜盒向27方向提升时，这个比例就会增加，因为同样的重量所施加的力量与它所作用的杠杆长度成正比。因此，沿杆26、27移动铜盒28，我们就可以增加或减少它对罐子压力的校正；经验和计算都表明，这可以非常准确地补偿广口瓶在所有压力程度下的重量损失。

到目前为止，我还没有来得及对气量计用途的最重要部分进行解释，即如何用它来确定实验中提供的空气或气体的量。要极精确地确定气体的量，以及由实验装置给气量计提供的气体量，我们已将刻分成度和半度的铜扇lm固定在横梁E（图版Ⅷ，图1）臂终端的弧上，因此铜扇能与横梁一起运动；用固定的指针29、30测量横梁这一端的降低，该指针在其终端30有一个指示

1/100度的游标（nonius）。

上述仪器的不同组件的全部细节在图版Ⅷ中描述如下：

图2是德·沃康松先生发明的，用来悬挂图1中的天平盘或托盘P的扁平直链；由于这种链条会随着负载的增加或减少变长或变短，因此它不适合悬挂图1中的广口瓶A。

图5是挂载图1中的广口瓶A的链ikm。这种链条完全是由磨光了的铁板彼此交错并用铁梢固定制成的。这种链条不会因其能够支撑的任何重量而有任何程度的延长。

图6是用来将广口瓶A挂在天平上的三脚架或三分岔蹬形架，可用螺钉将其固定在某个精确垂直的位置上。

图3中的铁杆26、27，与铜盒28一起垂直于横梁的中心固定。

图7和图8是摩擦轮，带有水晶片Z作为接触点，可避免天平横梁轴的摩擦。

图4是支撑摩擦轮轴的金属片。

图9是杠杆或横梁的中部，以及其可在上面移动的轴。

图10是测定广口瓶中所盛空气或测定气体温度的温度计。

使用气量计时，要在池槽或外部容器LMNO（图版Ⅷ，图1）中把水灌至一定的高度，并要求高度应当在所有实验中都相同。应当在天平横梁处于水平状态时测量水位；当广口瓶处于池槽底部时，由于排水导致水位升高并随广口瓶升至其最高处而降低。然后重复实验，尽量确定铜盒28必须固定在什么高度，可使压力在横梁所处的一切情况之下都相等。由于这种校正并非绝对精确，应该讲差不多就可以了，甚或半分的差别影响几乎可以忽略。铜盒28的高度对于每一个压力程度来说都不一样，根据这个高度是1吋、2吋、3吋或更多而变化。所有这些都应以严格的顺序和精度进行记录。

接下来我们取一个能装8品脱或10品脱水的瓶子，通过称量它能装的水量可以非常准确地确定它的容量。将此瓶翻转底朝上，在气体化学装置*GHIK*（图1）的池槽中充满水，将其口置于装置的隔板上代替玻璃广口瓶*V*，将细管7、8、9、10、11中的11这一端插入瓶口中。将仪器稳固在压力为零的状态，仔细观察指针30在扇面*ml*上所指示的度数；然后打开旋塞阀8，稍用力压住广口瓶*A*，迫使空气完全充满瓶子。马上观察指针在扇面上指示的度数，并且计算与每一刻度相对应的立方吋数。然后，谨慎地以同样的方式装满第二个、第三个等几个瓶子，甚至用不同大小的瓶子重复同样的操作若干次，直至最后精确计算广口瓶*A*所有部位的确切尺寸或容量；但最好是一开始就准确地制成圆柱形，这样就可以避免重复计算和估值。

我所描述的气量计是由工程师和机械仪器制造商小梅格尼先生以极高的准确性和精湛的技术制造的。它是一种价值极高的仪器，适用于多种实验。事实上，要是没有它，许多实验几乎都不可能完成。在许多实验中，比如，在生成如水和硝酸的实验中，我一定会使用两台相同的仪器，因此这就使实验成本变得非常高。在目前先进的化学状态下，要分析确定化合物的数量和比例，非常昂贵和复杂的仪器是确保精度必不可少的。尽量简化这些仪器并降低其费用当然很好；但这绝不应当以牺牲应用的便利性为代价，更不能以牺牲其准确性为代价。

第3节　测量气体体积的其他几种方法

上一节中描述的气量计显得如此昂贵和复杂，它无法普遍地在实验室中应用，甚至无法适用于此类的所有情况。在众多不同类型的实验中，必须采用更简单和更易适用的方法。本节将描述我在拥有气量计以前所使用的，且在日常实验过程中优先使用的方法。

假设在一次实验之后，有一种既不能被碱吸收也不能被水吸收的气体残留在广口瓶*AEF*的上部（图版Ⅳ，图3），我们想要知道这种残留气体的量。首先必须将标签纸分成若干等份，并围贴在广口瓶上，以极精确地标明汞或水在广口瓶中所升到的高度。如果我们一直用汞液操作实验，那么我们就将汞液从广口瓶中置换出来，然后从灌入水开始。这种置换易于通过装满水的瓶子来完成，用手指挡住瓶口并翻转过来，把瓶口伸到广口瓶的边缘下面；然后再次向下转动瓶体，让汞液在重力的作用下落入瓶中，而水在广口瓶中上升并取代了汞液所占据的空间。在置换完成后，将水注入池槽*ABCD*，直至使汞液面上的水保持约1吋深；然后将托盘*BC*（图版Ⅴ，图9）放到广口瓶之下，并将其移到池槽（图版Ⅴ，图1和图2）中。这时把气体转入到另一个广口瓶之中，广口瓶已按照后面要描述的方式标上了刻度；这样我们就可以通过气体在有刻度的广口瓶里所占有的刻度数来判断其数量或体积。

还有另一种确定气体体积的方法，这种方法既可以替代上述方法，又可以用作对上述方法的校正或验证。将空气或气体从用标签纸作标记的第一个广口瓶转入刻有标度的广口瓶中后，将刻有标度的广口瓶瓶口翻转，将水准确地注入至标记*EF*（图版Ⅳ，图3）处。称量水的重量，可以确定它所包含的空气或气体的体积，法衡制每70磅可折算成1立方呎或1 728立方吋体积的水。

通过给广口瓶刻标度的方式来确定气体体积相对简单，我们应当准备几个不同尺寸的广口瓶，甚至为避免意外，每种尺寸的都多准备几个。在池槽（图版Ⅴ，图1）中充满水，取一个又高又细并且坚固的玻璃广口瓶置于隔板*ABCD*上；我们应该总是在隔板上的同一个地方进行这一操作，这样隔板的高度可能总是完全相同，这样几乎可以避免这个过程唯一可能出现的操作误差。再取一个刚好能装得下6盎司3格罗斯61格令水，相当于10立方吋的细口管形瓶。如果没有正好这么大的管形瓶，就挑一个容积稍大一点的，并滴入一些熔蜡或松香将其容量减小至需要的大小。这个管形瓶是用作校正广口瓶容积的标准瓶。让此瓶中所容纳的空气进入广口瓶中，在水下降到正好到达的地方作一个标记；再加一瓶空气并记下准确水位，如此反复操作直到所有的水被移出。在操作过程中十分重要的是，管形瓶和广口瓶的温度与池槽中的水要保持相同；为此，必须尽可能地避免将手放在二者中的任何一个上。如果怀疑它们自身温度较高，请务必用池槽中的水进行冷却。气压计和温度计的高度对实验过程没有任何影响。

每次在瓶子上确定了10立方吋的标记后，就用钻石刻刀在瓶子的一个侧面标上刻度。对玻璃管也以同样的方式刻上标记，以方便在汞液装置中使用，不过它们必须用立方吋和1/10立方吋为分刻度单位进行划分。用来校准这些玻璃管的量瓶必须能容纳8盎司6格罗斯25格令的汞液，即正好相当于1立方英吋的金属汞液。

用标有刻度的广口瓶来确定空气或气体体积的方法，具有不需要校正广口瓶内和池槽中水面液位差的优点；但它需要对气压计和温度计的高度进行校正。但当我们通过称重广口瓶在标记 EF（图版Ⅳ，图3）以下能容纳的水量来确定空气的体积时，就有必要进一步校正池槽中的水面与广口瓶内水上升的液位差。对于这些，我将在本章的第五节中加以说明。

第4节　分离不同气体的方法

由于实验经常产生两种、三种或更多种类的气体，因此必须将它们彼此分离，以便确定每种气体的量和种类。比如，在广口瓶 A（图版Ⅳ，图3）下面且处于汞液的上面容纳有一些混合气体；如前所述，我首先用标签纸给汞液在玻璃瓶中所处的高度作标记；然后将约1立方吋的水灌入广口瓶中，水将浮在汞液面上。如果气体混合物含有一定量的盐酸气或亚硫酸气，由于这两种气体，尤其是前者具有与水结合或被水吸收的强烈倾向，因此会迅速消失。如果水只是少量吸收几乎不同于其自身体积的气体，那么就能断定该混合物既不含盐酸气、硫酸气，也不含氨气，而可能是含有碳酸气，因水只能吸收等同其自身体积的碳酸气。为了验证这一猜测，我们可加入一些苛性碱溶液，碳酸气将会在几小时之内被吸收完全；碳酸气与苛性碱或草碱化合，剩下的气体几乎没有任何明显的碳酸气体残留。

每进行一次这种实验，我们必须仔细地贴上标签纸，注明汞液在广口瓶内所处的高度，标签纸干燥后涂上清漆，以便它们在置于水装置中时不会被冲洗掉。同样，我们有必要在每次实验结束后记录池槽中和广口瓶中的汞液面之差，以及气压计和温度计的高度。

当所有能被水和草碱吸收的气体都被吸收后，让水进入广口瓶取代汞液；如前一节所述，池槽中的汞液会被1～2吋深的水覆盖。再用平底托盘BC（图版Ⅴ，图9）将广口瓶移入水装置中；剩下的气体的量要通过把它换到一个有刻度的广口瓶中来确定。此后，在小广口瓶中通过初步实验验证并确定这种气体的性质。例如，将一支点燃的小蜡烛插入充满气体的小广口瓶（图版Ⅴ，图8）中；如果小蜡烛未立即熄灭，就判定该气体中含有氧气；而且根据火焰的亮度还可以判断它所含的氧气是高于还是低于空气中的含氧量。相反，如果小蜡烛立即熄灭，我们就有充分的理由推断，残留气体主要由氮气组成。如果蜡烛靠近气体就着火，并且在表面以稳定的白色火焰燃烧，我们就能断定，它大概是纯氢气；如果火焰是蓝色的，我们就能断定，它是由碳化氢气组成；如果它突然爆燃着火，那么它就是氧气和氢气的混合物。此外，如果一份残留气体与氧气混合产生红烟，就能判断出它含有亚硝气。

借助于这些进行初步实验，我们能对气体的特性和混合物的性质有一些大致的了解，但不足以确定它所包含几种气体的比例和量。为此，我们有必要采用所有可能的分析方法；而且为了正确指导这些方法，事先近似分析上述方法是非常有益的。假如已经知道残留气体是由氧气和氮气混合组成，我们就把一定的量即100份放进一个10吋或12吋刻度直径的刻度管中，导入硫

□ 一个有关电的恶作剧

18世纪的科学家们已经开始将电火花应用于自己的实验。这是一个有关电的恶作剧：一个带电的男孩被吊在天花板上，右边一位女士正从他的鼻子上提取电火花。

化草碱溶液与气体接触并在一起放置数天；硫化草碱吸收了全部的氧气，留下的就是纯氮气。

如果已知它含有氢气，我们就把一定量的残留气体与已知比例的氢气一起导入伏打（volta）量气管中；用电火花使它们一起爆燃；逐次加入另外的氧气，直至不再发生爆燃，并使残留气体发生最大可能的体积减少。这一过程形成的水会立即被装置的水吸收；如果氢气中含有碳，则能同时形成碳酸气体，而这些碳酸气体并不像水那样被迅速吸收；如果通过搅拌帮助其吸收，它的量就很容易确定。如果残留气体中含有亚硝气，那么加氧气与之化合成为硝酸，几乎可以从这种混合物产生的体积减少量来确定亚硝气的量。

我只列举了几个气体分离的普通例子，这些例子足以让人了解这种操作；其实，一整本书也无法详尽每一种可能的情况。因此，我们有必要通过长期的经验来熟悉气体的分析。我们甚至必须承认，大多数气体间存在非常强的亲和力，以至于我们并不能总有把握将它们完全分离。在这些情况下，我们必须从各种可能的角度来改变实验方法，在化合物中加入新的试剂，且尽量防止加入不必要的试剂，继续进行实验，直到我们确信得出的结论真实和准确为止。

第5节 根据大气压力对气体体积进行必要的校正

所有弹性流体的可压缩性或可凝结性都与它们所承受的重量成正比。也许这个由一般经验确定的定律，使这些流体在处于几乎足以使其降至液态的凝结程度，或处于极度稀薄或凝结状态时可能会出现一些例外现象；但我们提交给实验分析的大多数气体很少接近这两个极限中的任意一个。我对气体的可压缩性与承受重物产生的压力成正比这一命题的理解如下：

气压计是一种众所周知的仪器，严格说来是一种虹吸管*ABCD*（图版XII，图16），其*AB*支管盛满汞液，而*CD*支管则充满空气。如果我们假设支管*CD*能无限延伸直至它与大气的高度相同，很容易就可以想象到气压计实际上就是一台天平，其中的汞柱与相同重量的空气柱完全处于平衡状态。但我们没有必要将支管*CD*延长到大气高度，将气压计暴露于空气之中。显然，汞柱*AB*将同样与相同直径的空气柱处于平衡状态，只不过支管*CD*在*C*处被截断并将*CD*部分完全去掉。

与从大气的最高处到地球表面的空气柱重量相平衡的汞柱平均高度，在巴黎市的较低地面区域大约是法制28吋（French inch）；或者换句话说，巴黎的地表空气通常被相当于28吋高汞柱的重量所压制。对在本书各处中谈到的不同气体，我必须以这种方式理解：例如，当说1立方呎的氧气重1盎司4格罗斯时，是指在28吋汞柱的压力下得到的氧气标准重量。在空气压力的支持下，气压计汞柱的高度随着我们高于地球表面，或者说高于海平面的高度而减少，因为气压计汞柱只能与它上面的空气柱形成平衡，但不受低于其水平高度的空气压力的任何影响。

汞柱是以什么比例随海拔高度下降的呢？或不同的大气层是按什么定律或比率在密度上降低的呢？这个让17世纪的自然哲学家们冥思苦想的问题，我们可以通过以下实验来阐明。

如果我们把玻璃虹吸管 *ABCDE*（图版Ⅻ，图17）的*E*端密封、*A*端敞开，导入几滴汞液阻断支管 *AB* 与支管 *BE* 之间的空气流通，那么 *BCDE* 中所含的空气显然就与所有周围的空气一样，受到与28吋汞柱相等的空气柱重量的压力。如果我们往支管 *AB* 中注入28吋的汞液，显然支管 *BCDE* 中的空气就将受到两倍28吋的汞柱压力，或两倍大气重量的压力。这种情况下的经验表明，所含空气柱不是充满从 *B* 到 *E* 段的细管空间，而是只占据从 *C* 到 *E* 段的空间，即正好是它以前所占空间的一半。如果我们往支管 *AB* 中最初的汞柱上另外再加两个28吋汞柱，则支管 *BCDE* 中的空气就将受四倍大气重量的压力，即四倍28吋汞柱重量的压力，那么空气柱就只会充满从 *D* 到 *E* 段的细管空间，正好是它在实验开始时所占空间的1/4。从这些可以无限变化的实验中，已经推理出一条似乎可适用于所有永久弹性流体的一般自然定律，即弹性流体的体积与压在其上的重量成反比；换而言之，"所有弹性流体的体积与压缩它们的重量成反比"。

使用气压计测量山脉高度的实验证实了这些推论的真实性。即使假设气压计在某种程度上还不够精确，这些差异也极小，以至于在化学实验中可以忽略不计。假如能够充分理解这条弹性流体的压缩定律，我们就可以很容易地适用于气体体积与压力关系的气体化学实验中的必要校正。这些校正有两种：一种与气压计的变化有关；另一种则是针对池槽中的水柱或汞柱的。我将尽力用示例来解释这些，先从最简单的情况开始。

假设有100立方吋的氧气，氧气处于温度计的10°（54.5°）和气压计的28吋6吩，需要知道这100立方吋的气体在28吋[1]的压力下会占有多大体

---

〔1〕根据法尺与英尺之间给定的114∶107的比例，法制气压计的28吋等于英制气压计的29.83吋。在附录中你将会找到将本书中所使用的法制衡量和度量换算成为相应的英制单位的介绍。——E

积，以及气压计为100吋时氧气的确切重量是多少？让未知的体积，或者说这种气体在气压计28吋时将占据的立方吋数用x来表示；由于体积与压在其上的重量成反比，因此我们有以下表达：100立方吋与x成反比，28.5吋的压力对比28.0吋的压力也一样。或者直接表示为：在气压计为28吋压力时，$28:28.5::100:x=101.786$立方吋；即同样的气体或空气在气压计为28.5吋压力时占有100立方吋的体积，在气压计为28吋时将占据101.786立方吋体积。同样容易计算占据100立方吋的这种气体在28.5吋气压计压力下的重量；例如，由于它相当于压力为28吋的101.786立方吋，在此压力和温度为10°（54.5°）时每立方吋氧气重半格令；由此得出，在28.5吋气压计压力下，100立方吋必定重50.893格令。这个结果本来可以更直接得出，因为，既然弹性流体的体积与它们的压力成反比，其重量必定就与同样的压力成正比；所以，由于在28吋压力下100立方吋气体重50格令，于是我们就用以下表达来确定气压计在28.5吋压力下100立方吋同样气体的重量，$28:50::28.5$：未知量x=50.893格令。

　　下列实例较为复杂。假设广口瓶 A（图版Ⅻ，图18）的上面部分ACD盛有一定量的气体，广口瓶CD以下部分装满汞液，整个广口瓶竖立于汞盆或汞槽$GHIK$之中，向槽内加汞至EF，并假设广口瓶中CD汞液面与池中汞液面EF之差为6吋，而气压计读数为27.5吋。从这些数据可以看出，ACD中所含气体受大气压力，大气压力因汞柱CE的重量而减少，即减少了气压计21.5（27.5~27.6吋）吋的压力。因此，此气体受压小于大气处于气压计的普通高度时所受的压力，所以它所占据的体积就比它在处于普通压力下占有的体积大，而差值恰恰就与压力的差值成正比。如果测量ACD发现气体体积是120立方吋的话，那么体积必须换算成在28吋的普通压力下所占有的体积。可由以下表达表示：$120:x$（未知体积）$::21.5:28$（反比）；这就可以得出，x=（120×21.5）立方吋/28=92.143立方吋。

在这些计算中，我们可以将气压计中汞的高度以及广口瓶和槽池中的液位差换算成为吩或时的十进制小数；但我更倾向于使用更易于计算的后者。这些经常出现在运算中的简化算法用起来非常方便，我已经在附录中给出了一个表格，将刻度吩和吩的小数换算成为时的十进制小数。

在借助水装置进行实验时，考虑到广口瓶里的水高于槽池内的水面的高度，并留有一定的余地，我们必须进行类似的校正以获得严格准确的结果。但由于大气压在汞气压计上的刻度是用时和吩表示的，而且单位统一才能一起计算；因此必须把记录到水液位差的时数和吩数换算成汞柱的相应高度。假设汞的比重是水的13.568 1倍，我已经在附录中给出了供这种换算用的列表。

第6节　温度计度数的相关校正

在确定气体的重量时，除了按照上一节内容所指出的那样，要将这些气体换算为气压计压力的平均值之外，我们必须将它们换算为标准的温度计温度；因为所有弹性流体在任何确定体积中的重量都会因热胀冷缩而产生相当大的变化。由于10°（54.5°）的温度是介于夏季的热和冬季的冷中间的温度，也是地下场所在所有季节中最易于接近的温度，因此我选择此温度作为计算空气或气体体积还原时的平均温度定值。

德·吕克先生发现，在水的凝固点和沸点温度之间等分成81个温度值的汞柱温度计，每升高一度，大气中的空气因膨胀而增加1/215份体积。对于这两点之间分成80个温度值的列氏温度计的每一度来说，是增加1/211份。蒙日先生的实验似乎表明，氢气的体积膨胀较小，他认为它只膨胀了1/180份体积。我们目前还没有公布任何关于其他气体膨胀率的精确实验；但从已经进行的实验来看，气体的膨胀率似乎与大气中空气的膨胀率差别很小。因此，直至进一步的实验为我们提供关于这个主题的更好证据为止，对于温度计每升高一度，我都应当认为大气膨胀增加1/210份，氢气膨胀1/190份。但是，由于这些数值仍然存在极大的不确定性，我们应该始终在尽可能接近10°（54.5°）的标准温度下进行操作，通过这种方式，将气体的重量或体积计算还原到同一标准过程中出现的任何误差，都将变得无关紧要了。

这种校正值的计算非常简单。将记录下的空气体积除以210，然后将商值乘以高于或低于10°（54.5°）的温度度数。当实际温度高于标准温度时，这一校正结果为负值，低于标准时为正值。对照对数表，这类计算将变得更加简便[1]了。

第7节 计算与压力和温度变化相关的校正例子

例 子

水装置中直立的广口瓶 *A*（图版Ⅵ，图3）中，装有体积为353立方吋的空气，广口瓶内水液面*EF*处于池槽中水面之上4吋，气压计读数为法制单位27吋$9\frac{1}{2}$吩，温度计处于15°（65.75°）。磷在空气中燃烧并生成了一定量的固体磷酸，燃烧后的空气体积占295立方吋，广口瓶中的水位处于池槽中的水位之上7吋处，气压计读数为27吋$9\frac{1}{2}$吩，温度计处于16°（68°）。要求从这些数据中确定燃烧前后的实际空气量，以及燃烧过程中吸收的空气量。

---

〔1〕当使用华氏温度计时，每一度引起的膨胀必定较小，即按1∶2.25，因为列氏温标的每一度相当于华氏温度2.25°；所以，我们必须除以472.5，再按以上所述完成其余计算。——E

燃烧前的计算

燃烧前广口瓶中的空气体积是353立方吋，但气压计读数为法制单位27吋9$\frac{1}{2}$吩，由附表（一）将此压力换算成十进制小数是 27.791 67吋；我们必须从中减去4$\frac{1}{2}$吋的水液位差，根据附表（二）相当于气压计的0.331 66吋；因此广口瓶中空气的实际压力是27.460 01吋。由于弹性流体的体积减少量与受到的压力成反比，将353立方吋体积还原到空气在28吋气压下所占的体积可用下面方式表达。

353∶x（未知体积）∷27.460 01∶28。于是得到，x=346.192立方吋，该值就是同等量的空气在气压计为28吋压力时所占的体积数。

校正后体积的1/210份是1.65立方吋，由此得出在标准温度之上的每五度来说，体积膨胀增加8.25立方吋；但由于此校正值为负数，因此，空气在燃烧前校正后的实际体积是 337.942立方吋。

燃烧后的计算

对燃烧后的空气体积作类似计算，我们可发现其气压计压力值为：27.770 83 – 0.515 93=27.254 90。因此，得到在28吋压力下空气的体积为：295∶x∷27.770 83∶28（反比），即x=287.150立方吋。校正后的体积是1.368立方吋，再乘以6度的温度差，就得到该温度的负校正值为 8.208，燃烧后剩余空气校正后的实际体积为278.942立方吋。

计算结果

燃烧前气体的校正后体积：337.942立方吋

燃烧后剩余气体校正后体积：278.942立方吋

燃烧过程中吸收的气体体积：59.000立方吋

第8节　不同气体绝对重量的确定方法

取一个能盛17品脱或18品脱或半立方呎的大号球形瓶*A*（图版Ⅴ，图10），将一个黄铜帽*bcde*牢固地固定在球形瓶的瓶颈上，黄铜帽上用紧固螺钉固定细管和旋塞阀*fg*。此装置用图12中单独描绘的双杆螺丝与图10中的广口瓶*BCD*连接，广口瓶的容积必须比球形瓶容积大若干品脱。广口瓶顶部开口，配有黄铜帽*hi*和旋塞阀*lm*。图11单独描绘的是其中的一个旋塞阀。

首先我们要确定球形瓶的确切容量，将空球形瓶称量后装满水，并再次称量。排空水后用一块布从瓶颈*de*插入并擦干水分，最后用空气泵抽1次或2次以除尽残余的水汽。

当要确定任何气体的重量时，按以下所述方法使用此装置：用旋塞阀*fg*的螺丝将球形瓶*A*固定到空气泵的接板上并打开旋塞阀；球形瓶内的气体要尽可能完全抽尽，并通过空气泵上的气压计仔细观察抽空的程度。形成真空后关闭旋塞阀*fg*，严格确定球形瓶的精确重量。然后将其固定到广口瓶*BCD*上，假设将广口瓶置于气体化学装置（图1）隔板上的水中；广口瓶要装满打算称量的气体，打开旋塞阀*fg*和*lm*后让气体上升进入球形瓶，同时池槽中的水上升并进入广口瓶。为避免极麻烦的校正计算，在操作第一部分时有必要将广口瓶沉入池槽中至瓶内和瓶外的液位完全一致。再次关闭旋塞阀，将球形瓶从与广口瓶的连接处旋开取下并仔细称重；此重量与抽空了的球形瓶的重量之差，就是球形瓶中所盛空气或气体的精确重量。将此重量乘以1 728，即乘以1立方呎中的立方时数，再将乘积值除以球形瓶中所容立方时数；得到的商值就是用来做实验的1立方时体积气体或空气的重量。

在上述实验过程中，必须准确地记录气压计的高度和温度计的温度。如前一节所指出的那样，体积是1立方呎气体的可根据这些数据很容易地校正为28时标准压力和10°标准温度时的最终重量。必须注意形成真空之后留在球形瓶中的少量空气，这很容易通过连接在气泵上的气压计来确定。例如，如果该气压计保持在真空形成之前它所处高度的1%处，我们就可以得出结论：原来所含空气的1%仍然留在气球中。因此，只有体积的99%气体从广口瓶进到球形瓶中。

第三章

量热仪——热素测量仪器的说明

量热仪，即测量物体中所含相对热量的仪器，是由德·拉普拉斯先生和我在1780年《科学院文集》的第355页论文中所介绍，本章内容中的数据就是从该文中摘录。

如果将任何已冷却到凝固点的物体置于25°（88.25°）的大气环境中，那么该物体将会由表向里逐渐变热，直至最终它获得与周围空气相同的温度。如果将一块冰置于同样的环境下，情况就完全不同了；冰块的温度一点都不接近周围空气的温度，而是持续地处于列氏零度（32°，即冰融化的温度），直至最后一点冰全部融化。

这种现象很容易解释：因为要融化冰或将其还原为水的状态，需要与一定量的热素结合；从周围物体中吸收来的全部热素，在它被用来融化冰块的表面或外层被阻止或固定，并与冰面结合后形成水。下一批的热素与第二层冰面结合将再次使冰融化为水，如此持续下去，直到整个冰与热素结合融化或转化为水，最后微量的冰仍保持以前的温度。只要有任何中间的冰仍未融化，热素就永远不会渗透整块冰。

根据这些原理，我们设想有一个温度为列氏零度（32°）的中空冰球正处于10°（54.5°）的大气中，盛有处于结冰温度以上任何温度的某种物质，我们便可以看到：第一，外部大气中的热素不能渗透进冰球的内部中空；第二，置于冰球之中的物体的热不能超越冰球渗逸出去，但将停留在冰球内表

□ 拉瓦锡量热仪（仿制品）

1780年，拉瓦锡和德·拉普拉斯研制出了世界上第一台量热仪。拉瓦锡认为，动物的呼吸作用也是一种氧化，并断定动物体内的热量来自氧化作用。他将一只小鼠放到一个冰桶内，为了防止热量向外界散失，冰桶的外部包裹一层冰水混合物。小鼠产生的热量将冰融化成水，再测定下部烧杯中获得的水即可推算出小鼠释放的热量。同时，小鼠呼出的二氧化碳的量也能被测出。

面用来不断融化冰层，直至超过列氏零度（32°）的所有过量热素都被冰夺走，并使物体的温度降至列氏零度（32°）。如果仔细收集所盛物体温度降至零度的过程中冰球内形成的全部水，那么这些水的重量将正好与物体在从其原来的温度降为凝固点温度的过程中所失去的热素量成比例。冰的融化量是衡量产生融化效果所使用热素量的一个非常准确的标准，也是唯一衡量可能提供融化效果物质所损失热素量的标准。

我对在一个空心冰球中发生的情况作了这样的假设，是为了能更通俗地解释拉普拉斯先生首先设想出的在这种实验中所采用的方法。要得到这样的冰球很困难，就算得到了使用也不方便。但是下面的仪器已经弥补了这个缺陷。"量热仪（calorimeter）"这个名词部分来自希腊语，部分来自拉丁语。我承认这样给仪器命名会受到一定程度的非议。但是在科学问题上为了使概念明确，可以接受稍微偏离严格的词源。而且这个名字不能完全从希腊语中得出，且与其他应用已知的仪器名称完全不相关的也不是我的首选。

图版Ⅵ中所描绘的便是量热仪，其透视图如图1所示。其内部结构水平截面刻在图2中，垂直剖面在图3中。其容积或空腔可分为三个部分，为了更好区分，我把它们称作内腔、中腔和外腔。将用来做实验的物质放入内腔 *ffff*（图4）中，内腔由用数根铁棒支撑的铁丝格栅或铁丝笼组成；其腔口 *LM*

用相同材料制作的盖子HG盖住。中腔$bbbb$（图2和图3）用来盛装包围内腔的冰，这些冰将被实验中使用物质的热素所融化。冰由腔底部格栅mm'支撑，其下放置筛布nn'，这两者分别描绘在图5和图6中。

置于内腔中的物体释放的热素使中腔装着的冰按比例融化，水穿过格栅和筛布并通过圆锥形漏斗ccd（图3）落入容器F（图1）之中。这些水可以用旋塞阀u随时保留或排出。外腔$aaaa$（图2和图3）充填满冰，以防止来自周围空气的热素对中腔中的冰有任何影响，由外腔内冰融化产生的水可通过用旋塞阀r关闭的细管ST排出。整个仪器用盖子FF'（图7）盖住，盖子用锡做成并刷有防锈油漆。

在使用这个仪器时，中腔$bbbb$（图2和图3）、内腔盖GH（图4）、外腔$aaaa$（图2和图3）以及总盖FF'（图7）都要填满碎冰并且塞紧，以免留下任何空隙，中腔的冰则任其耗尽。然后打开仪器将用来做实验的物质放入内腔并迅速将其闭合。待所盛物体完全冷却至凝固点，中腔内的冰不再继续融化之后，精确称量容器F（图1）中所收集的水。实验过程中产生的水的重量，就是所盛物体冷却过程中释放出热素的确切量，因为这种物质显然与前面提及的包含在中空冰球中的物质处于相同的情况。释放出的全部热素被中腔中的冰所阻挡，这些冰依靠总盖FF'（图7）和外腔装有的冰而免受其他热物质的影响。这种实验会持续15～20个小时，如排水设计得很好，有时会用冰块覆盖内腔物质来加速其冷却而缩短实验时间。

把要处理的物质放进薄铁桶（图8）中，桶口配有内部装着一个小温度计的软木塞。如果要使用酸或有害于仪器金属的其他液体，我们要先将它们装入长颈蒸馏瓶（图9）中，为瓶口配备的软木塞中有一个较小的温度计，蒸馏瓶竖立于小圆筒支座RS（图10）上的内腔之中。

量热仪的外腔和中腔间必须隔断，否则外腔内的冰受到周围空气的影响而使融化的水与中腔的冰融化产生的水混合一起，而这些水将不再是对提交实验的物质所损失热素量的度量。

当环境的温度只有凝固点之上几度时，其热由于受到盖子（图7）和外腔的冰的阻隔而几乎不能到达中腔；但是，如果空气的温度在凝固点温度以下，就会引起外腔中的冰首先降温至列氏零度（32°）下，进而使中腔中装有的冰冷却至更低的温度。因此，这个实验必须在凝固点温度以上的环境温度中进行；因此在冰冻季节，量热仪必须保存在温度稳定的房间里。使用的冰务必不能处于列氏零度（32°）下，必须把冰敲碎并在温度较高的地方薄薄地铺开放置一段时间。

内腔的冰总是保留有一定量的水附着在其表面，可以假定这些水属于实验的一种结果。在每次实验开始时，冰面已经被它所能容纳的水饱和，如果任何由热素产生的水仍然附着在冰面上，显然实验前附着在冰面上几乎同等量的水肯定已经流到了容器F中。中腔内的冰的内表面在实验过程中几乎没有变化。

当环境温度为9°或10°（52°或54°）时，使用任何可以设计出的机械装置，都无法阻止外部空气进入内腔。在这种情况下，封闭在空腔中的空气要比外部空气比重大，此时内部空气就会通过细管xy（图3）向下泄逸，并被温度较高的外部空气取代，这些外部空气向冰释放出热素后会变重再次下沉。因此，在装置中形成了一股气流，气流随外部空气在温度上超过内部空气的比例而加快。温暖的空气流必定融化一部分冰而有损于实验的精确性。将旋塞阀u持续保持关闭状态，我们可以在很大程度上防止此类误差产生。只有当外部空气在不超过3°（39°）、最多不超过4°（41°）时操作才更好。在这种温度条件下，完全察觉不到环境空气引起各腔内部冰的融化，这样就可以保证关于物质比热的实验能精确到1/40。

我们介绍两台所需的仪器：其中一台用于不需要更新内部空气的实验，精确地按照上面的描述做成；另一台用于必须提供新鲜空气的燃烧、呼吸类实验，与前者的不同之处在于两个盖子中有两个细管，通过这些细管可以将空气气流吹入仪器内腔。

用这个装置可以极轻松地确定实验操作中发生的现象，无论操作中的热素是得到释放还是被吸收。例如，要确定某一固体在冷却一定度数的过程中释放出的热素量，就让其温度升至80°（212°）。然后将其放进量热仪的内腔$ffff$（图2和图3）中，并允许其一直保持到我们确定其温度降至零度（32°）时为止。收集冷却过程中冰融化产生的水并仔细称重。以重量除以用来做实验物体的体积和它在实验开始时高出零度数的乘积，得到的比值与英国哲学家们叫作"比热（specific heat）"的概念相同。

将液体装入适当的容器中，这些容器的比热已经被事先确定，液体在仪器中的操作方式与对固体的操作方式相同，注意要从实验融化水的量中适当扣除属于装水容器应融化水量的比例。

如果要确定不同物质在化合的过程中所释放出的热素量，要事先用碎冰把它们包裹起来，并保持足够长的时间，以确定这些物质处于凝固点温度。然后在量热仪内腔中的一个也处于零度（32°）的适当容器中进行化合。让这些物质一直处于封闭隔绝状态，直至化合物的温度恢复到相同度数为止，该过程中产生的水量就是化合反应中所释放的热素量的度量。

要确定燃烧过程和动物呼吸过程所释放出的热素量，就让可燃物体燃烧或动物呼吸均在内腔中进行并细心收集实验过程中所产生的水。极耐严寒的豚鼠（guinea pigs）很适合用来做这种实验。由于在实验过程中要不断更新空气，为此可通过一个专门的细管将新鲜空气吹入量热仪的内腔，并允许空气通过另一个同类细管排出。为了使呼吸用的空气含有的热素在实验结果中不会引起误差，输送空气进入仪器的管道要穿过捣碎的冰块以便空气在到达量热仪之前已经降至列氏零度（32°）；因为呼出空气释放的热素也是实验结果的一部分，必须使呼出的空气通过仪器内腔之中用冰包围着的管道，而且产生的水必须成为要收集的一部分。

各种气体的密度通常都较小，要确定它们的比热会显得相对困难一些。如果仅仅像其他液体那样把它们充入容器并放进量热仪内，那么可被融化冰的量将非常少，以致实验结果极具不确定性。为了进行这一项实验，要设法使空气通过两根金属蛇形管或旋管。其中一根置于充满沸水的容器中，气体流向量热仪的途中被容器中的沸水加热，另一个置于仪器的内腔 *ffff* 中，使气体在量热仪中循环并充分释放出所含的热素。在第二根蛇形管的一端安装的小温度计能确定气体进入量热素时的温度，用安装在蛇形管另一端的温度计测量气体离开仪器内腔时的温度。通过这种设计能够确定一定量的空气或气体所融化冰的量，从而也就能够通过温度降低的度数来确定气体的"比热素"。在相同的设备上加一些特殊的防护措施，可以用来确定不同液体蒸气冷凝时所释放的热素量。

用量热仪进行的各种实验并不能得出绝对的结论，而只能给我们提供相对量的度量。因此必须确定一个单位或标准点，并由此形成一个关于若干结果的标度。通常我们选择融化1磅冰所需热素的量作为这个单位。由于融化1磅冰需要1磅温度为60°（167°）的水，我们的单位或标准点所表示热素的量，就是使1磅水从列氏零度（32°）升至60°（167°）的量。一旦确定了这个单位，我们就只得用类似的值来表示不同物体在冷却一定度数后所释放出的热素量。可通过以下适用于最早一个实验的简易计算模式来促进理解。

　　取7磅11盎司2格罗斯36格令重的铁皮，剪成窄片再卷起来，这个重量用十进制小数来表示就是7.707 031 9。这些铁片在沸水浴中加热至约78°（207.5°）后，迅速放入量热仪的内腔。11小时后，当所有冰融化的水被彻底排出时，发现共有1.109 795磅的冰融化。因此，温度为78°（207.5°）的铁冷却所释放的热素量融化了1.109 795磅的冰，那么60°（167°）的铁冷却会融化多少冰呢？这个问题可以用下列正比式来表达：78∶1.109

795∶∶60∶x = 0.853 69。用等数除以所用全部铁的重量7.707 031 9，得到的商数0.110 767就是温度为60°（167°）的1磅铁冷却时所融化冰的量。

　　在软木塞上装有温度计的长颈蒸馏瓶（图版Ⅵ，图9）中灌入液体物质，如硫酸和硝酸等，使温度计的球部浸入液体之中。将蒸馏瓶置于沸水浴中，当我们根据温度计断定该液体升至适当温度时，就将蒸馏瓶放进量热仪中。为确定这些流体的比热素，就要像上面所述那样进行结果计算。注意从收集到的水中扣除由蒸馏瓶单独产生的水量，这必须由前面的一个实验来确定；因为实验中各种不同的情况打断结果序列，所获得的这些数据结果并不完整而致列表被省略。但是，它并没有被忽视，我们在每个冬天都抽出一定的时间来对这个课题进行研究。

第四章

物质分离的机械操作

第1节 研磨、捣磨与粉碎

严格说来，这些只是使物体颗粒分开和分离，并把它们弄成极细粉末的基本机械操作。这些操作永远不能把物质分解为原始的、基本的和终极的粒子，甚至不能破坏物质的聚集形态。因为每一个粒子在被极精细地研磨之后，会形成一个个由其分离而来的且与原物质类似的小整体。而实际的化学操作则恰恰相反，比如，溶化能破坏物质的聚集体并使其成分和组成颗粒相互分离。

可通过研磨杵和研钵将易脆物质粉碎成粉末。研磨杵和研钵是由如下材料制成：黄铜或铁（图版 I，图1）、大理石或花岗石（图2）、铁梨木（图3）、玻璃（图4）、玛瑙（图5）或者陶瓷（图6）。在后文的图版中，每种材料的研磨杵都紧挨着它们各自所属的研钵，并根据它们所要研磨的物质的性质，用铁、黄铜、木头、玻璃、瓷器、大理石、花岗岩或玛瑙制成。在每一个实验室里都必须准备有各种尺寸和种类齐全的器具。因为研磨杵的反复捶击易使陶瓷和玻璃制研钵破碎，使用时只能在研钵的周壁上用研磨杵将物质小心地研磨成粉末。

研钵的底部应该是空心球形，研钵侧壁应具有这样一个倾斜度，即提起研磨杵时其中的物质能回落到底部；但又不能太过垂直以致提起研磨杵时物质在底部聚集得过多，否则大量的物质积于研磨杵下面会造成操作不便。由于这个原因，也不应当把大量要研碎的物质同时放进研钵之中。必须不时地用后面要说明的筛布滤掉已经变成粉末的粒子。

最通常用的捣磨方法是：借助一个斑岩平板或有类似硬度的石头平板 *ABCD*（图版 I，图7），将需要研磨成粉末的物质铺展于石板上，然后用一个由同样硬的材料制成的捣磨杵（muller）*M*来捣击和磨研，捣磨杵的底部制成大球面的小部分。当捣磨杵快将物质推至板边时，用一把铁质、角质、木质或象牙质的抹刀或刮铲将其铲回石板中间。

在大规模的粉末加工中，这种操作是靠若干大的硬石滚子来进行的，这些滚子相互转动或者像玉米磨那样水平转动，又或者通过一个垂直的滚子在一块平石上转动。通常在上述操作中需要把物质略微弄湿以防止细粉飞散。

有许多物质不能用前述方法中的任何一种弄成粉末，那些纤维状物质，如木材，那些坚韧而有弹性的物体，如动物角、弹性胶等，以及在研磨杵之下变平而不是碎成粉末的延展性金属。为了使木头碎成粉末要使用粗锉（图版 I，图8），对于角质物用较细的锉刀，对于金属则要使用更细的锉刀（图版 I，图9和图10）。

有些金属虽然还未脆到可以在铁杵之下成为粉末，但也软得不能锉，因为它们会塞满锉刀，以致妨碍其操作。锌就是这类金属之一，但在加热了的铁钵中，我们借助热力可以将其研磨成粉末，或用少量汞合金来使其变脆。在烟花制造厂，我们使用这些方法中的某一种，并借助锌金属来产生蓝色火焰。将熔化的金属倒进水中可以使金属变成颗粒，当不需要得到金属细粉时，这种方法极为有效。

用粗齿木锉（图版 I，图11）可以把果肉质和纤维质的水果、马铃薯等锉成浆状。

选择不同的材质制造这些器具很重要。黄铜或铜制品不适合对食品或制

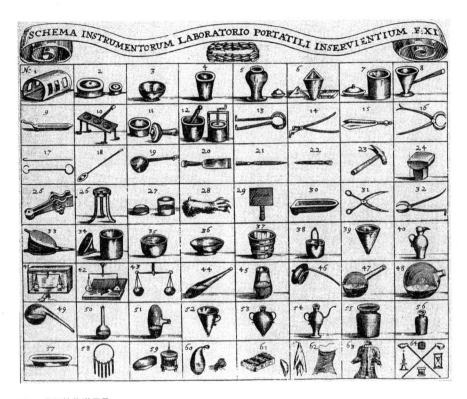

□ **17世纪的化学用具**

这是一张1689年出版的便携式化学实验用具目录图，其中有天平、钵、风箱、钳子、烧杯、研磨杵等器物。

药的物质进行操作，大理石或金属器具不能用于酸性物质。因此，质地极度坚硬的木材及陶瓷、花岗石或玻璃制研钵在许多操作中极为有用。

第2节　粉状物质的过筛和清洗

在将物体粉碎成粉末的机械操作中，没有任何一种能够使其在整个过程中达到相同的细度。用时最长、最精细的研磨所得到的粉末仍然是各种大小颗粒状的聚集物。用不同细度的筛布（图版Ⅰ，图12至图15）将其中较粗的颗粒去除，而只留下较细和较均匀的颗粒。较细的物质粉末通过筛眼，所有大于筛眼的颗粒都被留下来并经过再次研磨。筛布（图12）用马尾织布或绢网做成，在羊皮纸上凿穿适当大小的圆孔制作的筛布（图13）可用于黑色火药的制造。当需要筛选极细或极贵重而又容易分散的材料，或者较细粉末可能有害时可以使用复合筛（图15），它由筛子*ABCD*、盖子*EF*和接受器*GH*组成，三个部分要结合起来使用（图14）。

有一种比过筛要精确得多的方法可以获得均匀细度的粉末，但这种方法只能用于不受水影响的物质。此外，将粉末物质与水或其他方便的液体混合并搅拌，让液体沉淀片刻后倒出，最粗的粉末留在容器底部，而较细的粉末随液体流走。通过这种方式反复倾倒，可以得到不同细度的各种沉积物。最后的沉积物或在液体中悬浮时间最长的沉积物是最细的。这一过程也可用于分离细度相同但比重不同的物质。最后这种方法主要用于采矿业中，将较重的金属矿石从混合的轻土中拣选出来。

在化学实验室里，我们曾经使用玻璃盘或陶罐器具进行这种操作；有时候为了倾析液体而不扰动沉淀，就使用穿空板*DE*支撑的玻璃虹吸器*ABCHI*（图版Ⅱ，图11），在容器的适当深度*FG*处将所需的液体全部放进接收器*LM*之中。这种有用器具的原理和应用众所周知，在此不再展开细说。

第3节　过　滤

过滤器是一种孔眼极细的筛子，它允许流体颗粒透过，但最细的粉状固体颗粒却不能通过。因此过滤器被用来将细小的粉末从流体悬浮物中分离出来。在制药业中，工作人员主要使用极细密的绒布进行过滤操作，即通常将过滤器制成圆锥形（图版Ⅱ，图2）。其优点就是能使过滤排出的所有液体集中到*A*点并可以很方便地将其收集到一个窄口容器中。在大型制药实验室中，这种过滤袋通常被放置在一个木架上进行操作（图版Ⅱ，图1）。

在化学应用中，由于要求过滤器必须完全干净，就用未粘胶的纸代替布或绒布。无论是多么细的粉末状固体都无法穿透过滤器，而流体确能极迅速地滤出。由于滤纸浸湿后易破裂，应根据具体情况使用各种支撑方式。在需要过滤大量液体时，就用木框（图版Ⅱ，图3）*ABCD*支撑纸并用铁钩将一块粗布覆盖在上面。每次使用时必须将粗布清洗干净，如果认为它浸有任何会影响后续操作的杂质时，必须使用新布。要在普通操作中过滤适量的流体，就使用不同种类的玻璃漏斗来支撑滤纸（如图版Ⅱ，图5至图7）。必须同时进行多次过滤操作时，使用支架*C*和*D*上有圆孔的平板或隔板*AB*（图9）能非常方便地放置漏斗。

有些液体过于黏稠，以至于在没有事先做处理的情况下无法透过滤纸，例如，要过滤蛋白和液体混合物中的蛋白，由于蛋白在液体混合液中煮沸后会凝结并与杂质混合在一起，于是就随杂质一起混入泡沫中上升至液面。鱼胶在乙醇的作用下无须加热便可凝固，在烈酒中加入鱼胶同样可以用过滤的方式进行澄清。

大多数通过蒸馏生产的酸是呈清澈透明的液体，我们很少有机会对它们进行过滤。但是在有可能的情况下，需要对浓酸进行过滤操作时就不可能使用滤纸，因为滤纸会因酸的腐蚀而毁坏。为此，捣碎的玻璃（石英或水晶更佳）极符合这种应用需要。在漏斗的颈部放置几块较大的碎片，再用较小的碎片盖住这些大碎片，最后将更细的粉末放在所有碎片上，然后在顶部倒上酸以实现过滤。在社会常规使用中，经常用洗净的沙子来过滤水中的杂质。

第4节 倾 析

倾析经常用来代替过滤，可实现对液体与其中的固体粒子的分离。待到溶液在圆锥形容器$ABCDE$（图版Ⅱ，图10）中澄清且分散的物质逐渐下沉后，将清澈的液体缓缓倒出。如果沉淀极轻，以致最轻微的动作都容易使其再次与液体混浊，就用虹吸管（图11），而不是倾析将清澈的液体排出。

在必须精确称量沉淀物重量的实验中，如果需要用相当大比例的水量多次清洗沉淀物，则倾析比过滤相对较好。通过仔细称量操作前后的过滤器，的确可以得到沉淀物的重量。但是当沉淀物的量较少时，在各种干燥条件下滤纸所保留的水分不同重量可能是造成实验误差的重要来源，这一点应该尽量避免。

第五章

不经分解将物体粒子彼此分离及重新化合的化学方法

在前面我已经指出有两种实现物体粒子分离的方法，即物理方法和化学方法。前者只把固体块分成许多小块。物理分离方法可根据情况使用各种力，譬如人或动物的力气、水力发动机所使用水的重量、蒸汽的膨胀力、风力等。但这些物理力量永远无法把物质变成超过一定粒度的粉末。用这种方式变成的最小物质颗粒，虽然对我们的感官来说似乎非常微小，但与被粉碎物质的最终基本粒子相比，实际上仍然大得像座山。

相反，化学试剂能把物体分成它们的初始粒子。例如，一种中性盐受化学试剂的作用就可以尽可能地被分开，除非它不再是中性盐。在这一章中，我们将举例说明如何对物质进行化学分离，并适当增加一些相关的操作说明。

第1节　盐的溶化

在化学语言中，"溶化（solution）"和"溶解（dissolution）"这两个术语长期以来一直被混淆，并且被很不恰当地、不加选择地用于表示盐颗粒在液体（如水）中的分散和金属在酸中的分开。对这两种操作的结果稍加思考，就足以明白，它们不应该被混为一谈。在盐类溶液中，盐类颗粒只是相互分离，而盐和水都没有被分解，我们能够以与操作前相同的重量重新得到这两者；同样的事情也发生在树脂和乙醇溶液中。而金属的溶解过程却相反，无论是浓酸还是被水稀释后的酸总会发生分解。金属与氧化合形成氧化物并分离出一种气态物质。实际上所用的物质在操作后都不会保持与之前相同的状态。本节仅对溶化进行介绍。

要完全理解盐在溶化过程中所发生的事情，我们有必要知道，在大多数溶化操作中要依靠水和热素这两种性质截然不同的物质的共同作用。只有清楚两种物质在溶化作用中的区别，才能全面理解大多数溶化过程产生的现象，因此接下来我将对它们的性质作详细说明。

通常被称作硝酸盐或硝石的硝酸草碱，含有很少量甚至可能根本没有结晶水，尽管这种盐在比水沸腾的热度略高的情况下会液化。但这种液化不能靠结晶水来产生；但是由于这种盐具有极易溶化的性质，当温度略升高至沸水温度之上一点时，它就从固体聚集态变为液体聚集态。所有的盐都能以这种方式受热素作用而液化，只是需要的温度高低不同。其中一些盐类，譬如亚醋酸草碱和亚醋酸苏打，只需非常适量的热素作用即可液化。而另一些盐，如硫酸草碱、硫酸石灰等，则需要我们以最大程度的方式来加热。热素使盐类液化过程产生的现象与冰融化产生的现象完全相同。每一种盐的液化需要在某一确定温度的热度下进行，并使温度在整个过程中保持不变。在盐熔化过程中消耗的热素被固定，当盐凝结时则相反地被释放出来。这些都是一般的现象，在每一种物质从固体到液体，以及从液体到固体的过程中都普遍发生。

这些靠热素溶化而发生的现象，总是在一定程度上与在水中溶化过程所发生的现象相联系。我们不能把水倒在盐上使其溶化，而不使用由水或热素形成的复合溶剂。因此，可以根据每种盐的性质和存在方式来区分几种不同的溶化情况。例如，某种盐难以在水中溶化，但却容易靠热素溶化；那么显然就能得出，这种盐在冷水中将难以溶化，但在热水中则能大量溶化。硝酸草碱，尤其是氧化盐酸草碱便是如此。如果另一种盐很少溶于水和热素中，那么它在冷水和热水中的溶解度差别就会非常小；硫酸石灰便属于这一类。从这些分析中可以看出，以下情况之间存在着某种必然的关系：盐在冷水和沸水中的溶度与没有水的作用而仅由热素液化的温度相关；它在热水和冷水中溶度的差异与它在热素中的溶度成正比，或者与它在低温度下的溶度成正比。

以上是关于溶化的一般观点，但由于缺乏特定事实和足够精确实验的支持，只是形成近似特定理论的一种认识。完成这部分化学科学的方法非常简单，只需要确定在不同的温度下每一种盐被一定量的水所溶化的程度。从德·拉普拉斯先生和我所发表的实验论文可知，1磅水在温度计的每一度所含热素准确的量。通过简单的实验就能很容易地确定每种盐在溶化时所需的水和热素的比例，每种盐在液化时能吸收多少热素以及在结晶过程有多少热素脱离。因此，盐类在热水中比在冷水中更快溶化的原因变得非常明显。所有的盐在溶化中都要吸收热素，周围的物体所含的热素能缓慢地到达盐中。当所需热素与溶液中的水结合在一起时，就会大大加快盐的溶化速度。

水的比重通常会因含有溶化的盐的存在而增加，但也有一些盐属例外情况。构成每种中性盐的根、氧和基的量，溶化所需水和热素的量，盐传递给水的比重增加值及晶体基本粒子的形状，从今以后都需要核实准确。一切关于结晶的情况和现象都将根据这些认知得到解释，晶体化学学科将通过这些认知得到完善。塞甘（Seguin）先生已经制订了周密的实验计划以对盐类进行相关性质方面的研究，当然他也非常有能力执行这一计划。

盐在水中溶化无须专门的装置。不同容积的玻璃管形瓶（图版 Ⅱ，图16和图17）、陶制平底盘（图1和图2）、长颈蒸馏瓶（图14）、铜制或银制平底锅或盆（图13和图15）都能完全满足操作的需要。

第2节　浸　滤

在化学和制造业中，浸滤应用于将可溶于水的物质和不可溶于水的物质进行分离的操作。一般用于浸滤的容器是一个大瓮或大桶（图版Ⅱ，图12），在靠近容器底部的地方有一个洞D，洞中有一个木塞和旋塞开关或金属旋塞阀DE。在容器的底部放一层薄薄的稻草，然后在稻草上面铺要浸滤的物质，并用一块布盖好，然后再根据物质所含盐的溶解度倒上热水或冷水。当可以断定水已经将所有盐分溶解时就完全关上旋塞，由于含有盐的水必定黏附在稻草和不溶物质上，因此要倒一些新鲜的水淋洗。稻草既可保证让水完全通过，也可以比作过滤中避免滤纸与漏斗壁接触的稻草或玻璃棒。铺在浸滤物质上面的布可防止水在它倾倒的地方把这些物质冲成一个洞，致使水完全通过这个洞流走而无法起到对全部物质的浸滤作用。

化学实验或多或少地模仿了浸滤操作。但是化学实验，尤其是以分析为目的的实验，需要更高的精确性，因此有必要采取特殊的预防措施以免在残留物中留下任何盐分或其他可溶物质。使用的水量必须要比普通浸滤液中更多，而且在抽出清液之前必须事先在水中搅拌这些物质，否则所有物质就不会得到同样的浸滤效果，某些部分甚至整块物质会脱离水的作用。还必须使用大量的新鲜水，直到水中完全不含盐分为止，对此，我们可以用前面描述的比重计来确定。

在化学物质用量较少的实验中，浸滤操作可方便地在玻璃罐或蒸馏瓶中进行，并通过玻璃漏斗中的滤纸过滤液体。当化学物质的用量较多时可以在开水壶中浸滤，在木架上用布撑住滤纸（图版Ⅱ，图2和图4）进行过滤。在大规模的操作中则必须使用前面所提及的桶。

第3节　蒸　发

蒸发操作用于让两种挥发性差别很大的物质相互分离，而且至少有一种物质必须是液体。可将原来一直在水中存在的溶化态盐用蒸发的方式得到其凝固态。水经加热与热素结合后挥发，而盐粒子则彼此靠近至相互吸引范围内聚集成固态盐。

人们曾长期认为空气对液体蒸发的量有很大影响，因此有必要指出产生这种错误观点的原因。暴露在大气中的液体会自然不断地蒸发，尽管这种蒸发在某种程度上可以视为是液体在空气中的溶化，但热素对液体蒸发会产生相当大的影响，从总是伴随着蒸发过程的制冷现象可以证明这一点。因此，我们可以把这种逐渐蒸发视为部分在空气中、部分在热素中产生的复合溶化。但在持续沸腾的液体中发生的蒸发在性质上完全不同，由空气作用产生的蒸发与热素引起的蒸发相比显得极其微不足道。后一种情况可以称为"汽化（vaporization）"而不是"蒸发（evaporation）"。要使汽化加速不能成比例改变蒸发表面的大小，而是成比例地增加与液体结合热素的量。过于畅通的冷空气流通常不利于气化过程，因为气流倾向于从水中将热素带走而延缓其转化为蒸气。假如盖板不具有强烈地吸收热素的性质，或用富兰克林（Franklin）博士的表述，即假如盖板是热的不良导体的话，容器进行一定程度的遮盖并不会对液体的持续沸腾蒸发产生任何影响。在这种情况下，蒸气通过盖留有的孔隙逸散，而且经常比可以接触外部流通空气的时候蒸发的量更多。

由于在蒸发过程中液体会被热素带走而造成流失，为了得到与之相结合的固定物质；因此，蒸发的方法只能在液体的价值较小（比如水）的情况下使用。但是，当液体的价值较高时，我们可以借助蒸馏的方式。蒸馏过程能够同时将固定物质和挥发性液体保留下来。蒸发用的容器是铜、银或铅制的平底锅或盆（图版Ⅱ，图13和图15）或者玻璃、瓷质或陶质的器皿（图版Ⅱ，图1和图2；图版Ⅲ，图3和图4）。用于蒸发的最好器具是取玻璃曲颈瓶和蒸馏瓶的底部进行切割制作；因为玻璃瓶底厚度均匀，要比其他任何种类的玻璃器皿更适合承受由强火焰造成的高温，而且其受到突然由热变冷的变化不会破裂。

　　在这里要描述一下各种书中从未提及过的切割玻璃器皿的方法，以便化学家们可以利用废弃的曲颈瓶、蒸馏瓶和回收瓶自己制作，而且价格比从玻璃制造商那里购买便宜得多。（图版Ⅲ，图5）仪器由一个铁环 *AC* 固定在木杆 *AB* 上组成，木杆上有一个木柄 *D*，其用法如下：用火烧热铁环后，将其放到要切割的蒸馏瓶（图6）上，在玻璃被充分加热时喷一点冷水，玻璃通常会在正好被铁环加热的环线处破裂。

　　小而薄的玻璃烧瓶和管形瓶价格低廉而且非常耐高温，最适合用于蒸发少量的液体。我们可以把一个或多个这种器皿放在炉子（图版Ⅲ，图2）上方的第二个炉架上，在这里可以用温和的方式进行加热。在炉架的不同位置可以同时进行大量的实验。我们把一个玻璃曲颈瓶放进沙浴中并用烤热了的土拱顶（图版Ⅲ，图1）盖住，这样就能更好地保证蒸发效果。但是用这种方式进行蒸发总是相当缓慢，甚至容易发生事故，比如，由于砂石受热不均匀导致玻璃不能以同样均匀的方式膨胀而致使曲颈瓶破裂；有时砂石恰恰起到前面提及铁环的作用，如果蒸汽凝结成一滴液体且碰巧落到该器皿的受热部分，就会在该处产生圆形裂损。当需要极强的火焰加热时，可以使用陶制坩埚。蒸发一词通常表示在水沸腾的温度或者再稍高一些的温度所引起的物质分离过程。

第4节　结　晶

在结晶过程中，固体的组成部分会由于某种液体的介入而彼此分离，受吸引力的作用聚集结合并形成一种固体。当某种物质的颗粒仅仅受热素的作用而分离，并且该物质因此而停留在液态时，为使物质结晶所须要做的只是去除停留在其颗粒之间的一部分热素，或者换句话说是使其冷却。如果冷却缓慢，且该物体同时处于静止状态，那么物质的颗粒就会呈现出有规律的排列，严格来说，即发生了所谓的结晶。但是，如果冷却速度很快或者液体在向凝固态过渡时被搅动，那么就会形成不规则和混乱的结晶形态。

同样的现象也发生在含水溶液中，或者说在那些部分由水、部分由热素结合制成的溶液中。只要有足够的水和热素，物质颗粒会在相互吸引的范围之外保持分散，盐就会保持液体状态。但当热素或水的数量不足且颗粒之间的相互吸引超过了使它们保持分散的力时，盐就会恢复为凝固态，产生的晶体就依蒸发较慢的程度及完成较平静的程度而显得更规则。

前面我们提到的盐溶化过程中所发生的所有现象，在它们的结晶过程中都以相反的方式发生。热素在它们呈固态的瞬间得到释放，这就对盐受水和热素的复合作用而被保持在溶化状态提供了另外一种证明。因此要使容易通过热素而液化的盐类结晶，仅仅带走使其处于溶液中的水是不够的，还须将与它们结合的热素一并除去，如硝酸草碱、氧化盐酸草碱、明矾、硫酸苏打等就属于这种情况，因为要使这些盐结晶，必须在蒸发的基础上增加冷却过程。反之，几乎不需要热素就能保持溶化状态，以及由于这种情况而同样溶于冷水和温水的盐只需带走保持其溶液状态的水就可以结晶，甚至可以在沸水中恢复其固体状态；这种情况通常包括硫酸石灰、盐酸草碱、盐酸苏打及其他几种盐。

提炼硝石的技术依靠的就是盐的这些性质，以及它们在热水和冷水中的不同溶度。在工厂里通过第一道工序生产出来的盐由许多不同的盐组成：有些易于潮解却不容易结晶，如硝酸石灰和盐酸石灰等；有些则几乎可在热水和冷水中溶化，如盐酸草碱和盐酸苏打等；最后，硝石即硝酸草碱在热水中比在冷水中要溶化多得多。从尽可能多的水倒在这种盐混合物上开始操作，水要多得甚至能够使最不易溶化的盐酸苏打和盐酸草碱完全溶化；只要有一定量的热水存在，所有的硝石就会很容易溶化，但是一经冷却，大部分硝石盐就会结晶，只留下约1/6份仍然处于溶化状态，并与硝酸石灰和两种盐酸盐混合。通过这种方法获得的硝石仍然在某种程度上浸渍了一些其他盐，这些盐富含在水中并生成结晶。通过在少量沸水中再次溶化并再次结晶，我们便能将硝石从这些盐中完全提纯出来。硝石经几次结晶之后在所剩的水中仍然含有硝石和其他盐的混合物；经过进一步蒸发能从中获得天然硝石，即工匠们所说的粗硝石，之后再经两次溶化和结晶，就能得到提纯后的硝石。

　　硝石制造业拒绝使用不含硝酸的易潮解土质盐。但那些由土质物质的基与酸化合组成的盐被溶解在水中，倾析用草碱形成的沉淀凝结物，将得到的清液蒸发后自然冷却为结晶。以上提纯硝石的手段可以作为将偶然混合在一起的各种盐进行相互分离的一般规则，但我们必须考虑到每种盐的性质、每种盐在给定量的水中溶化的比例，以及每种盐在热水和冷水中的不同溶度。如果我们再加上某些盐类所具有的可溶于乙醇或乙醇和水混合物的性质，我们就有许多办法通过结晶将盐彼此分离开来，不过必须承认要分离得彻底非常困难。

　　结晶所使用的容器是陶制平底盘A（图版Ⅱ，图1和图2）和大号浅盘（图版Ⅲ，图7）。当某种盐溶液要在空气畅通和环境热度中自然缓慢地蒸发时，必须使用有某种深度的容器（图版Ⅲ，图7）来容纳更多的液体。用这种方式能形成体积更大、形状更规则的晶体。

　　每种盐都有各自特有的结晶形态，甚至每种盐的晶体形态也会根据结晶过程中发生的情况而变化。但我们不能因此而断言，每个物种的盐粒在形状上都是不确定的。所有物体的原始粒子，尤其是盐的原始粒子的具体形态完全恒定。然而，在实验中形成的晶体由微小的颗粒组成，尽管这些颗粒在大小和形状上完全相同，但却可以因排列方式的不同而产生各种各样的规则形态，它们彼此之间极不相似，与原始晶体也没有任何相似之处。在阿·阿维（Abbé Haüy）已经向科学院提交的多篇论文中，以及在他关于晶体结构的著作中都巧妙地分析了这个主题：我们唯一要做的就是，将他特别适用于某些盐类的原理推广到可结晶的盐类上。

第5节　简单蒸馏

依要达到的两个截然不同的目标，蒸馏可以分成简单蒸馏和复合蒸馏。本节中所讲述的内容仅限于简单蒸馏。当对两个物体（其中一个比另一个更易挥发，或者对热素的吸引力更强）进行蒸馏时，我们的目的是将它们彼此分离。较易挥发的物质呈气体形态，然后在适当的容器中进行冷凝。在这种情况下，蒸馏就与蒸发一样，是一种物理操作，它将两种物质彼此分离而不分解，也不改变任何一种物质的性质。蒸发的唯一目的是保留固定物体，并不考虑挥发性物质。而蒸馏通常重点关注回收挥发性物质，除非我们打算同时保留这两种物质。因此，简单蒸馏不过是在封闭容器中产生蒸发。

最简单的蒸馏器是一种瓶子或长颈蒸馏瓶*A*（图版Ⅲ，图8），它由原来的形状*BC*弯成*BD*，于是就被称为曲颈瓶。使用时将曲颈瓶置于反射炉（图版Ⅹ，图2）或者烧结的土拱顶之下的沙浴（图版Ⅲ，图1）中。为了回收产物并使产物凝结，可装配一个接受器*E*（图版Ⅲ，图9），将其用封泥固定到曲颈上。有时候，尤其是在药学操作中，我们使用带有盖子*B*（图版Ⅲ，图12）的玻璃或石质葫芦形蒸馏瓶*A*，或者玻璃蒸馏瓶与盖子（图13）。蒸馏瓶采用磨

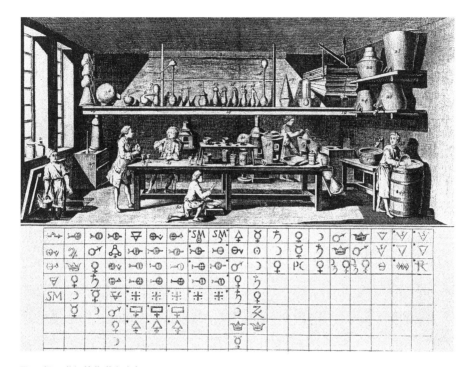

□ **一间17世纪的化学实验室**

　　图片描绘了一间17世纪的化学实验室和各种化学物质的符号表，图片下方表中同一列符号代表着它们具有相近的性质，只是当时的人们尚未把这些物质看作元素。

口水晶旋塞*T*来控制蒸气通路。葫芦形蒸馏瓶和曲颈瓶的盖子都有一个用来把凝结后的液体输送进喙形口*RS*的沟或壕*rr*，使液体可以通过*RS*流出。几乎所有的蒸馏都会造成蒸气膨胀，蒸气膨胀可能导致所用的容器破裂，因此，我们有必要在球形瓶或接收瓶上开一个方便蒸气泄出的小孔*T*（图9）。但这种蒸馏方式会造成永久保持气态的产物完全散失掉，甚至那些难以散失的气态产物在球形瓶中也没有足够的凝结空间。所以，这种仪器不适合用于研究性实验，只能在实验室或药房供常规操作使用。在论述复合蒸馏一节中，我将对各种在蒸馏过程中保留全部产物的方法作出说明。

由于玻璃或陶制容器突然承受冷热变化容易发生破裂，因此每个管理良好的实验室都应该有一个或多个金属蒸馏器，用来蒸馏水、烈酒、精油等物质。金属蒸馏器通常由一个葫芦形蒸馏器和镀锡的铜或黄铜盖子组成（图版Ⅲ，图15和图16），可依据实验要求将其置于水浴D（图17）中加热。在蒸馏中，尤其是在进行蒸馏烈酒的实验时，必须给盖子配一个不断保持盛满冷水状态的冷却器SS'（图16），可用旋塞阀R将变热的水放出并补充新鲜的冷水。由于被蒸馏的液体是靠加热炉提供的热素才转化成为气体，很明显，蒸气在蒸馏器中不可能凝结，准确地讲，除非蒸气在葫芦形蒸馏器里得到的热素都聚积至盖子内的水中，否则任何蒸馏现象都不可能发生。有鉴于此，盖子的两侧必须始终保持温度要比蒸馏物质处于气态所必需的温度更低，冷却器中的水就是用于此目的的。水在80°（212°）、乙醇在67°（182.75°）、醚在32°（104°）温度时可转化为气体。如果冷却器的温度不能分别保持在这些温度以下，就不能对这些物质进行蒸馏；或者更确切地讲，蒸馏后的这些物质会因处于气态而散失。

在烈酒和其他膨胀性液体的蒸馏中，上文描述的冷却器不足以使这一过程产生的所有蒸气都冷凝下来。在这种情况中，我们不直接从盖子的喙形口TU把蒸馏出的液体接收进接收瓶，而是将一根蛇形管插入液体中间。图版Ⅲ的图18描绘的就是有一个镀锡的铜制蛇形浴桶仪器，仪器由许多弯成螺旋的一根金属管组成。容纳蛇形管的容器保持充满冷水的状态，在冷水变暖时进行更换。这种机械装置在所有蒸馏酒厂都有使用，完全不需要盖子和冷却器的干预。图版中所绘的蒸馏器配有两根蛇形管，其中一根专门用于蒸馏有气味的物质。

在一些简单的蒸馏操作过程中，必须在蒸馏瓶和接收瓶之间插一个接收管，如图版Ⅲ的图11所示。这样做有两个不同的作用：其一是可以分离两种挥发性不同的产物；其二是可以防止接收瓶因受热而与加热炉离开较大的距离。但这些以及其他几种古代发明的较复的杂仪器远不能达到现代化学所需的准确性，这一点在我开始论述复合蒸馏时将很容易被理解。

第6节 升 华

升华这个术语主要用于凝结的固态或固体物质的蒸馏，比如，硫的升华，以及盐酸氨［即盐氨（sal ammoniac）］的升华。升华操作可以方便地在已经描述过的普通蒸馏容器中进行，但在硫的升华操作中，我们通常使用一种称为奥勒德尔（Alludels）的器皿。这些石质或瓷质器皿，可以在盛有易升华硫的葫芦形蒸馏瓶上面相互调节。对非常不易挥发的物质，最好的升华器皿是约2/3埋在沙浴中的烧瓶或玻璃管形瓶，但这种方式容易散失部分产物。当需要完全保留这些产物时，我们必须借助下一章要描述的气体化学蒸馏装置。

第六章
气体化学蒸馏、金属溶解
及需要极复杂仪器的其他某些操作

第1节　复合蒸馏和气体化学仪器蒸馏

在前一章里，我只论述了如何通过简单的蒸馏操作，将两种挥发性不同的物质彼此分离。但实际上，蒸馏常常使受其作用的物质发生分解，并成为化学中最复杂的操作之一。在每一种蒸馏操作中，被蒸馏的物质必须与热素结合，在葫芦形蒸馏瓶或曲颈瓶中处于气态。在简单的蒸馏中，物质将热素释放转移至冷却器或蛇形管中，并重新恢复成液态或固态，但复合蒸馏中的物质一定会发生分解。这些物质的一部分，如所含的碳元素仍然固化在曲颈瓶中，而所有其他元素都被还原成不同种类的气体。这些气体有些能凝结并恢复其固体或液体形态，而另一些则是永久呈气态；这些气体的一部分可被水吸收，一部分可被碱吸收，其他的则根本就不能被吸收。前一章所介绍的常规蒸馏装置根本不足以保留或分离这些多种多样的产物，为此，我们只能求助于更为复杂的操作方法。

我即将介绍的仪器是特意为最复杂的蒸馏而设计的，并且可以根据情况进行简化。它由一个有管口的玻璃曲颈瓶A（图版Ⅳ，图1）组成，喙形口安装到有管口的球形瓶或接收瓶BC上。球形瓶的上口D配有一根弯管$DEfa$，弯管的另一端a插入有三个瓶颈xxx的L瓶所盛的液体之中。借助以同样方式配置的三个弯管把另外三个相似的瓶子与第一个瓶子相连。用一个弯管[1]把最后一个瓶子的第三个瓶颈与气体化学装置中的广口瓶接通。通常在第一个瓶子中放入一定重量的蒸馏水，在其他三个瓶子中分别放有苛性草碱水溶液。必须精确地确定所有这些瓶子以及它们所盛的水和碱溶液的重量。在一切就绪后，必须用封泥封住曲颈瓶和接收瓶之间以及后者细管D的接头处，再用亚麻布条缠绕好并涂上粘鸟胶和蛋白，对于其他所有接头，都应当用蜂蜡和松油一起融化制成的封泥封好。

在所有准备工作完成后，我们开始对曲颈瓶A进行加热。其中所盛物质开始分解，很明显，挥发性最小的产物本身必定就在曲颈瓶的喙形口或瓶颈中凝结或升华，大多数固结物质都将固定在这里。挥发性较强的物质，如较轻的油、氨及其他几种物质，将在接收瓶GC中凝结；而最不易冷却凝结的气体，则将通过细管穿过几个瓶子中的液体鼓泡逸出。那些可以被水吸收的气体会留在第一个瓶中，能被苛性碱吸收的将留在其他瓶中，而那些不容易被水或碱吸收的气体则会从RM管中排出，此管末端进入气体化学装置的广口瓶中，气体由此被回收。炭、固定的土质等，形成的曾被称为废物（caput mortuum）的物质或残留物等，留在曲颈瓶中。

这种操作方式有一个非常重要的依据来证明分析的准确性，因为在过程结束后产物整体重量必定恰好等于用来蒸馏物质的重量。如果我们蒸馏8盎司淀粉或阿拉伯树胶，那么曲颈瓶中的淀粉残留物重量，连同其瓶颈和球形瓶中收集的所有产物的重量，以及通过细管RM用广口瓶回收所有气体的重量，加上瓶子所得到的额外重量，合计在一起必须正好为8盎司。如果结果

---

〔1〕图版Ⅳ的图1对这个装置的描绘所表达的关于其配置的表述，比用最麻烦的文字说明所能表达的意思要丰富得多。——E

偏低或偏高则可能是误差所致，必须重复实验，直至获得令人满意的结果。结果与提交实验的物质的重量之差每磅不应大于6格令或8格令。

我在复合蒸馏实验中遇到了一个长期以来几乎无法克服的问题——如果不是哈森夫拉兹先生指出了避免这个问题的极简单方法，它最后必定会迫使我彻底放弃实验。炉热的一点点降低以及与这种实验密不可分的许多其他情况，通常都会引起气体的再次吸收；气体化学仪器池槽中的水通过细管*RM*充入最后一个瓶子，同样的情况一个瓶子接一个瓶子地发生，液体甚至常常被压进接收瓶*C*中。如图版所绘和用有三个瓶颈的瓶子可以防止这个问题，在每个瓶子*St*的一个瓶颈中配一个毛细玻璃管*st*，并使其下端*t*浸入液体中。无论是在曲颈瓶中，还是在任何一个瓶子中如果有任何吸收发生，那么靠这些管子能通入足量的外部空气以填充真空；我们以普通空气与实验产物的少量混合物为代价规避了这个不便之处，也就不至于全然失败。尽管这些管子让外部空气进入；但由于它们总是被瓶里的水封闭了下管口。因此它不会让任何气态物质逸出。

在用这种装置做实验的过程中，显然瓶子的液体必定与瓶子中所含的气体或空气所承受的压力成比例地在管子中上升。压力由所有后面瓶子中所盛液体柱的高度和重量来确定。如果我们假定每个瓶子盛有3吋高的液体，而且与上述细管*RM*管口相连装置的池槽中有3吋水，并且允许液体的重力仅等于水的重力，因此第一个瓶子中的空气必须承受相当于12吋水柱的压力；故而与第一个瓶子相连的管子*S*中的水必须上升12吋，第二个瓶子的水必须上升9吋，第三个瓶子的水必须上升6吋，最后一个瓶子要上升3吋。为此，这些管子的长度必须分别超过12吋、9吋、6吋和3吋，以便为液体中经常发生的振荡运动留出余地。有时候必须在曲颈瓶和接收瓶之间插入一个类似的细管；由于只有蒸馏过程中聚积了一些液体时细管的下端才浸入液体之中，因此其上端必须先用一点封泥封闭，以便根据需要或在接收瓶中有足够的液体达到其下端之后打开。

当要操作物质之间的相互作用非常快，或者当由于其中一种物质混合在一起时会产生剧烈的泡腾现象，而只能连续引入少量物质的时候，因此在非常精确的实验中不能使用这种装置。我们在这些情况下应使用带有一个管口的曲颈瓶A（图版Ⅶ，图1），将一种物质导入其中。如果有固体物质需要处理，总是倾向于选择固体物质。然后把一个弯管BCDA用封泥封到曲颈瓶的口上，弯管上端B处有一个漏斗，另一端A处有一个毛细管开口。实验用的液体原料通过这个漏斗倒入曲颈瓶中，漏斗必须做成从B端到C处一样的长度，以便灌入的液体柱能抵消所有瓶子（图版Ⅳ，图1）内液体所产生的阻力。

那些不习惯使用上述蒸馏装置的人也许会为这种实验中需要用胶泥密封许多瓶口，以及在此类实验中进行所有之前准备所需的时间感到惊讶。事实上，如果考虑到实验前后原料和产物都必须称量，这些准备和后续步骤所需要的时间和注意力比实验本身要多得多。但当实验完全成功时，我们付出的时间和辛劳就会得到回报；因为通过这种精确的方式进行的过程，所获得的关于植物性物质和动物性物质的性质研究知识，比起需付出数周辛劳的普通方法所获得的认知更合理、更全面。

若实验室没有三个口的瓶子，可以用两个口的瓶子代替。如果瓶口足够大，甚至可以在一个普通的广口瓶开口处引入所有三根细管。在这种情况中，给瓶子配备的软木塞一定要仔细，切削应极精确，并在油、蜂蜡和松油的混合物中煮沸处理。必须用圆锉刀在这些软木塞上打合适大小的孔让细管穿过，如图版Ⅳ的图8所示。

第2节　金属溶解

前面已经指出盐在水中溶化与金属的溶解之间的区别。前者不需要特殊的器皿，而后者则需要新近发明的较为复杂的器皿，以防止实验产物被忽略，从而可以获得关于实验所发生现象的实际结论性结果。金属在酸中的溶解通常会产生泡腾现象，泡腾只是大量空气泡或气态流体的气泡释放在溶剂中所引起的一种运动；这些气泡来自金属表面并在液面破裂。

卡文迪许先生和普利斯特里博士是收集这些弹性流体合适装置最早的发明者。普利斯特里博士的装置极其简单，它由一个带有软木塞B的瓶子A（图版Ⅶ，图2）组成，玻璃弯管BC穿过软木塞，伸至气体化学装置中或者只是装满水的池槽中充满水的广口瓶之下。首先把金属放进瓶中，把酸倒在上面后立即用软木塞和弯管把瓶子封闭起来，如图版所示。但这种装置也有其不便之处——当酸液的浓度较高或者金属较碎时，在我们来不及正确地塞住瓶子之前就开始冒泡，而且一些逸出的气体使我们无法准确地确定释放出的气体数量。其次，必须加热或者过程产生热素时会有一部分的酸蒸馏出来并与气体化学装置中的水混合，使进行计算酸分解数量时出错。除了这些，装置池槽中的水会吸收所有产生的易于吸收的气体，使我们无法收集这些气体而没有任何损失。

为了消除这些不便，起初我使用的是一个带两个瓶颈的瓶子（图版Ⅶ，图3），将其中一个瓶颈用封泥封好玻璃漏斗BC，以防止任何气体逸出；漏斗上装有带金刚砂的玻璃棒DE，能起到塞子的作用。在使用时，首先将要溶解的物质导入瓶中，然后根据需要轻轻提起玻璃棒，将酸注入直至饱和。

后来使用的另一种方法也能达到同样的目的，而且在某些情况下比前一种方法更可取。这个方法包括给瓶子A（图版Ⅶ，图4）的一个瓶口配上一个弯管DEFG，该弯管在D处有一个毛细开口，在G端处有一个漏斗。弯管被牢牢地用封泥封在瓶口C上。当把任何液体倒进漏斗中时，它会落到F处。如果加进液体的量足够多，保持在漏斗里的新鲜液体可以通过弯曲部分E缓慢地落入瓶中。液体永远不会被压出细管，也不会有气体通过细管逸出，因为液体的重量起到了一个精密软木塞的作用。

为了防止任何酸被蒸馏，尤其是在加热条件下，金属溶解过程中的酸被蒸馏，把这根弯管配在曲颈瓶A（图版Ⅶ，图1）上，任何可以蒸馏的液体冷却后流入一个带有管口的小号接收瓶M中。为了分离任何可被水吸收的气体，可以装一个半充满苛性草碱溶液的双颈瓶L。碱溶液能吸收任何碳酸气体，通常只有一至两种气体从细管NO通过，然后进入接通的气体化学装置的广口瓶中。在第三篇的第一章中，我们已经介绍了如何分离和检验这些气体。如果认为一个碱溶液瓶不够，我们可以加上两个、三个或者更多。

第3节 酒液发酵与致腐败发酵实验的必备装置

为了进行这些操作，需要一个专门用于这种实验的特殊装置。我即将介绍的这个是最适合于此目的的装置，它是经过无数次修正和改进后才最终被采用的。它由一个容积为12品脱的大号长颈蒸馏瓶A（图版Ⅹ，图1）组成，瓶口处紧密连着一个黄铜帽ab，该铜帽中旋进一个弯管cd，在弯管上配有一个旋塞阀e。弯管上接有一个三颈玻璃瓶B，接收瓶的一个口与放在它下面的瓶子连通。接收瓶后面的口装有一根玻璃管ghi，在g和i处黏合黄铜夹头，用来盛极易潮解的固结中性盐，如硝酸石灰或盐酸石灰、亚醋酸草碱等。这根细管与D和E这两个瓶子连通，在x和y处装满苛性碱溶液。

装置的各个部件都用精密螺旋连接，接触部分垫上涂了油的皮革以防止空气通过。每个部件可通过两端配有的旋塞阀关闭，使我们能够在任何操作阶段分别称量各个部件中的物质。

将发酵性物质，比如，糖与适量的酵母，用水稀释后放进长颈蒸馏瓶中。当发酵过于迅速会产生大量的泡沫，泡沫不仅堵塞长颈球形瓶的瓶颈，而且还会在流进接收瓶后再流进C瓶。为了收集并防止这浮渣和未发酵的汁液到达充满易潮解盐的细管中，接收瓶和相连接的细管都应具有更大的容量。

在酒的发酵过程中，只分离出碳酸气体并夹带有少量溶化状态的水。这些水有很大一部分在通过充满粗粉状易潮解盐的细管*ghi*时被积存下来，可通过盐的增加重量来确定水的数量。排出的碳酸气体由管子*klm*输送至*D*瓶后，通过*D*瓶中的碱溶液冒出。任何未被第一瓶吸收的小部分气体都被第二瓶*E*中的溶液所收集，除了实验开始时容器中所盛的普通空气之外，一般不会再有任何物质进入广口瓶*F*了。

同样的装置也非常适用于腐败发酵实验。但在腐败发酵实验中释放出的大量氢气可通过细管*qrsu*离析出来，输入广口瓶*F*中。由于氢气逸出非常迅速，尤其是在夏天进行实验，必须经常更换广口瓶。这些腐败发酵需要按照上述要求不断查验，而酒液发酵则几乎不需要照料。通过这种装置，我们可以非常精确地确定用于发酵物质的重量，以及脱离的液体和气态产物的重量。关于酒液发酵的产物，可以查阅我在第一篇第八章中的相关内容。

第4节　水分解实验装置

由于在本书第一篇中已经介绍了与水分解有关的实验，因此为避免不必要的重复，本节只对水分解作一些总结性分析。具有使水分解性质的主要物质是炽热状态的铁或炭，否则水就只能变成蒸汽，然后经冷凝形成液态水，除此之外不会发生任何变化。反之，炽热状态的铁和炭能从氢与氧形成的化合物中夺走氧元素。在用铁分解水的实验中产生黑色氧化铁，氢以纯气体形态释放出来。而用炭则形成碳酸气体并同氢气混合后释放出来。后者通常是被碳化，即得到溶化状态的碳。

没有枪栓的火枪枪管非常适合用来以铁分解水，枪管多选择很长且坚固的。若枪管太短，就应把一个铜管牢固地焊接在一端以防止过热的封泥发生危险。把枪管置于一个长条形加热炉*CDEF*（图版Ⅶ，图11）中，而且要求*E*到*F*端有一定程度的倾斜。将玻璃曲颈瓶用封泥封到枪管*E*端上，曲颈瓶中盛有水并被置于加热炉*V′VXX′*之上。较低的一端*F*用封泥封到蛇形管*SS′*上，蛇形管与有管口的瓶子*H*相接，在操作过程中任何没有分解的蒸馏水都会收集在此瓶中，释放出的气体

□ **水的分解实验**

　　图为拉瓦锡水的分解实验所用的装置之一。水蒸气从左侧曲颈瓶中逸出，进入用陶瓷密封的管道并继续加热。分解得到的氧气用右侧的试管收集。

则由细管*KK′*输送到气体化学装置中的广口瓶中。可以用一个漏斗代替曲颈瓶，漏斗的下部用一个旋塞阀关闭，让水通过旋塞阀逐渐滴进枪管之中。水一旦接触到铁的加热部分，会立即转化为水蒸气，而用枪管进行实验的方式和蒸馏瓶中提供的蒸气相同。

　　一个在科学院委员会现场所做的实验中，默斯尼尔先生和我为获得尽可能精确的实验结果采取了一切预防措施，甚至在实验开始之前就把要使用的所有器皿抽空，以便获得的氢气中尽可能未混入任何氮气。

　　在许多实验中，我们不得不使用玻璃、陶瓷或铜质管代替枪管；但是玻璃的缺点是，如果加热温度稍有一点点过高，它便容易熔化和变扁；而大多数陶瓷充满细微的孔隙，气体能通过微孔逸出，当受水柱压缩时更是如此。出于这些原因，我订购了一根黄铜管，此管是德·拉·布里谢先生在斯特拉斯堡亲自检验并用实心铸件镗制成的。使用这根铜管将乙醇分解为碳、碳酸气和氢气非常方便。它在用碳元素分解水以及大量这种性质的实验中使用也都非常方便。

第七章
封泥的组成与使用

为了防止实验产物逸出，显然有必要对化学器具的各接头处进行彻底密封。我们使用封泥也就是为了这个目的。封泥应当具有这样的性质：像玻璃一样，除热素以外，最细微的物质不能渗透它。

将约1/8份的松油与蜂蜡均匀混溶后可以做成很好的封泥。封泥非常容易处理，且能严密地黏合玻璃，非常难以穿透。封泥通过添加不同种类的树脂物质可以变得更均匀一致，可调至更硬或更柔软的程度以供使用。尽管这种封泥极适合用以封存气体和蒸气，但许多化学实验产生的大量热素会使这种封泥液化，因此膨胀后的蒸气必定容易强行逸出。

下述油泥是目前所发现适用这种情况最好的封泥，尽管尚存有待确认的某些缺点。把非常干燥、纯净且未经烧结的黏土捣磨成非常细的粉末；将其放进研钵中用很重的铁杵研磨几个小时，缓慢滴入一些煮沸的亚麻籽油。这种油是一种已经被氧化并且与铅黄共沸后获得的干燥品质的油。如果用琥珀漆代替亚麻籽油，那么得到的油泥就更黏、适用性更好。而要制作这种清漆，我们需在一个长柄铁勺中熔化黄色琥珀，以让它失去所含的琥珀酸和精油部分，最后再将勺中的黄色琥珀与亚麻籽油混合。虽然用这种漆制备的油泥比用煮沸过的油制备的更好，但由于其优良的品质几乎不能补偿其额外的花费而很少被使用。

上述油泥能够承受极高的热度且不受酸和乙醇的影响，如果金属、石制品或玻璃已提前完全处理干净，也能得到极令人满意的黏附效果。如果实验过程中在玻璃与油泥之间或者在油泥层之间有任何液体渗透而导致部分潮湿，就会极难密封和打开。这是使用油泥所需注意的最主要而且也许是唯一的不便。由于油泥受热易变软，我们必须用湿皮囊包住接头处的油泥并用双股绳在接头的上下扎紧。对于皮囊及其下面的油泥，我们必须用双股绳绕多圈将其全部缠住扎紧。总之，我们通过这些预防措施尽量避免一切意外危险的发生；而在实验中采用这种方式扎紧的接头，可以被认为是彻底密封。

前述三口瓶时常会发生接头的形状妨碍绑扎的情况，甚至需要费很大的力气才能在不摇晃仪器的情况下使用麻绳；如果有很多瓶口需要绑扎，在固定一个瓶口的时候很容易就把其他几个瓶口密封破坏。在这些情况下，我们可以用涂上了与石灰与蛋白混在一起的亚麻布条代替湿皮囊。这些亚麻布条很快就会干燥并变硬，因此需要在潮湿的时候使用。溶解于水的强力胶水可以代替蛋白。用蜂蜡和松油一起封住接头上面的布条也非常有效。

在使用封泥之前，为了防止移动，所有容器的连接处都必须精密牢固地装配好。如果要把蒸馏瓶的喙形口用封泥封到接收瓶的瓶颈上，应当非常精密地装配贴合，否则我们就必须插进软木小片来固定它们。如果两者非常不匹配，就必须给接收瓶的瓶颈配一个软木塞，软木塞有一个直径适当的圆孔以容纳蒸馏瓶的喙形口。在把弯管装配到图版Ⅳ中图1所绘装置及其他性质类似装置中的瓶颈上时必须有同样的预防措施。每个瓶口都必须配一个软木塞，并用圆锉刀开一个大小适当的孔以容纳细管。当一个口要容纳两个或更多的细管时（当没有足够数量的两口瓶或三口瓶时经常发生这种情况），必须使用有两个或三个孔的软木塞（图版Ⅵ，图8）。

当整个装置像这样牢固地结合起来，且没有任何一个部件会在另一个部件上晃动时，就开始用封泥密封。用手指捏揉，使封泥变软，必要时可以借助于加热；把它捏成圆条形并涂抹在接缝处，小心地把每一个部件都装严密、粘牢固；在第一层封泥上涂第二层并使其每一侧都涂全，直到每个连接处都被充分覆盖。然后必须按照上面的说明，小心地将皮囊或亚麻布条覆盖在所有的连接部位。虽然这个操作看起来非常简单，但却需要特别耐心和灵巧的手法。用封泥密封一个接头时必须极为小心，以防弄乱另一个接头，使用布条和扎条时则更须如此。

在任何实验开始之前，我们都应当事先对泥封的严密性进行检验，其方法是稍微加热一下蒸馏瓶A（图版Ⅳ，图1）或者通过一些竖直的管子S、s、s''、s'''吹进一点空气。压力的改变会引起这些瓶子中的液面变化：如果装置密封得很严密，液面的变化将持续很长时间；如果在任何一个连接处存在细小的孔洞，液位将会很快恢复到原来的水平。因此，必须永远牢记，现代化学实验的所有成就完全依赖于密封操作的精确性。因此，连接处的密封也需要极大的耐心和最精细的操作。

化学家，尤其是那些从事气体化学过程研究的化学家们；要是能够省略封泥的使用，或至少减少复杂仪器中所需封泥的数量，将带来无穷的益处。我曾经计划这样构建我的装置：把带有水晶旋塞的瓶口及所有配件都用金刚砂打磨后再连结起来，但这个计划执行得非常困难。后来我认为在涂有泥封的地方用几分刻度的汞柱代替更可取，并且让人根据这个原理制造了一套装置，它似乎适用于很多情况。

装置由一个双口瓶A（图版Ⅻ，图12）组成，内颈bc与瓶子内部相通，外颈或外缘de使两个瓶颈之间留有间隔，形成一道用来装汞液的深槽。玻璃帽或玻璃盖B适当地安放进这道深槽，玻璃帽较低边缘处的凹槽用来让输送气体的细管通过。这些细管不像常规装置中那样直接插进瓶中，而是有（图13）能够进入凹槽的两个弯曲部分并与瓶盖B的凹槽相配。细管再从槽中上升并越过内口的边缘进入瓶子内部。当细管安装在适当位置并牢牢地装上玻璃帽后，凹槽将装满汞液。双口瓶靠汞液隔绝了除通过细管外进行任何气体流通的可能。对于不与汞液发生作用的物质，使用这套实验装置也许会显得非常方便。图版XII中的图14呈现了一套根据这个原理正确安装的装置。

我的工作也常常得益于塞甘先生许多主动而富有创建性的帮助，比如，他曾经在玻璃厂里向我证明，一些蒸馏瓶完全不需要封泥密封就能与接收瓶连接。

第八章
燃烧与爆燃实验操作

第1节 燃烧概述

根据本书的第一篇内容，燃烧就是由可燃物质引起的氧气的分解。构成这种气体基的氧元素被燃烧物体吸收并与之化合，同时释放出热素和光；因此每一次燃烧必然意味着发生氧化。相反，每一次氧化却不一定都意味着伴有燃烧。如果没有热素和光的分离就无法进行正确的燃烧。在燃烧能够发生之前，氧气的基对可燃物质的亲和力必定强于对热素的亲和力；用伯格曼的话来表述就是：这种选择吸引只能在一定的温度下才能发生，而这种温度因每一种可燃物质而异。所以加热后物质必须相互靠近，以给每一次燃烧带来第一个运动或开始。对要燃烧的物质进行加热的必要性取决于某些因素，这些因素还没有引起任何自然科学家的关注，因此，我将在这里对这个主题作一些详细说明。

自然界目前处于平衡状态，只有在常温下发生自燃或氧化现象才能达到这种平衡。如果不打破这种平衡并把可燃物质升至更高的温度，新的燃烧或氧化就不能发生。让我们来举例说明这一抽象的观点：假定地球在常温下发生了一点改变，假定它只升高至水沸腾的温度；显然在这种情况中，在相当低的温度下可以燃烧的磷将不再以纯单质的状态存在于自然界中，而总是会处于酸化态或氧化态，其根将成为化学中未知的物质之一。让地球环境的温度逐渐升高，同样的情况将陆续发生在所有能够燃烧的物质上。到最后，每一种可能的燃烧都会发生，将不再存在任何可燃烧的物质，因为每一种能够进行这种高温影响的物质都将被氧化，进而变得不再可燃。

因此，就与我们有关的物质而言，除了在地球的常温环境中不可燃烧的物质之外，任何可燃物质甚至人类自身都不可能存在；换句话说，即每种可燃物质不经加热升高到自然发生燃烧的温度，就必然不具有可燃烧性。物质一旦达到这种温度就开始燃烧，而且氧气分解释放出的热素能维持持续燃烧所必需的温度。如果不是这种情况，即当释放的热素不足以保持必要的温度时，燃烧就会停止。这种情况用通俗的语言表达就是，物质燃烧不完全或难以燃烧。

尽管燃烧与蒸馏，特别是在复合类型的操作中有一些共同点，但它们存在本质上的区别。物质在蒸馏过程中只有部分元素彼此分离，并且因温度升高产生的亲和力，使这些元素以一种新的顺序形成化合物。这同样发生于燃烧中，但是却有进一步的情况，即物体中原本没有的一种新元素发生作用；氧气被添加到实验操作的物质中并释放出热素。

在所有的燃烧实验中都必须使用气体状态的氧，而且必须严格确定所使用的量，这就使这种操作变得特别麻烦。由于几乎所有的燃烧产物都以气体状态脱离，保留它们甚至比在复合蒸馏过程中所得到的气体更为困难。因此，古代化学家完全忽视了这种预防措施；同时，这组实验就完全属于现代化学了。

对燃烧实验中要考虑的内容进行简要概述后，我在本章以下各节中将继续介绍燃烧实验所须使用的不同仪器。只是下面的各节不是根据可燃物的性质，而是根据燃烧所需的仪器的性质来编排的。

第2节 磷的燃烧

□ 钟罩实验

1772年，拉瓦锡为了验证物质燃烧后质量会增加的事实，进行了著名的"钟罩实验"。他称量了定量的红磷，使之燃烧、冷却后，又称量灰烬（五氧化二磷)的质量，发现质量增加了。他又燃烧硫磺，同样发现灰烬的质量大于硫磺的质量。1777年9月5日，拉瓦锡向法国科学院提交了划时代的《燃烧概论》，系统地阐述了燃烧的"氧化学说"，这对"燃素说"而言是致命的打击。化学也自此切断了与古代炼丹术的联系，进入了定量化学（即近代化学）时期。图片描绘了"钟罩实验"中磷燃烧的瞬间。

要进行磷的燃烧实验，首先将一个至少能容纳6品脱氧气的广口瓶安装在水气体化学装置（图版V，图1）上；当广口瓶中完全充满气体，且气体开始从下面涌出时，将广口瓶A移往汞装置（图版Ⅳ，图3）。然后用吸墨纸把广口瓶内外表面的汞液擦干。在把纸插到广口瓶下面之前，应注意要将纸浸在汞液中保持一段时间，以免那些牢固地粘在纸表面的普通空气进入。首先把用来燃烧的物质放在精密的天平上准确称量，然后将其放入铁质或瓷质小瓷盘D中。用一个大杯子P将底盘盖住，再一起把它们通过汞液放进广口瓶中，大杯子在浅底盘潜入汞液时能起钟罩的作用，此后将大杯子拿掉。让燃烧物质以这种方式通过汞液有些困难，可以将广口瓶A的某一边升高一些，尽可能迅速地把可燃物质塞进瓷盘D中。这种操作方式会使少量普通空气进入广口瓶，但这些空气的量非常少，因此不会对实验的正常进行或准确性造成任何明显的损害。

当小瓷盘D放入广口瓶下面时，我们就吸出了一部分氧气，以使汞液升至EF处，如前面第一部分第五章中所指出的那样。否则当燃烧物质着火时膨胀的气体会被部分压出去，将无法再对实验前后的数量进行任何精确的计算。一种非常方便的抽出空气的方式是使用配有虹吸管GHI的气泵注射器，注射器可以使汞柱升到28法制时以下的任何高度。对于极易燃的物质如磷，用炽热的弯铁丝MN（图版Ⅳ，图16）快速通过汞点燃。对于不易点燃的物质，则将固定有小粒磷的一点引火物放在上面，再用炽热的铁丝点燃磷来实现引火物和物质燃烧。

在燃烧的最初瞬间，空气因受热变得稀薄，汞液面将出现下降；但当磷和铁在燃烧过程中不再形成弹性流体时，要不了多久就会发生非常明显的快速吸收，使汞液面上升而进入广口瓶中。请务必注意，不要在一定量的气体中燃烧过多的物质，否则在接近实验终了时，小瓷盘D就会接近广口瓶的顶部，以致因燃烧产生的高温及冷汞液引起的突然冷却而发生破裂的危险。关于测量气体体积的方法，以及根据气压计和温度计等校正容器的方法，见本篇第二章的第5节和第6节。

上述方法非常适用于燃烧所有的固体物质甚至固定油。后者在广口瓶下面的灯中燃烧，且很容易被引火物、磷和炽热的铁点燃。但是对于诸如醚、醇和精油等易蒸发物质，在中等温度是极易引发危险的。这些物质大量溶解在氧气中，一经点燃就会有突然发生爆炸的危险，会将广口瓶抛起很高并炸成无数碎片。科学院的一些成员和我本人在两次事故中就曾险些被炸到。此外，尽管这种操作方式足以非常准确地确定所吸收的氧气和产生的碳酸气的量；但是由于在所有含过量氢元素的植物和动物性物质实验中会形成水，因此这套装置既不能用于收集生成的水，也不能用于确定水数量。用磷做的实验甚至是不全面的，因为不可能证明产生磷酸的重量等于在这个过程中燃烧的磷和吸收的氧气重量的总和。因此，我们需要根据情况调整装置，并使用几种不同的装置。下面我将按顺序描述这些装置，首先是用于磷燃烧的装置。

取一个大号的水晶或白色玻璃球形瓶A（图版Ⅳ，图4），瓶上有一个直径约为2吋半或2吋的瓶口EF，用金刚砂精确打磨黄铜帽配在瓶口上，其上有两个让细管xxx和yyy通过的孔。在用铜帽盖上球形瓶之前，将支座BC放入瓶中，在支座上放上盛有磷的瓷杯。然后用油泥密封瓶帽，干燥数日后再精确称量。然后用与细管xxx连通的空气泵抽空球形瓶中的空气，将气量计（如本篇第二章第二节所述，图版Ⅷ，图1）通过细管yyy并将其充满氧气。然后用烧红的玻璃棒点燃磷，让其燃烧，直至固结的雾状磷酸使燃烧停止，在燃烧的同时不断用气量计补充氧气。在装置已经冷却时，称重并打开泥封，扣除仪器的皮重后剩下的就是所含磷酸的重量。为了实验更加精确，应适当检验燃烧后球形瓶中所盛空气或气体的性质，因为也许它碰巧稍重或稍轻于普通空气，根据实验结果进行计算时必须考虑到这种重量的差异。

第3节　炭的燃烧

炭的燃烧所使用的装置由一个小圆锥锻铜炉组成，如图版Ⅻ中图9透视图所示，其内部结构如图11所示。装置分为燃烧炭的炉体ABC、炉排qe和灰孔F，炉子拱顶中间的管子GH用来引入炭并用作放出燃烧后空气的烟筒。通过与气量计相连的细管lmn把计划用来维持燃烧的氢气或空气送进灰孔F，通过对气量计施加压力，迫使氢气或空气经灰孔并通过炉具qe吹到直接放在炉具上燃烧的炭。

占大气28%的氧气在与炭燃烧时变成碳酸气，而大气中的氮气则根本不发生变化。因此，炭在大气中燃烧之后必定会留下碳酸气和氮气的混合物。为了让混合气体排出，用在G处的一个螺旋给烟筒GH配上细管op，把气体输送入装有一半苛性草碱溶液的瓶子中。碳酸气被碱吸收，氮气输送进第二个气量计中以确定其量。

首先，精确确定加热炉ABC的重量，然后通过烟筒GH将已知重量的细管RS插进去，使其下端S完全占据炉具qe；接下来将炉子装满炭，再次称重以确定实验用炭的确切量。现在把炉子放在适当的位置上，把细管*lmn*与气量计连通并紧固好，把细管*op*与碱溶液瓶子连通并紧固好。在一切准备就绪后，打开气量计旋塞阀，把一小块燃烧的炭投进细管*RS*，然后立即将此管撤掉，把管子*op*紧固到*GH*上。小炭块落至炉具上，同时落到所有炭块下面，并通过来自气量计的空气保持燃烧状态。为了确定燃烧已经开始并正常进行，把上端*s*粘接有一片玻璃的细管*grs*安装到加热炉上，透过玻璃可以查看炭是否正在燃烧。

上面忽略了应将加热炉及其附件放在池槽*TVXY*（图版Ⅻ，图11）内的水中，必要时可以加冰块避免热度过高。但加热炉的热度并不会很高，因为除来自气量计的空气之外，没有任何其他空气参与燃烧，而且每块炭的燃烧不会超过紧贴炉具部分。

在炭块燃烧完全时，由于炉壁倾斜，另一个炭块就落在其位置。此炭块进入来自炉具的空气流之中并燃烧。如此反复，直至全部炭块都燃烧尽。供燃烧使用的空气直吹炭块，在气量计的压力下通过细管*op*流经碱溶液瓶后排出。

这个实验提供了对空气和炭块进行全面分析的所有必要数据。如果我们已经知道炭消耗的重量和气量计度量的所用空气数量，那么回收在另一个气量计中或被回收在气体化学装置广口瓶中燃烧后剩余气体的数量和质量就可以被确定。留在灰孔中的灰烬的重量也容易确定；称量碱溶液瓶子所增加的重量就得出了这个过程中所形成的碳酸气体的确切量。同样，通过这个实验可以十分准确地确定碳元素和氧元素进入碳酸气体的成分比例。

在将来要提交的一篇论文中，我将向科学院介绍用仪器对所有植物性和动物性炭块所做的一系列实验。这台装置经略微改造就可以用来观察呼吸过程中产生的主要现象。

第4节 油的燃烧

油至少由碳、氢这两种元素化合而成，性质比炭更复杂。当然，油在普通空气中燃烧之后剩余的是水、碳酸气和氮气。油燃烧所使用的装置需要适于收集这三种产物，因此也就比炭燃烧用的加热炉更复杂。

用于油燃烧的装置由一个大号广口瓶或罐A（图版XII，图4）组成，在广口瓶的上缘DE处的外围适当用一道铁圈紧固，在BC处收口是为了方便在BC与广口瓶的外壁之间留下一道略深于2吋的沟或槽。广口瓶的瓶盖（图5）也围有一道铁圈fg，调整铁圈放进盛满汞液的槽xx（图4）中，瓶盖具有不用封泥就立即将广口瓶密封的作用。由于槽能够容纳约2吋深的汞液，因此广口瓶内空气可以承受2吋多水的压力而不会有逸出的危险。

瓶盖有Thik四个孔，以供对应数量的

□ 约翰·道尔顿

约翰·道尔顿（John Dalton，1766—1844年），英国化学家、物理学家。道尔顿的"原子论"是继拉瓦锡的"氧化学说"之后理论化学的又一次重大进步。拉瓦锡在他的著作中并未解释，一定的元素是如何产生化合物的，以及为什么产生化合物，而另一些元素却不能；为什么只是将两种元素放在一起就不一定产生反应。约翰·道尔顿在这些问题上迈出了重要的一步，他在其著作《化学哲理的新体系》中复活了古代的原子思想，并执着地认为化学反应是在原子的层面上发生的。

细管通过。开口T装有一个皮盒，一根预备用来升降灯芯的杆通过皮盒，此杆后面将会有说明。另外三个孔用来通过三根细管：其中一根输送油到灯；第二根输送维持燃烧的空气；第三根将燃烧作用之后的空气送出。图2所示为燃烧油的灯；a是油壶，有一个用来盛油的漏斗；bcdefgh是将油输送到油灯11的虹吸管；7、8、9、10是为了在燃烧过程把空气从气量计输送到同一盏灯的细管，细管bc下端b在外部形成一个外螺纹，旋进油壶a的盖中的内螺纹中；以便通过某种方式旋转油壶使其上升或下降，以此让油位保持在必要的高度。

在注满虹吸管并连通油壶和灯时，须将旋塞阀c关上、e打开，从虹吸管顶部的开口f注入油，直至油位在里面上升至油灯上缘的三四吋；然后关上旋塞阀k并打开c处；然后在f处注入油直至将虹吸管分支bcd注满，然后关上旋塞阀e。此时虹吸管的两个分支完全盛满，油壶和油灯完全接通。

图版XII中的图1绘制的放大图清楚地显示了油灯（图2）的所有部件。细管ik把油从油壶输至油壶的空腔aaaa；细管9、10将空气从气量计引出以维持燃烧；此空气通过空腔dddd扩散，借助通道cccc和bbbb，并且按照阿甘德（Argand）、奎因奎特（Quinquet）和兰格（Lange）的灯具原理分配到灯芯的每一边。为使这套复杂的装置以及对此装置的说明能够使所有其他同类装置更易于理解，图版XI中描绘了完整连接起来以供使用的装置。气压计P通过细管和旋塞阀1、2为燃烧提供空气；细管2、3与第二个气量计相连，燃烧过程中当第一个气量计排空时将第二个气量计充满，这样就不会中断燃烧；4、5是一个充满易潮解盐的玻璃管，用以在空气通道中尽可能地干燥空气。由于在实验开始时已知此管及其所容纳盐的重量，因此也就容易确定这些盐从空气中所吸收的水量。空气由此潮解盐细管通过导管5、6、7、8、9、10传导至油灯11，在这里如前所述，扩散到灯芯的两边以供火焰燃烧。这些空气中的一部分，即用以维持油燃烧的部分，通过氧化油的构成元素而形成碳酸气。这些水的一部分凝结在A罐的壁上，另一部分由燃烧释放出的热素在空气中处于溶化状态。这些空气受气量计的压力，通过细管12、13、14、15进入瓶子16和蛇形管17、18，水在这里受空气的冷却而完全凝结；如果还有任何水仍处于溶化状态，也会被细管19、20所容纳的易潮解盐吸收。

所有预防措施只是为了收集和确定实验中形成的水的数量；碳酸气和氮

气仍有待确定。前者用瓶子22和25中的苛性碱溶液吸收。图中只绘出了2个瓶子，但是实验中至少需要9个；这一系列瓶子中的最后一个可以充满一半石灰水，石灰水是指示碳酸气存在的最可靠的试剂；如果石灰水不变混浊，我们就可以确信在此空气中没有足够量的碳酸气。

在已燃烧后剩余的空气中，虽然仍混有相当分量的未经燃烧、未发生变化的氧气，但其主要是由氮气组成的。这些空气通过第三根易潮解盐管28、29时，失去在碱溶液瓶和石灰水瓶中可能获得的水分，并由此通过细管29、30进入一个气量计中确定数量。然后用它来做小实验，使其在硫化草碱的作用下确定所含的氧气和氮气的比例。

灯芯在油的燃烧中最终会被烧焦并妨碍油的上升。但如果把灯芯升到一定的高度之上，那么通过其毛细管作用上升的油就多于气流能消耗的油量，从而产生浓烟。因此，有必要在不打开装置的情况下使灯芯延长或缩短。这一点可以通过一个皮盒与灯芯支座相连的杆31、32、33、34完成，为了使这根杆移动以及由此产生的灯芯移动能够以最平稳和最便利的方式进行调节，它可以靠一个在齿轨上转动的小齿轮随意移动来控制，如图版XII中图3所示。在我看来，用图版XI中所绘两头开口的小玻璃广口瓶将油灯火焰围住似乎会有助于燃烧。

我不会对这个装置的结构进行更详细的说明，此装置在许多方面仍然有待改造和调整，我只是要补充说明在实验中使用此装置时必须精确称量油灯和装有油的油壶，再如前面所指出的那样放置并点燃；然后将气量计和灯中的空气接通，用一个木板BC和两根铁棒将外面的广口瓶A（图版XI）从上到下固定并拧紧，铁棒与木板和瓶盖相连并用螺丝拧固。广口瓶在调整瓶盖时就会有少量的油燃烧，而燃烧的产物会散失；同时来自气量计的空气也有少量损失。这二者在众多的实验中无足轻重，甚至可以在计算中估算得到。

我将在一篇内容详尽的论文中向科学院总结出与这种实验紧密相关的种

种困难。这些困难如此难以克服和麻烦，以致我目前还完全不能准确确定产物的数量。但固定油在燃烧过程中完全分解成水和碳酸气，已经充分证明它们是由氢、碳两种元素组成；但对这些成分的确切比例还无法确定。

第5节　乙醇的燃烧

关于乙醇的燃烧实验，我们可以在已经描述过的炭和磷的燃烧装置中轻松地完成。我们将一盏装满乙醇的灯放在广口瓶 A（图版Ⅳ，图3）下，如前所述，然后将一点磷块放在灯芯上，并用烧红的铁丝点燃。但整个过程可能会有很多操作不便，在实验开始使用氧气时要担心爆燃的危险，甚至使用普通空气时都有可能会发生爆燃。在学院的一些成员面前，发生爆燃对我来说几乎是致命的事故。我没有像往常那样在要做实验前才临时准备实验，而是在之前一个晚上就将一切准备妥当；因此，广口瓶中的空气就有足够的时间溶解大量的乙醇；甚至汞液柱的高度大大促进了这种蒸发，我已经将汞液柱升至 EF（图版Ⅳ，图3）处。当我试图用炽热的铁丝点燃一小块磷时，剧烈的爆炸发生了，强大的冲击力把广口瓶猛烈地抛到了实验室的地板上，并将其摔成了碎片。

因此，只能以这种方式对极少量的乙醇进行操作，如10格令或12格令的乙醇；而在如此少量的实验中可能出现的误差就会妨碍我们信任其结果。我们在1784年《科学院文集》的第593页的实验中曾首先在普通空气中点燃乙醇，然后按照乙醇消耗的比例给广口瓶充入氧气，以尽力延长燃烧时间。但是此过程产生的碳酸气使乙醇更难以燃烧并成为燃烧的极大障碍，尤其是其比在普通空气中更糟；所以即使采用这种方法，也只能燃烧很少量的乙醇。

也许这种燃烧在油装置（图版Ⅺ）中会取得更好的效果；但我迄今为止还没有冒险去尝试。进行燃烧用的广口瓶体积接近1 400立方吋，如果在这样

□ 一则嘲讽拿破仑的漫画

　　拿破仑一向注重科学研究、尊重科学家，他本人也曾是法国科学院的院士之一。这则漫画诙谐地描绘了时任炮兵军官的拿破仑参与拉瓦锡的一次化学实验，结果发生了"爆炸"。

的容器中发生爆炸危险，后果将非常可怕且极难防范。但我目前仍在积极地探索施行乙醇燃烧实验的方法。

　　由于这些困难，目前只能将实验限制在对极少量的乙醇进行，或者至少是限制在敞口容器中进行，如图版Ⅸ中图5所示，此容器将在本章第七节中加以说明。如果能够消除这些困难，我将重新开始这项研究。

第6节　醚的燃烧

　　虽然醚在封闭容器中燃烧并不存在像乙醇燃烧那样的困难，但却存在某些不同的、更不易克服的困难妨碍着实验的推进。我试图利用醚具有溶解于大气的性质，使其在不发生爆炸的情况下成为可燃物。为此，我定制了一个醚储罐 $abcd$（图版Ⅻ，图 8），空气通过细管1、2、3、4从气量计到贮醚罐。首先，让这些空气在醚储罐的双层盖中扩散，然后通过 ef、gh、ik 等7个末端伸入醚液底的细管，并且在气量计的压力下从贮醚罐内的醚液中以气泡形式逸出。可以用一个附加的醚储罐 E 按照被空气溶解并夹带醚的比例替换第一个醚储罐中的醚，附加的醚储罐用一个15吋或18吋长的黄铜管及一个旋塞阀连接。连接管的这一长度是为了使下降的醚能够克服来自气量计的空气压力所产生的阻力。

于是夹带着醚蒸气的空气通过细管5、6、7、8、9到广口瓶A中，让它在广口瓶中从一个毛细管口逸出并点燃。空气在满足燃烧目的后通过瓶子16（图版XI）、蛇形管（17、18）及潮解管（19、20）与碱液瓶；碳酸气在这些瓶子中被吸收，而实验过程中形成的水已经在装置的前面部件中先沉积下来。

我在请人组配这台装置时曾一度认为，空气和醚是以维持燃烧的恰当比例形成混合物储存在储罐 $abcd$（图版XII，图8）中的。但是，我在这一点上错了，因为要使存在的过量醚气充分燃烧，必须要补充一定量的空气。因此，根据这些原理制造的燃醚灯要能在普通空气中点燃，普通空气能提供醚燃烧所必需的氧气量，但燃醚灯不能在封闭的容器中点燃。由于这一情况，放在广口瓶A（图版XII，图8）中的点燃的燃醚灯，在广口瓶关闭之后不久就熄灭了。用侧管10、11、12、13、14、15给灯输送空气并环绕火焰进行分配来弥补这一缺陷；但是燃烧的火焰非常小，以至于最微弱的气流都能将其吹灭，因此我至今还没有成功地进行过醚燃烧实验。但我也没有丧失完成它的信心，只要对此装置进行某些改造即可。

第7节 氢气燃烧与水的生成

在水的生成过程中，之前都处于气态的氢和氧经过燃烧，变成了液体或水。如果能够得到完全纯净的这两种气体，它们可以在燃烧时不留下任何残留，那么这个实验只需非常简单的仪器就能轻易进行。在这种情况下，我们可以在非常小的容器中操作，并且通过适当的比例持续充入这两种气体，就可以使燃烧无限持续下去。但是到目前为止，化学家们仅仅使用了混有氮气的氧气的气体。由于这种情况，他们只能在封闭的容器中使氢气的燃烧维持在非常有限的时间，空气也由于氮气残留物的不断增加而变得非常污浊，以致火焰变弱并熄灭。这种麻烦与所使用的氧气的纯度成反比。在这种情况下，我们要么必须满足于对小量气体进行操作，要么必须不时地抽空容器以排空氮气残留物。但是，在排空操作中，实验形成的一部分水因抽气而蒸发。由此产生的误差不一定能保证此方法的精确性，因为我们没有确定的方法来评估误差的大小。

这些考虑使我希望用完全没有掺杂任何氮气的氧气来重复主要的气体化学实验，而纯氧气可以从氧化盐酸草碱中获得。从此盐提取的氧气似乎并不含有氮气，除非是意外。因此，我们通过适当的预防措施可以获得完全纯净的氧气。如第一部分第八章中所述默斯尼尔先生和我用来燃烧氢气重新生成水的装置可以达到此目的，在此就不重复介绍此装置了。当获得纯氧气体后，这个装置除了可以缩小容器的容量之外（图版Ⅳ，图5）无须做任何改动。

氢气燃烧一旦开始就会持续相当长的时间，但随着燃烧后剩余氮气数量比例的增加而逐渐减弱，直至最后氮气的比例过高，使得火焰燃烧无法维持而熄灭。必须防止这种自发的熄灭，因为氢气在其储气罐中受1.5时刻度水的压力，而氧气只承受3吩刻度的压力，所以在球形瓶中两者就会发生混合；而混合气体就会被压力较大的气体压进氧气贮存器中。每当火焰变得非常微弱时，必须关闭细管dDd'的旋塞阀以中止燃烧。为此，我们必须在装置旁留意守护。

还有另一种燃烧装置非常适合在化学科学课程中展示；虽然我们不能用它进行与前面仪器一样精确的实验，但它给出了非常惊人的结果。它由一个置于金属冷却器$ABCD$中的蛇形管EF（图版Ⅸ，图5）组成。这个蛇形管的上部E固定着烟筒GH，烟筒由两个管子组成，内管是蛇形管的延续，外管是一个镀锡铁皮套，铁皮套约在1时距离处围住内管，中间用沙子填充。内管的下端K固定一个玻璃管，我们给它配了一盏阿尔冈灯LM，用以燃烧乙醇等。

灯型装置这样安排妥当，在充满一定量的乙醇后将其点燃。燃烧过程中形成的水在烟筒KE中上升到蛇形管中凝结，通过其F端流出进入P瓶。间隔中填满了沙的烟筒双层管用来防止水在其管子上部冷却凝结，否则水就会再落回管子里，我们就无法确定它的数量，而且水滴落到灯芯上会使火焰熄灭。这种结构旨在使烟筒总是保持高温的状态，使蛇形管总是保持低温的状态，这样，水在上升时可以保持蒸汽状态，并且一进入装置的倾斜部分就能够迅速凝结。通过这个由默斯尼尔先生设计的装置，以及我在1784年《科学院文集》的第593页描述的内容，我们用这个装置，并注意保持蛇形管始终处于低温状态，就可以通过燃烧16盎司乙醇而收集到近17盎司的水。

第8节　金属氧化

"金属氧化"或"金属焙烧"这两个术语主要是用来表示金属受一定程度的加热，通过吸收空气中的氧气生成氧化物的过程。这种化合的发生是由于氧气在一定温度下所具有的对金属的吸引力比对游离态热素的吸引力大。由于这种热素是缓慢而渐进地离析在普通空气中的，因此人们几乎没有明显的感觉。但当金属在氧气环境中发生氧化时情况就完全不同了，因为金属氧化发生的速度要快很多，通常还伴有发热和发光现象。这就明显地表明，金属物质实际上是可燃物质。

所有的金属对氧气的吸引力程度不同，比如金、银和铂，甚至在已知最强的热度下都不能从它与热素的结合中将其夺走；而其他金属则能一定程度地吸收热素，直至金属对氧气的吸引力以及后者对热素的吸引力达到完全平衡。这种吸引力的平衡状态事实上可以被假定为所有组合中一条普遍存在的自然规律。

在这种性质的操作中，自由流通的空气可以加速金属的氧化。有时候风箱可以对氧化有很大的帮助，风箱能将空气流直接送至金属表面。氧化过程如果用氧气流就会变得更加迅速，这很容易借助之前描述的气量计来实现。在氧气流通过的情况下，金属会喷出耀眼的火焰，氧化作用很快就能完成；但因为采购氧气的费用很高，这种方法只能在非常有限的实验中进行。在矿石的研究以及实验室的所有常规操作中，金属的焙烧或氧化通常是在一个烧制陶盘（图版Ⅳ，图6）中进行的，通常称为"焙烧实验（roasting test）"。为了给空气提供新鲜的金属表面，要经常搅动氧化过程中的物质。

每当对不易挥发的金属进行这种操作，并且在操作过程中没有任何东西飞到周围的空气中时，金属就会获得额外的重量；但是在流通空气中进行的实验永远无法发现氧化过程中重量增加的原因，也就是说，只有在紧密的容器中和确定数量的空气中操作时，才能对产生这种现象的原因形成客观的判断。用于此目的的第一种方法应归功于普利斯特里博士，他把要焙烧的金属放在一个瓷杯N（图版Ⅳ，图11）中，将瓷杯放在广口瓶A之下的支架IK上，让广口瓶放在盛满水的池槽BCDE之中。用虹吸管吸出空气，使水位上升到GH，并使烧热的玻璃正好落到金属上。几分钟后将发生氧化作用，空气中所含的部分氧气与金属化合，空气的体积也相应地等比例减少；剩下的只不过是氮气，但仍混有少量氧气。我在1773年《物理和化学小论文集》首次出版的论文中，介绍了用这套装置所做的一系列实验，在这个实验中用汞液代替水可以使结果更加准确。

由波义耳先生发明的另一种方法也可用于此目的，我在1774年《科学院文集》的第351页中对此进行了介绍。将金属导入曲颈瓶（图版Ⅲ，图20）后对喙形口进行密封；然后极小心地加热，让金属氧化。在加热过程中，曲颈瓶末端破裂之前容器及其所盛物质的重量完全没有变化。但当末端破裂时，外部空气就会带着"嘶嘶"的声音冲进去。如果不在密封曲颈瓶之前通过加热赶出部分空气，这种操作就很危险。因为当曲颈瓶置于加热炉上时，就很容易因空气膨胀而爆裂。驱赶出的部分空气可以接收在气体化学装置中的广

口瓶内，再由广口瓶确定这些空气及曲颈瓶中所剩余的空气量。我未能按计划
增加金属氧化的相关实验；除锡之外，也没有在任何金属上获得过满意的结
果。要是有人能对金属在几种气体中的氧化进行一系列的实验就好了；因为
这会是一个非常重要的研究课题，而且成果将充分回报这种实验可能带来的
任何麻烦。

由于汞的所有氧化物在不添加任何物质的情况下就能再生并恢复它们
之前所吸收的氧气，因此似乎汞是最合适用来进行结论性氧化实验课题的金
属。我曾试图在密闭的容器中完成汞的氧化，方法是在装有少量汞的曲颈瓶
中注入氧气，并将一个装满同样气体的皮囊套在其喙形口上，如图版Ⅳ中图
12所示。然后对曲颈瓶中的汞液进行长时间的加热，成功地氧化了少量汞，
结果形成了一点漂浮在汞液面上的红色氧化物。但数量非常少，在操作前后
的氧气数量产生的最小误差都会给实验结果带来极大的不确定性。而且我对
这种方法并不满意，因为任何空气都可能从皮囊的孔隙中逸出，特别是当它
没用布盖住并不断维持潮湿状态时，会因炉热而干皱。

这个实验用1775年《科学院文集》的第580页所描绘的装置来完成就更
加确定了。此装置由一个曲颈瓶A（图版Ⅳ，图2）组成，喙形口熔接有一个内
径为10吋或12吋的弯曲玻璃管BCDE，让其在盛满水或汞液的池槽中口朝下
倒立在玻璃钟罩FG内。将曲颈瓶置于加热炉MM′NN′（图版Ⅳ，图2）炉栅上
或沙浴中。我们可以通过这个装置在几天内将少量的汞在普通空气中氧化。
可以将漂在汞液面上的红色氧化物收集起来并再生，以便将再生得到的氧气
量与氧化过程中吸收的氧气量进行比较。这种实验只能小规模地完成，且得
出的结论并不具有确定性[1]。

---

〔1〕参见第一篇第三章中对这个实验的具体介绍。——A

在这里应当指出的是，铁在氧气中的燃烧才是实际意义上的金属氧化。图版Ⅳ中图17中所示的便是英根豪茨先生用来进行这种操作的装置。第三章已经充分叙述了这项操作，读者可以查阅该处所讲的内容。铁也可以在充满氧气的容器中燃烧进行氧化，其方法与磷和炭的燃烧方法相同。此装置如图版Ⅳ中图3所示，方法如本书第一部分第五章中所述。我们从英根豪茨先生那里知道，除了金、银和汞之外，所有的金属都可以用同样的方式燃烧或氧化，方法是将它们剪成非常细的金属丝或切割成非常窄的唇形薄片。用铁丝将这些金属丝或片缠绕在一起，并由铁丝把燃烧性质传递给这些金属。

汞在空气流通的条件下甚至都很难被氧化。在化学实验室里，汞的氧化通常在一个长颈蒸馏瓶A（图版Ⅳ，图10）中进行，蒸馏瓶具有非常扁平的瓶体和非常长的瓶颈BC，这个容器通常称为"波义耳巢（Boyle's hell）"。往瓶中导入足以盖住瓶底的汞液并将其置于沙浴中，保持沙浴的热度可使汞液持续接近沸腾。在几个月内持续用五六个类似的蒸馏瓶进行这种操作，不时地更新汞液，最后会得到几盎司红色氧化物。这种装置的缓慢和不便是由于空气没有得到充分的更新；但是另一方面，如果与外部空气的循环过于流畅，又会夺走气化状态的汞，以致几天后容器中不会再有任何汞液残留。

由于在所有的金属氧化实验中，用汞进行的实验最具有结论性。因此，人们非常希望能够设计出一种简单的装置，以便在化学课程中公开展示金属氧化及其结果。依照我的看法，这可以通过类似于已经描述的用于燃烧炭和油的方法来完成。但由于其他事务，我目前还未能重新开始这种实验。

汞的氧化在不添加任何物质的情况下经加热至微微红热状态就会再生。在这种温度下，氧对热素的亲和力大于对汞的亲和力而形成氧气。这些氧气总是混有少量的氮气，这表明汞在氧化过程中吸收了少量的氮气。这些氧气中几乎总是含有少量的碳酸气体，这无疑是氧化物受到污染所致。这些污染物受热焦化，再生时把部分氧气转化成为碳酸气体。

如果化学家们一定要在他们的实验中使用那种在不添加任何物质的情况下，通过加热氧化汞获得的氧气，即从所谓"焙烧"或"沉淀析出（precipitated per fe）"的汞来获得所有氧气的话，那么，这种昂贵的制氧成本，将使实验甚至是中等规模的实验变得不切实际。但是汞同样可以通过硝酸氧化，甚至可以获得比焙烧制得的红色氧化物更纯的产物。我有时在曲颈瓶中，或在长颈蒸馏瓶和曲颈瓶的碎片上，将汞溶解在硝酸中，然后用焙烧蒸发至干燥的盐来制备汞氧化物；但是我却从来没有成功地用药商出售的氧化汞（我相信这些东西是从荷兰进口的）制得过氧气。我们在购买氧化汞时应当选择表面光滑、黏附鳞状组成的硬块，而那些粉末状的有时会掺杂有红色氧化铅。

为了从红色氧化汞中得到氧气，通常要用到一个瓷质曲颈瓶，其喙形口上配有长玻璃管。将其放在水气体化学装置中的广口瓶之下，并且在玻璃管的末端把一个瓶子放在水中，瓶子可以按再生的汞和蒸馏出的比例回收汞。直至曲颈瓶变红才有氧气出现，这似乎证明了贝托莱先生所确立的原则；即暗热绝不能形成氧气，以及光是其组成元素之一。我们必须舍弃最初的一份气体，因为该气体中混有在实验开始时就盛在曲颈瓶中的普通空气。即使采取了这种措施，所获得的氧气也常常被1/10的氮气和极少量的碳酸气所污染。对此，让气体通过苛性碱溶液，很容易除去后者。尽管我们不知道分离氮气的具体方法，但可以确定氮气的比例。其方法是将已知数量被氮气污染的氧气与硫化苏打或硫化草碱接触两周，硫化物吸收氧气使硫转化为硫酸而留下纯氮气，由此就可以确定氮气的比例。

同样我们可以从黑色氧化锰或硝酸苏打中获得氧气，其方法是：在已经描述过的对汞的红氧化物进行操作的装置中对它们进行加热至炽热处理。只是需要加热到至少能使玻璃变软的热度，所以我们必须使用石质或瓷质曲颈瓶。但是最纯、最好的氧气是通过简单的加热从盐酸草碱中分离出来的气体。该操作在玻璃曲颈瓶中完成，如果放弃与容器中普通空气混合的第一份气体，得到的气体就是非常纯净的氧气。

第九章
爆 燃

我已在第一篇第九章中指出，氧气与其他物质化合时，并不总是以气体状态释放出它所含的全部热素。氧在形成的硝酸和氧化盐酸化合物中几乎携带其全部热素参与化合；因此，在硝酸盐尤其是在氧化盐酸盐中，氧气在某种程度上仍处于气体状态，而被凝结并减少到它能够占据的最小体积。

在这些化合物中，热素对氧形成持续性的作用，以使其恢复到气体状态。因此，氧只不过非常轻微地被吸附着，即使最小的外力都能使其释放出来。而当施加这种力时，氧常常会瞬间恢复到气体状态。这种由固态向气态的快速转变常常因为伴有响声和爆炸（explosion），而被称为起爆（detonation），即爆发（fulmination）。爆燃（deflagration）通常由炭与硝石或氧化盐酸草碱的化合引起，有时会加入硫助燃。制造火药依靠的正是这些成分的合理比例以及对混合物的适当配制。

由于氧气在与炭爆燃时，变成了碳酸气而不是氧气，因此至少当混合物以适当的比例配制时，碳酸气体就释放出来了。用硝石爆燃时同样会脱离出氮气，因为氮是硝酸的组成元素之一。

然而，这些气体的瞬间脱离和膨胀并不足以解释所有的爆燃现象；因为假如这是唯一的爆炸动力的话，那么火药的强度就会随着一定时间内脱离的气体数量越多而越强，这并不总是与实验相符。我曾经试过一些种类的火药，它们产生的效果几乎是普通火药的两倍，尽管它们在爆燃过程中排出的气体量要少1/6左右。起爆时释放出的热素量在很大程度上促成了膨胀效应；虽然实际上热素可以渗透到每个物体的微孔，但它只能在一定的时间内逐渐渗透；因此当同时脱离的数量太大而不能渗透周围物体的微孔时，它必定就会以与普通弹性流体相同的方式起作用，破坏阻碍其一切通路。当火药在加农炮中点火时，这种情况必定会发生，至少在一定程度上会发生。尽管热素可以渗透金属，但由于脱离的量太大而不能同时通过金属的微孔，热素就必定会尽力到处逃逸。除了炮口之外，到处的阻力都因太大而无法克服，这种力量就用来发射炮弹。

热素通过其粒子之间的排斥力产生了第二种效果：热素会导致爆燃时脱离的气体以与产生的温度成比例的力度膨胀。

水在火药爆燃过程中很可能会被分解，提供给新生成的碳酸气体的部分氧大概率就是由水分解后产生的。如果是这样的话，在爆燃的瞬间一定会有相当数量的氢气被分离出来，这些氢气将会膨胀，并对爆炸的力量产生一定的作用。如果我们考虑到1品脱氢气只重1格令，那就很容易想象到这种情况必然大大增了火药的效果。因此，非常小的重量必定占据非常大的空间，而且它在液态转变为气态时必定施加巨大的膨胀力。

最后，由于火药在爆燃过程中部分未分解的水变成蒸汽，而且由于处于气体状态的水占据的空间比其处于液体状态所占据的空间大1 700倍或1 800倍，那么这种情况必定也对火药的爆炸力起到很大的放大作用。

我已就混有炭和硫的硝石在爆燃过程中释放出的弹性流体的性质做了相当多的实验，还做了一些混有氧化盐酸草碱的实验。使用这种研究方法，得出的关于这些盐的组成元素导出的结论相当精确。这些实验的一些主要结果以及从这些实验中得出的关于硝酸分析的结论，刊载于外国学者向科学院期刊提交的论文集的第十一卷第625页中。后来我购得了使用起来更方便的仪器并打算大量重复这些实验，这样可以获得更精确的结果。不过，以下才是我目前所使用的方法。我非常诚恳地建议那些打算重复这些实验的人，在对任何含有硝石的炭或硫的混合物进行操作时要非常小心，尤其是对那些氧化盐酸草碱与这两种材料共存其中的那些混合物。

我利用长约6吋、直径约5吩或6吩的枪管，将一个铁钉牢牢地钉进枪管的点火孔，并在孔中折断，再在里面涂上一点锡匠的焊料以防止有空气放出。将已知量的硝石和炭的混合物，或其他任何能爆燃的混合物磨成极细的粉末，并用适量的水调成糊状装进这支枪管。装入的每一份糊状料都必须用直径几乎与枪管直径相同的撞杆塞实，枪口处留下4吩或5吩空间，装料末端加上约2吋的速燃导火索。这个实验唯一的困难，尤其是当混合物中含硫时的困难，就是要调配适当的湿润程度；因为，如果糊状物过于湿润就不会着火，而如果太干爆燃就容易速度过快甚至发生危险。

当不打算让实验十分精确时就将导火索点燃，当即将燃至装料时，就将枪管放到气体化学装置中充满水的大玻璃钟罩下面。爆燃在水中开始并继续，气体依混合物干燥程度或快或慢地脱离出来。只要爆燃继续在，就必须使枪口稍微向下倾斜，以防止水进入枪管。我有时会以这种方式收集到由1.5盎司或2盎司硝石爆燃产生的气体。

在这种方式的操作中，因为一部分碳酸气在通过装置时被水吸收而无法确定释放的总量。但碳酸被吸收时氮气仍然存在，只要将其在苛性碱溶液中搅拌几分钟就能得到纯碳酸气，且可以很容易确定其体积和重量。改变炭的比例，用这种方式进行多次重复实验，直至找到使所用的全部硝石爆燃所必需的确切的量，我们甚至能够获得关于碳酸数量的相对精确的知识。通过所使用炭的重量可以确定碳酸饱和所需的氧气重量，并推断出一定重量的硝石中所包含的氧数量。

我还使用了另一种方法，也得益于这种方法让这个实验得到的结果更精确。该方法是：在盛满汞的玻璃钟罩中收集脱离出的气体。我使用的汞装置

□ **巴黎的化学公开实验**

　　17世纪的巴黎，市民们喜欢到现场观看化学实验，他们常把这种神奇的展示当作"魔法表演"。

大到能足够容纳容量为12～15品脱的广口瓶，往广口瓶中装入汞液时极不容易操作，甚至需要用特殊的方法来盛满汞。将广口瓶置于汞池中并引入玻璃虹吸管，让虹吸管与小空气泵相连，用空气泵抽完空气使汞液面升至充满广口瓶。此后，爆燃的气体会以与使用水时相同的方式进入瓶中。

　　必须再次强调的是，这种实验需要在尽可能谨慎的情况下进行。我偶尔会看到，当气体的爆燃过于迅速时，充满150磅以上的汞广口瓶被爆炸的力量冲击破成碎片，而汞则四散开来。

　　当在实验中成功地用广口瓶收集到气体时，就用本书在本篇第二章中已经指出的方法精确确定其总量以及混合物中几种组成气体的性质和数量。由于目前从事的相关工作使我无法对已经开始的爆燃实验进行最后的处理，我希望这些火药爆燃知识能对火药制造业提供帮助。

第十章

处理物质所需的耐高温仪器

第1节 熔 化

我们已经清楚地知道，物质的粒子在水溶液中处于彼此分离的状态；但溶液中，无论是所含的溶剂还是所含的物质都没有被分解。因此，我们只要让物质产生分离的原因中止，粒子就会重新聚集，而盐类物质恰好能恢复到其溶化前所具有的外观和性质。溶化实际上是缘于加热，即由在物体粒子之间引入和积聚大量的热素所产生。这种在热素中发生的溶化现象通常被称为熔化（Fusion）。

熔化通常在被称作坩埚的容器中完成，坩埚必须比用它们来加热的物质更不易熔。因此，各个时代的化学家们都极其渴望得到非常耐熔的坩埚，即能耐很高热度的坩埚。质量好的坩埚是用非常纯的黏土或陶土做成的，而那些用混有石灰质土或硅土做成的则非常易熔。巴黎附近制造的所有坩埚都是这种易熔的，因此不适用于大多数的化学实验。砂质坩埚质量还不错，但最好的坩埚是用里靡日土（limoges earth）做成的，且似乎完全不可熔化。法国各地有许多非常适合做坩埚的黏土，例如，圣戈宾玻璃工厂用来制造熔锅的那种当地的黏土。

根据要执行的熔化操作，坩埚被制造成各种形状。图版Ⅶ的图7、图8、图9、图10所示的是最最常见的几种，图9所示的那种坩埚的口部几乎完全被封闭了。

虽然物质的熔化过程通常不改变其性质，但这种操作常常用作分解物质，以及使物质再次聚合。所有金属都是用熔化方式从其矿石中提取得到的，它们靠这种方法再生、铸造、彼此熔合。沙子和碱土通过熔化过程化合形成玻璃，人造宝石即彩色宝石以及珐琅也是靠熔化形成的。

古代的化学家比现代的实验要更频繁地采用强火焰加热方式，由于在科学研究中采用了更精确的方式，因此"湿法"比干法更受欢迎，并且在所有其他分析方法都失败之前很少使用熔化方式。

第2节 加热炉

加热炉是化学实验中最经常用到的仪器，而且大量的实验要依靠加热炉巧妙的结构设计才能取得成功，因此在实验室中，拥有很好的加热炉显得非常有必要。加热炉是一种有时设计成自下而上逐渐变粗的中空圆塔*ABCD*（图版XIII，图1）。它至少必须有两个侧向开口：一个是位于其上部*F*处的炉门；一个是在其下部*G*处，与灰孔相通。炉膛在这两个开口之间被一个用来支托燃料的水平炉排隔开，其位置在图中用*HI*线标明。虽然这种结构是所有化学用加热炉中最不复杂的，但它却能用于许多目的。铅、锡、铋等金属一般而言不需要强火加热的物质都可以用它在坩埚中熔化，它可以供金属氧化、蒸发容器以及用于沙浴，如图版III中图1、图2所示。为了使加热炉适合于这些用途，在其上缘开几个槽口*mm'*（图版XIII，图1），否则任何可以置于火上的盘状器具就会阻止空气通过妨碍燃料燃烧。这种加热炉只能产生中等程度的热度，因为它所能够消耗的炭量受由灰孔*G*口通过的空气流量的限制。通过扩大这个开口可以大大提升加热的温度，但这样某些操作的巨大气流可能会对其他操作造成影响。因此，在我们的实验室里必须配有为不同用途而置备的不同形状的加热炉，尤其应有下面描述的几种不同大小的加热炉：

实验室里也许更有必要配备反射炉（图版XⅢ，图2）。它与普通加热炉一样是由灰孔*HIKL*、炉膛*KLMN*、实验舱*MNOP*、拱顶*RR′SS′* 及拱顶上的通风筒或烟筒*TT′VV′* 组成，可以根据不同的实验性质给拱顶加配几根细管。曲颈瓶*A* 放在所谓实验舱的部分中，由两根穿过炉子的铁棒支撑着、其喙形口在炉壁的圆孔处伸出，在所谓实验舱的部件上凿出圆孔的一半，而在拱顶上凿出另一半。巴黎的陶瓷厂所销售的大多数成品反射炉的上下两个开口都太小，小到不能让足够量的空气通过。由于消耗的炭量几乎等同于物质释放的热素量，几乎与通过反射炉的空气量成正比，因此这些炉子在大量的实验中没有足够的加热效果。应当在灰孔处开两个口*GG′* 来补救这一不足，其中一个在只需要中等火力时被关闭；需要最强效果时就把两个口都打开。拱顶上的开口*SS′* 也应当比通常做的要大很多。

极为重要的是，不要使用与炉子的比例相比尺寸差别过大的曲颈瓶，因为在炉子和容器的侧面之间应该始终留有足够的空间让空气通过。图中的曲颈瓶*A* 相对于炉子的尺寸来说太小，但我发现更正差错要比指出差错困难得多。拱顶的作用就是迫使火焰或热素包围曲颈瓶并且返回或反射到曲颈瓶的每一个部分上，反射炉就是因此而得名的。如果曲颈瓶没有热素的反射只能使其底部受热，所盛物质产生的蒸气就会在其上部凝结，就会发生持续聚集，而不会有任何物质进入接收瓶；但是拱顶能使曲颈瓶的每个部分都同样受热，被迫出去的蒸气只能在曲颈瓶的瓶颈或接收瓶中凝结。

为了防止曲颈瓶底部突然受热或冷却，有时将其放在一个陶制沙浴中，再将沙浴直立在炉子的横棒上加热。在许多操作中，还给曲颈瓶涂上封泥，这些封泥有的用来防止曲颈瓶受热或冷的突然影响，有的则是用来支撑玻璃，即形成另一种曲颈瓶，当操作过程中的强热使玻璃曲颈瓶软化时可支撑住它。前者用制砖用的黏土加少量牛毛搅成糊状或浆状而成，再涂在玻璃或石质曲颈瓶上。后者用纯黏土与捣碎的粗陶混合而成，并以同样的方式使用。用火使其变干变硬以起到支撑曲颈瓶的作用，如果下面的曲颈瓶破裂或变软还能够保留住实验材料。但对计划收集气体的实验，会由于这种封泥有孔而无法使用。

反射炉在不需要强加热的许多实验中可以用作熔炉，具体方法是去掉所谓实验舱这个部件，并把拱顶直接放在炉火上，如图版 XIII 中图3所示。图4所示的炉膛非常便于熔化操作，它由壁炉和灰孔 ABD 组成，且没有炉门，有一个孔 E 接纳用封泥紧紧地封住的风箱口，拱顶 ABGH 的位置应当比图中所绘的低一些。此炉不能产生极强的热度，但足以满足常规操作，而且可以很容易地移到实验室的任何地方。虽然这些特殊的炉子使用起来非常方便，但每个实验室仍须配备带有好风箱的焙烧炉，更有必要配备一个强大的熔炉。下面我将根据我所使用的熔炉构造原理来进行说明。

空气在煤炭的燃烧过程中被加热从而在炉中循环；空气加热后会发生膨胀，变得比周围的空气轻，受侧面空气柱的压力被迫上升，被来自四面八方尤其是下方的新鲜空气所取代。甚至当煤炭在普通暖锅（chaffing dish）中燃烧时都会发生这种空气循环。但是我们很容易想到：在所有其他情况都相同时，在四面敞开的暖锅中通过的空气团，不可能有被迫通过像大多数化学用中空塔形炉的空气团一样大，因此在这后一种构造的炉中燃烧必定更迅速。例如，假设炉子的 ABCDEF（图版 XIII，图5）上面敞开并且盛满燃烧的煤，空气通过煤的动力将与两个等于 AC 的空气柱的比重之差成正比。这两个空气柱一个是外面的冷空气柱，另一是炉子内受热的空气柱。在炉口 AB 之上必定有一些受热的空气，同样应该考虑到这种空气的高度流动性；但由于这一部分不断冷却并被外部空气带走，因而它不可能产生任何大的影响。

如果我们在这个炉子里加上一个直径相同的大中空管 GHAB，被煤燃烧加热的空气可以保存下来而不被周围的空气冷却和驱散，引起循环的比重之差就将在与GC相等的两柱之间。如果GC是AC长度的三倍，循环就有三倍动力。基于这样的假设：$GHCD$中的空气与$ABCD$中所容纳的空气热度相同。但严格地讲，情况并不是这样，因为AB与GH之间的热度必定降低。但由于$GHAB$中的空气要比外部空气暖很多，于是，由此得出中空管的存在必定增加气流的速度从而导致必须有更多的空气通过煤，因此煤必定会发生更大程度的燃烧。

但我们却不一定能由这些道理得出中空管的长度应当无限延长的结论。这是因为，空气中的热度在从AB到GH的过程中逐渐降低，甚至在从管子两侧的接触中也是如此，假若把管子延长到一定的长度，我们最终就会到达某一个平衡点，在这一点上所容纳空气的比重会与外部空气相等。在这种情况下，由于冷空气不再上升，就会成为下沉气团，并阻挡下面空气的上升；而且由于这些用于燃烧的空气必然与碳酸气体混合，而碳酸气体比普通空气重得多。假如中空管做得足够长，那么管内空气最终就会与管外部空气的温度极为接近甚至低一些。因此，我们可以得出结论：给炉子增加中空管的长度必须要有某个极限，超过了这个极限它就会削弱而不是增强火力。

从这些思考中可以得出，给炉子增加的底部第一节中空管所产生的效果大于第六节，而第六节会大于第十节；但没有数据来确定应该停止在什么高度。这种有效增加的极限完全按中空管的材料是热导体的弱度而增长，因为空气将因此而被冷却得很少，所以烧制的土质管比铁质管要好很多。由于炭是已知最差的热导体之一，有必要把中空管做成双层并在中间填上密实的炭。这样一来，空气的制冷速度就会减慢，空气流的速度也会随之增加；而且用这种方式中空管完全可以做得更长。

由于炉膛是炉子最热的部分，也是空气通过时产生最大程度膨胀的部分，因此这一部分在制作时应当适当加宽或使其呈腹状。这一点非常有必要，因为它要容纳煤炭和坩埚以及支持燃烧或让燃烧后的空气通道，并且只让空气从煤炭之间的空隙通过。

我的熔炉就是根据这些原理设计定制的，相信它的效果至少与迄今为止制造的任何熔炉相当，但我也并不能妄称它具有在化学炉中能够产生最大可能的加热强度。由于目前对空气在通过熔炉时所增加的体积并未进行实验验证；因此对下孔和上孔之间应当存在的适当比例还不了解，而且更不了解这些孔应做成的绝对尺寸。由于缺乏根据原理继续论述的确切数据，只能通过反复实验来达到预期的目的。

此炉依照上述原理制作成椭圆形的球状，如图版 **XIII** 中图6的 *ABCD* 所示，椭球的两端被两个垂直于轴的平面在椭球的焦点处截断。从这个形状来看，它能够容纳相当数量的煤炭，同时在间隔处留有足够的空间以供空气通过。为了做到没有障碍与阻止外部空气的自由流通，我们仿照马凯尔先生的熔炉模型在下面完全敞开并直立于铁三脚架之上。炉箅由镶在缘上并有一定间隙的平直铁条做成。其上部加一个约18呎长、直径约为炉子直径的一半，由烧制土制成的烟筒（即管 *ABFG*）。尽管此炉产生的热度比化学家们目前所使用的任何炉子所产生的热度都强，但仍然能用前面提到的方法使其效果大大提高，其中最主要的是使中空管尽可能地成为热的不良导体，如把它做成双层并在中间填上密实的炭。

当需要知道铅是否为含有金或银的混合物时，将其置于称作烤钵的煅烧骨制空舱小容器中用高温加热。铅被氧化后呈玻璃状渗入烤钵的骨质中，而金或银不能氧化则保持纯态。由于铅在没有空气的情况下不会发生氧化，这个操作就不能用需要放置在炉中正在燃烧煤中间的坩埚内进行，因为坩埚内部空气经燃烧多半已经还原成为氮气和碳酸气，不再适合金属的氧化。因此，我们有必要设计一种特殊的装置，让金属在这种装置中应当同时经受强热的影响，且避免与因煤的燃烧而变成不再可燃的空气接触。用来达到这种双重目的的炉子被称为烤钵炉或实验炉。通常把这种炉做成方形，如图版

XIII中图8、图10所示，它有一个灰孔$AA'BB'$、一个炉膛$BB'CC'$、一个实验舱$CC'DD'$和一个拱顶$DD'EE'$。马弗炉或烧土制小烘箱GH（图9）对准开口GG'放在炉内横置铁棒上的实验舱中，并用以水软化的黏土封住。烤钵放在烘箱或马弗炉中，煤炭从拱顶和加热炉口送进炉膛之中。外部空气从灰孔口进入维持燃烧并从EE'处上口或烟筒逸出，空气通过马弗炉的门GG'进入以氧化所含的金属。

只要稍加观察，就足以发现，这种炉的构造原理存在问题，例如，当GG'口关闭时，由于缺乏空气，氧化过程发生得缓慢且困难；而当此孔打开，进入的冷空气流就使金属凝固并阻碍氧化进程。这些不便之处可以轻易纠正，应当让外部新鲜气流始终作用在金属表面，并使此空气通过用炉火持续保持炽热的陶质导管。通过这种方式构造的马弗炉，其内部将永远不会被冷却，并且在几分钟内就可以完成目前需要相当长时间的过程。

萨热（Sage）先生以不同的方式弥补了这些缺陷。他将装有金或银熔合铅的烤钵放在普通炉子的炭火中，并用一个小瓷蒙烊盖住。当对整体进行充分加热时，他用普通手动风箱对着金属表面送风，用这种方式可以极容易极精确地完成烤钵试金。

第3节　以氧气代替空气增强燃烧效果

用大号取火镜，如用特彻诺森和德·特鲁戴恩（de Trudaine）先生的取火镜能得到的热度略高于目前在化学炉甚或在烧制硬瓷的烘炉中所产生的热度。但是这些仪器非常昂贵，甚至不能产生足以熔化天然铂的热度，以致它们的优点绝不足以补偿购买甚至使用它们的困难。凹面镜产生的加热效果稍强于同样直径的取火镜。这一点已被马凯尔和博姆两位先生用阿贝·布里奥特（Abbé Bouriot）的反射镜所做的实验证实；但由于反射光线的方向必定是自下而上，需要处理的物质必须没有任何支撑地悬空着，这就使大多数化学实验无法用这种仪器完成。

由于这些原因，我首先尝试使用氧气进行燃烧，方法是在大皮囊中注入氧气，并使其通过一个可以用旋塞阀关闭的细管；用这种方式能成功地使由氧气支持点燃的炭持续燃烧。甚至在第一次尝试时，所产生的热度就高到可以轻易地融化少量的天然铂。这次尝试的成功要归功于以下所述气量计的设想——我用气量计代替了皮囊。因为我们能够给氧气以任何必要程度的压力，所以就能用气量计来维持稳定的气流，甚至让炭燃烧的热度更高。

这种实验所需的唯一装置，是一张有个小孔F的小桌子ABCD（图版Ⅶ，图15）。桌子上有铜管或银管穿过的小孔且管端在G处有一个很小的开口，可用旋塞阀H控制开或关。这根长管延长到桌子下面的lmno处，与气量计的内腔接通。当我们要进行操作时，必须用凿子在一个炭块上凿一个几吩深的孔，然后把要处理的物质放进去。用蜡烛或吹管将炭点燃，然后将炭块放置在管FG的G端处，使其暴露在快速流通的氧气流中间。

这种操作方式只能用于可以与炭接触的物体，但对如金属、简单的土物质等并不会造成不便。但对于那些构成元素与炭存在吸引力且易被炭分解的物质，如硫酸盐、磷酸盐、大多数中性盐、金属玻璃、珐琅等，则必须使用一盏灯，使氧气流通过灯的火焰。为了实现这个目的，我们用肘状吹管ST代替与炭一起使用的弯管FG。用这种方式产生的热度绝不像前一种方式产生的那样强，而且非常难以使铂熔化。用灯进行这项操作时，物质置于煅烧骨制烤钵或者小瓷杯甚或金属盘之中。但如果金属盘足够大，物质就不会发生熔化，因为金属是热的优良导体，会导致热素迅速扩散到整个金属盘，以致物质的任何部分都不能大量受热。

在1782年《科学院文集》的第476页和1783年《科学院文集》的第573页，可以详细查阅到我用这种装置所做的一系列实验。以下是一些主要结果：

（1）水晶或纯硅土不能熔化，但当与其他物质混合时却能变软或熔化。

（2）石灰、苦土和重晶石不论单独存在还是化合在一起都不能熔化；但它们有助于其他每一种物体的熔化，特别是石灰。

（3）黏土或明矾的纯基，自身完全可以熔化为非常坚硬的不透明的玻璃状物质，能像宝石一样割划玻璃。

（4）所有的复合土质和石质都能很容易地熔化成为一种褐色玻璃。

（5）所有的盐类物质，甚至固碱都会在几秒钟内挥发掉。

（6）金、银，可能还有铂，都可低度挥发且没有任何特殊现象。

（7）除汞以外的所有其他金属物质，都能通过放置在炭块上被氧化，并以不同颜色的火焰燃烧直至最后完全消散。

（8）金属氧化物也都燃烧并伴有火焰。这似乎构成了这些物质的一个独特特征，甚至使我相信，正如伯格曼所怀疑的那样，重晶石是金属氧化物；但目前我们还没有能够获得纯或常规状态的金属。

（9）有些宝石，比如红宝石，能够在不损坏其颜色甚或减少其重量的情况下变软并且固接在一起。紫蓝锆石（hyacinth）虽然几乎与红宝石同样被固接，但很容易失去颜色。萨克逊黄玉、巴西黄玉和巴西红宝石很快就会失去颜色并且重量会减少约1/5，留下白色的泥土类似于白色石英或未上釉的瓷。祖母绿、贵橄榄石和石榴石几乎立刻熔化成为不透明的彩色玻璃。

（10）钻石呈现出自身特有的性质；燃烧方式与可燃物相同并完全消散。

还有另一种方式，即把氧气送进炉子以显著增大火力。阿哈德（Achard）先生首先提出了这个构想；但他认为，用此过程可以使大气脱去所谓的"燃素"，即使大气除去氮气。这种想法是绝对不能令人接受的。我为此提出建

造一个结构简单的炉子，炉膛用非常耐火的陶土建造，类似于图版 XIII 中图
4所示的炉子，只是其所有构件的尺寸都更小一些。它在*E*处必须有两个口，
其中的一个供风箱的管嘴通过，通过普通空气将热度提高到尽可能的高度；
此后突然中断来自风箱的普通空气流，将氧气通过管充进炉膛，让此管与压
力为4吋或5吋水柱的一个气量计接通。我用这种方式可以把几个气量计的氧
气结合起来，以使8立方呎或9立方呎的气体通过炉子；而且，我期待着用这
种方式能产生比目前所知要强很多的热度。炉子的上孔必须注意做成相当大
的尺寸，以使产生的大量热素可以通畅地排出，否则这种过度膨胀的高弹性
流体会引起爆炸的危险。

附录

这部分为各种单位间的换算表格。

附录1

吩即1/2吋以及吩的小数与吋的十进制小数部分的换算表

吩的（#/12）	吋的小数部分	吩	吋的十进制小数部分
1	0.006 94	1	0.083 33
2	0.013 89	2	0.166 67
3	0.020 83	3	0.250 00
4	0.027 78	4	0.333 33
5	0.034 72	5	0.416 67
6	0.041 67	6	0.500 00
7	0.048 61	7	0.583 33
8	0.055 56	8	0.666 67
9	0.062 50	9	0.750 00
10	0.069 44	10	0.833 33
11	0.076 39	11	0.916 67
12	0.083 33	12	1.000 00

注：在英制单位中，1吋合2.54厘米；1吩合3.175毫米；另1呎合30.48厘米。

附录2

以吋和十进制小数部分表示的气体化学装置中观测到的水柱高度

和相应汞（液）柱高度的换算表

水柱高度	汞（液）柱高度	水柱高度	汞（液）柱高度
0.1	0.007 37	4	0.294 80
0.2	0.014 74	5	0.368 51
0.3	0.022 01	6	0.442 21
0.4	0.029 48	7	0.515 91
0.5	0.036 85	8	0.589 61
0.6	0.044 22	9	0.663 32
0.7	0.051 59	10	0.737 02
0.8	0.058 96	11	0.810 72
0.9	0.066 33	12	0.884 42
1	0.073 70	13	0.968 12
2	0.147 40	14	1.041 82
3	0.220 10	15	1.115 25

附录3

普利斯特里博士使用的盎司计量法与法制
和英制立方吋计量法的换算表

盎司数	法制立方吋	英制立方吋
1	1.567	1.898
2	3.134	3.796
3	4.701	5.694
4	6.268	7.592
5	7.835	9.490
6	9.402	11.388
7	10.969	13.286
8	12.536	15.184
9	14.103	17.082
10	15.670	18.980
20	31.340	37.960
30	47.010	56.940
40	62.680	75.920
50	78.350	94.900
60	94.020	113.880
70	109.690	132.860
80	125.380	151.840
90	141.030	170.820

续表

盎司数	法制立方吋	英制立方吋
100	156.700	189.800
1 000	1 567.000	1 898.000

附录4

列氏温度与华氏温度换算表

列氏温度	华氏温度	列氏温度	华氏温度	列氏温度	华氏温度	列氏温度	华氏温度
0	32	19	74.75	38	117.5	57	160.25
1	34.25	20	77	39	119.75	58	162.5
2	36.5	21	79.25	40	122	59	164.75
3	38.75	22	81.5	41	124.25	60	167
4	41	23	83.75	42	126.5	61	169.25
5	43.25	24	86	43	128.75	62	171.5
6	45.5	25	88.25	44	131	63	173.75
7	47.75	26	90.5	45	133.25	64	176
8	50	27	92.75	46	135.5	65	178.25
9	52.25	28	95	47	137.75	66	180.5
10	54.5	29	97.25	48	140	67	182.75
11	56.75	30	99.5	49	142.25	68	185
12	59	31	101.75	50	144.5	69	187.25
13	61.25	32	104	51	146.75	70	189.5
14	63.5	33	106.25	52	149	71	191.75
15	65.75	34	108.5	53	151.25	72	194
16	68	35	110.75	54	153.5	73	196.25
17	70.25	36	113	55	155.75	74	198.5
18	72.5	37	115.25	56	158	75	200.75

续表

列氏温度	华氏温度	列氏温度	华氏温度	列氏温度	华氏温度	列氏温度	华氏温度
76	203	78	207.5	79	209.75	80	212
77	205.23						

注：任何高于或低于上表所列的度数都可以随时进行换算转换，只要记住列氏温度的1° 等于
华氏温度的2.25°；也可以不用上表而按以下公式计算：（$R \times 9$）/4+32=F；也就是说列氏
度数与9的乘积除以4之商加32，其和就是华氏度数。——E

附录5（补充）

法制度量单位与对应的英制度量单位的换算规则[1]

补充1. 重量

巴黎磅，即查理曼大帝马克标重，包含9 216巴黎格令；可以分成16盎司，每盎司为8格罗斯，每格罗斯为72格令。每1巴黎磅等于英国金衡制7 561格令。

英国金衡制的12盎司包含英国金衡制的5 760格令，相当于7 021巴黎格令。

英制重量单位1磅含16盎司，即英国金衡制7 000格令，相当于8 538巴黎格令。

附表5.1.1 巴黎与英制重量格令换算表

从巴黎格令数值得到英国金衡制格令数值，应除以：	1.218 9
从英国金衡制格令数值得到巴黎格令数值，应乘以：	

附表5.1.2 巴黎与英制重量格令换算表

从巴黎盎司得到英国金衡制盎司，应除以：	1. 015 734
从英国金衡制盎司得到巴黎盎司，应乘以：	

---

[1]译者非常感谢罗伯逊教授为该附录内容提供资料。

也可以通过下表换算。

附表5.1.3　巴黎重量与成英制重量换算表

1巴黎磅	7 561	
1巴黎盎司	472.562 5	英国制金衡格令
1巴黎格罗斯	59.070 3	
1巴黎格令	0.819 4	

附表5.1.4　英制重量与巴黎重量换算表

英国金衡制的1 磅含 12盎司	7 021	
英国金衡制的1盎司	585.083 0	
英国金衡制的1打兰含 60 格令	73.135 3	巴黎格令
1便士硬币或1旦尼尔重24格令	29.254 0	
1吩含 20格令	24.378 4	

附表5.1.5　英制重量与巴黎重量换算表

英国金衡制的每1磅含16盎司或7 000格令	巴黎格令	853 8
英国金衡制的1盎司	533.625 0	

补充2. 长度和体积单位

附表5.2.1　巴黎与英制长度和体积单位换算表

将巴黎的呎或时换算成英制呎或时，应乘以：	1.065 977
将英制呎或时换算成巴黎的呎或时，应除以：	
将巴黎的立方呎或时换算成英制立方呎或时，应乘以：	1.211 278
将英制立方呎或时换算成巴黎的立方呎或时，应除以：	

也可以通过下表换算。

附表5.2.2　巴黎长度与英制长度换算表

巴黎皇家长度单位的1呎含12吋	12.797 7	
巴黎皇家长度单位的1吋	1.065 9	英制长度（吋）
1吩刻度，或1/12吋刻度	0.088 8	
1吋刻度的1/12	0.007 4	

附表5.2.3　英制长度与巴黎长度换算表

英制长度1呎	11.259 6	
英制长度1吋	0.938 3	
1吋的1/8	0.117 3	巴黎皇家长度（吋）
1吋的1/10	0.093 8	
吩，或1吋的1/12	0.078 2	

附表5.2.4　巴黎体积与英制体积换算表

巴黎体积		英制体积	
立方呎	1.211 278	立方呎	2 093.088 384
立方吋	0.000 700	立方吋	1.211 278

附表5.2.5　英制体积与巴黎（法制）体积换算表

1立方呎或1 728立方吋	1 427.486 4	
1立方吋	0.826 0	巴黎（法制）体积（立方吋）
1立方吩	0.000 8	

补充3. 容积单位

1巴黎品脱等于58.145[1]英制立方吋，1英制品脱等于28.85立方；或者1巴黎品脱等于2.015 08英制品脱，1英制品脱等于0.496 17巴黎品脱。因此：

附表5.3.1　巴黎容积单位与英制容积单位换算表

巴黎1品脱换算成英制品脱，应乘以：	2.015 08
英制1品脱换算成巴黎品脱，应除以：	

---

〔1〕据说建筑施工业的1品脱水是31盎司64格令，体积等于58.145立方吋。但由于法国各地使用的标准不一致，导致各地1立方单位体积水的重量也不一致，因此最好遵守埃弗拉德（Everard）的度量标准，即按照法国皇家学院和英国皇家学会以英制和法制的呎按一定比例制定的国库标准。

附录6

10°（54.5°）条件下，不同气体在28法制时或29.84英制时
大气压条件下的重量换算表（以英制体积度量单位和英制重量单位表示）

附表6.1.1　巴黎容积单位与英制容

气体名称[1]	1立方吋的重量	1立方吋的重量		
	标准纯度	盎司	打兰	标准纯度
空气	0.321 12	1	1	15
氮气	0.300 64	1	0	39.5
氧气	0.342 11	1	1	51
氢气	0.023 94	0	0	41.26
碳酸气	0.441 08	1	4	41
气体名称[2]	标准纯度	盎司	打兰	标准纯度
亚硝气	0.370 00	1	2	39
氨气	0.185 15	0	5	19.73
亚硫酸气体	0.715 80	2	4	38

〔1〕这五种气体均由拉瓦锡先生自己测定。——E
〔2〕最后三条是拉瓦锡先生根据基尔万先生的授权补充的。——E

附录7

不同物质的比重表

1. 各种金属

附表7.1.1　金在各种情况下的比重表

24克拉的纯金熔化，但未被锤击过	19.258 1
24克拉的纯金熔化，同时被锤击过	19.361 7
巴黎标准的22克拉的精品黄金，未经过锤击[1]	17.486 3
巴黎标准的22克拉的精品黄金，经过锤击	17.589 4
法国硬币标准21克拉精品黄金，未经过锤击	17.402 2
法国硬币标准铸造21克拉黄金	17.647 4
法国饰品标准20克拉精品黄金，未经过锤击	15.709 0
法国饰品标准20克拉精品黄金，经过锤击	15.774 6

附表7.1.2　银在各种情况下的比重表

纯银或维尔京24丹尼尔银，未经锤击	10.474 3
纯银或维尔京24丹尼尔银，经过锤击	10.510 7
巴黎标准11丹尼尔10格令银，未经锤击[2]	10.175 2

---

〔1〕相同的标准纯金。

〔2〕此处的10格令银优于标准纯银。

巴黎标准11丹尼尔10格令银，经过锤击	10.376 5
法国硬币标准10丹尼尔21格令银，未经锤击	10.047 6
法国硬币标准10丹尼尔21格令银，经过锤击	10.407 7
法国饰品标准20克拉精品银，未经过锤击	15.709 0
法国饰品标准20克拉精品银，经过锤击	15.774 6

附表7.1.3 铂在各种情况下的比重表

粒状天然铂	15.601 7
粒状粗铂，经盐酸处理	16.752 1
纯净铂金，未经锤击	19.500 0
纯净铂金，经过锤击	20.336 6
纯净铂金被拉成相同的线状	21.041 7
纯净铂金通过滚筒处理	22.069 0
法国饰品标准20克拉精品铂金，未经过锤击	15.709 0
法国饰品标准20克拉精品铂金，经过锤击	15.774 6

附表7.1.4 铜和黄铜在各种情况下的比重表

铜，未经锤击	7.788 0
铜被拉成相同的线状	8.878 5
黄铜，未经锤击	8.395 8
黄铜被拉成相同的线状	8.544 1

附表7.1.5 铁和钢在各种情况下的比重表

铸铁	7.207 0
棒铁，无论是否有螺纹	7.788 0
既未经回火也没有螺纹处理的钢	7.833 1

续表

有螺纹但未经回火处理的钢	7.840 4
有回火和螺纹处理的钢	7.818 0
有回火但未经螺纹处理的钢	7.816 3
法国饰品标准20克拉精品黄金，未经过锤击	15.709 0
法国饰品标准20克拉精品黄金，经过锤击	15.774 6

附表7.1.6 锡在各种情况下的比重表

源自康沃尔郡的纯锡熔融后未经螺纹处理	7.291 4
源自康沃尔郡的纯锡熔融后经螺纹处理	7.299 4
马六甲锡，未经螺纹处理	7.296 3
马六甲锡，经螺纹处理	7.306 5
熔融铅	11.352 3
熔融锌	7.190 8
熔融铋	9.822 7
熔融钴	7.811 9
熔融砷	5.763 3
熔融镍	7.807 0
熔融锑	6.702 1
粗锑	4.064 3
锑玻璃	4.946 4
钼	4.738 5
钨	6.066 5
汞	13.568 1

2. 各种宝石

附表7.2.1　各种宝石比重表

白色东方钻石	3.521 2	巴西蓝宝石	4.130 7
玫瑰色东方钻石	3.531 0	蓝蛋白石	4.000 0
东方红宝石	4.283 3	锡兰黄皓石	4.416 1
尖晶石宝石	3.760 0	红锆石	3.687 3
玫红色尖晶石	3.645 8	朱砂	4.229 9
巴西尖晶石	3.531 1	波西米亚石榴石	4.188 8
东方黄玉	4.010 6	十二面体石榴石	4.062 7
东方淡黄绿色	4.061 5	叙利亚石榴石	4.000 0
巴西黄玉	3.536 5	火山石榴石，拥有24条棱边	2.468 4
萨克逊黄玉	3.564 0	秘鲁翡翠	2.775 5
萨克逊白玉	3.553 5	珠宝匠用冰晶石	2.782 1
东方蓝宝石	3.994 1	巴西冰晶石	2.692 3
东方白色蓝宝石	3.991 1	绿柱石，即东方海蓝色宝石	3.548 9
普伊岛蓝宝石	4.076 9	西方海蓝色宝石	2.722 7

3. 各种硅石

附表7.3.1　各种硅石比重表

马达加斯加纯水晶	2.653 0
巴西纯水晶	2.652 6
欧洲纯水晶，或凝胶状水晶	2.654 8
晶体石英	2.654 6
非晶体石英	2.647 1
东方玛瑙	2.590 1
缟纹玛瑙	2.637 5
透明玉髓	2.664 0

续表

肉红石髓	2.613 7
红缟玛瑙	2.602 5
葱绿玉髓	2.580 5
缟纹鹅卵石	2.664 4
雷恩鹅卵石	2.653 8
白碧玉	2.950 2
绿碧玉	2.966 0
红碧玉	2.661 2
布朗碧玉	2.691 1
黄碧玉	2.710 1
紫碧玉	2.711 1
灰碧玉	2.764 0
缟碧玉	2.816 0
黑色棱柱六面体碧石	3.385 2
黑斑碧石	3.385 2
黑色无定形碧石，称为"古代玄武岩"	2.922 5
铺路石	2.415 8
磨刀石	2.142 9
卡特勒石	2.111 3
枫丹白露石	2.561 6
奥弗涅砥石	2.563 8
洛兰砥石	2.529 8
碾磨石	2.483 5
白燧石	2.594 1
黑燧石	2.581 7

4. 各种杂石

附表7.4.1　各种杂石比重表

意大利不透明绿色蛇纹石，或佛罗伦萨辉长石	2.429 5
布里昂松天然白垩	2.727 4
西班牙白垩	2.790 2
多菲内叶理状不纯皂石	2.768 7
瑞典叶理状不纯皂石	2.853 1
白玉母滑石	2.791 7
黑云母	2.900 4
普通片岩或板岩	2.671 8
新板岩	2.853 5
白磨石	2.876 3
黑白磨石	3.131 1
菱形或冰岛水晶	2.715 1
锥形方解石	2.714 1
东方金白色法规仿古雪花石膏	2.730 2
绿色康潘大理石	2.741 7
红色康潘大理石	2.724 2
白色卡拉拉大理石	2.716 8
白色帕罗斯岛大理石	2.837 6
法国建筑中所用的各种石灰石	1.386 4 ~ 2.390 2
重晶石	4.430 0
白萤石	3.155 5
红萤石	3.191 1
绿萤石	3.181 7
蓝萤石	3.168 8
紫萤石	3.175 7
埃德尔福什红色闪沸石	2.486 8

续表

白色闪沸石	2.073 9
结晶沸石	2.083 3
黑沥青石	2.049 9
黄沥青石	2.086 0
红沥青石	2.669 5
暗黑色沥青石	2.319 1
红斑岩	2.765 1
多菲内红斑岩	2.703 3
绿蛇纹石	2.896 0
称为麻点玄武岩的多菲内蛇纹石	2.933 9
多菲内绿蛇纹石	2.988 3
辉绿岩	2.972 2
细粒花岗岩	3.062 6
埃及红色花岗岩	2.654 1
精美红色花岗岩	2.760 9
吉拉德马斯花岗岩	2.716 3
浮石	0.914 5
黑曜石	2.348 0
沃尔维克金星石	2.320 5
试金石	2.415 3
巨人之路玄武岩	2.864 2
奥弗涅棱柱形玄武岩	2.415 3
芒硝	2.854 8
瓶罐玻璃	2.732 5
绿色玻璃	2.642 3
白色玻璃	2.892 2
圣戈宾水晶	2.488 2
燧石玻璃	3.329 3

续表

硼砂玻璃	2.607 0
塞夫勒瓷	2.145 7
利摩日瓷	2.341 0
中国瓷	2.384 7
天然硫	2.033 2
熔融硫	1.990 7
硬泥煤	1.329 0
润滑脂	0.926 3
黄色透明琥珀	1.078 0

5. 各种液体

附表7.5.1　各种液体比积表

蒸馏水	1.000 0
雨水	1.000 0
塞纳河过滤水	1.000 15
阿尔克伊的水	1.000 46
阿夫拉的水	1.000 43
海水	1.026 3
死海的水	1.240 3
勃艮第葡萄酒	0.991 5
波尔多葡萄酒	0.993 9
马德拉白葡萄酒	1.038 2
红啤酒	1.033 8
白啤酒	1.023 1
苹果酒	1.018 1
高纯度乙醇	0.829 3
普通乙醇	0.837 1

续表

乙醇体积/份	水体积/份	
15	1	0.852 7
14	2	0.867 4
13	3	0.881 5
12	4	0.894 7
11	5	0.907 5
10	6	0.919 9
9	7	0.931 7
8	8	0.942 7
7	9	0.951 9
6	10	0.959 4
5	11	0.967 4
4	12	0.973 3（原文0.673 3错误）
3	13	0.979 1
2	14	0.985 2
1	15	0.991 9
硫醚		0.739 4
硝醚		0.908 8
盐醚		0.729 8
醋醚		0.866 4
硫酸		1.840 9
硝酸		1.271 5
盐酸		1.194 0
红色亚醋酸		1.025 1
白色亚醋酸		1.013 5
蒸馏亚醋酸		1.009 5
醋酸		1.062 6
蚁酸		0.994 2

续表

苛性氨溶液，或挥发性碱萤	0.897 0
松节油的精或挥发油	0.867 9
液体松节油	0.991 0
薰衣草挥发油	0.893 8
丁香挥发油	1.036 3
香樟挥发油	1.043 9
橄榄油	0.915 3
甜杏仁油	0.917 0
亚麻籽油	0.940 3
罂粟籽油	0.928 8
山毛榉坚果油	0.917 6
鲸油	0.923 3
人乳	1.020 3
马乳	1.034 6
驴乳	1.035 5
	1.034 1
	1.040 9
	1.032 4
	1.019 3
	1.010 6

6. 各类树脂和树胶

附表7.6.1　各类树脂和树胶比重表

普通黄色或白色松脂	1.072 7
松脂	1.085 7

续表

海松树脂[1]	1.081 9
巴斯松树脂[2]	1.044 1
山达树脂	1.092 0
乳香树脂	1.074 2
苏合香脂	1.109 8
不透明柯巴脂	1.139 8
透明柯巴脂	1.045 2
马达加斯加柯巴脂	1.060 0
中国柯巴脂	1.062 8
榄香脂	1.018 2
东方硬树脂	1.028 4
西方硬树脂	1.042 6
劳丹脂	1.186 2
劳丹精油	2.493 3
愈创木树脂	1.228 9
球根牵牛树脂	1.218 5
龙血树脂	1.204 5
紫胶	1.139 0
塔柯胶	1.046 3
安息香树胶	1.092 4
香茅胶[3]	1.060 4
黄刺条胶[4]	1.124 4

〔1〕〔2〕一种从法国松树中提取的树脂汁。——博马雷（Bomare）所著《自然演化史词典》（*Dictionnaire Raisonn, Universel D'Histoire Naturelle*）

〔3〕产自香茅树皮层的带香味的树脂。——《自然演化史词典》

〔4〕从墨西哥被称为"黄刺条树（Caragana）"中提取的树胶。——《自然演化史词典》

续表

弹性树胶	0.933 5
樟脑	0.988 7
氨草胶	1.207 1
阿魏树脂	1.200 8
常春藤胶[1]	1.294 8
藤黄树脂	1.221 6
大戟胶树脂	1.124 4
乳香胶	1.173 2
没药树脂	1.360 0
芳香树胶	1.371 7
阿勒颇药旋花脂	1.235 4
士麦那药旋花脂	1.274 3
格蓬香树脂	1.212 0
阿沙胡滴胶	1.327 5
肉胶树胶	1.268 4
愈伤草脂	1.622 6
樱桃树胶	1.481 7
阿拉伯胶	1.452 3
黄芪胶	1.316 1
刺槐树胶	1.434 6
桃花芯木香脂[2]	1.445 6
蒙巴树胶[3]	1.420 6
浓缩甘草胶	1.722 8

[1] 从波斯和温暖地区国家的常春藤中提取的树胶。——《自然演化史词典》
[2] 从巴西名为"桃花芯木"的树中提取的树胶。——《自然演化史词典》
[3] 从名为"蒙巴"树中提取的树胶。——《自然演化史词典》

续表

浓缩刺槐树胶	1.515 3
浓缩槟榔树胶	1.457 3
日本山茶膏	1.398 0
肝色芦荟	1.358 6
索科特拉芦荟	1.379 5
浓缩圣约翰草汁	1.526 3
罂粟	1.336 6
靛蓝染料	0.769 0
胭脂树萃	0.595 6
黄蜡	0.964 8
白蜡	0.968 6
木油树蜡[1]	0.897 0
可可脂	0.891 6
鲸蜡	0.943 3
牛脂肪	0.923 2
小牛肉脂肪	0.934 2
羊脂油	0.923 5
牛脂	0.941 9
猪脂肪	0.936 8
猪油	0.947 8
黄油	0.942 3

---

[1]为圭亚那木油树的一种产物。——《自然演化史词典》

7. 各类木材

附表7.7.1　各类木材比重表

60年的橡树树心木	1.170 0
软木	0.240 0
榆树	0.671 0
桦树	0.845 0
山毛榉	0.852 0
桤树	0.800 0
槭树	0.755 0
胡桃	0.671 0
柳木	0.585 0
椴木	0.604 0
雄株冷杉	0.550 0
雌株冷杉	0.498 0
杨树	0.383 0
白色西班牙杨树	0.529 4
苹果树	0.793 0
梨树	0.661 0
楄梓柏	0.705 0
枸杞树	0.944 0
李树	0.785 0
橄榄木	0.927 0
樱桃树	0.715 0
榛树	0.600 0
法国黄杨树	0.912 0
荷兰黄杨树	1.328 0
荷兰紫杉	0.788 0
西班牙紫杉	0.807 0

续表

西班牙柏树	0.644 0
美国雪松	0.560 8
石榴树	1.354 0
西班牙桑树	0.897 0
愈疮树	1.333 0
橘子树	0.705 0

注：上表中的数字，如果将小数点向右移3位，则几乎可以表示每一种物质的英制立方呎的
绝对重量（平均单位为盎司），参见附录8。——E

附录8（补充）

1立方呎和1吋的任何比重的已知物质的金衡制重量[1] 换算为英制绝对重量的计算规则

1696年，国库的天平制造师埃弗拉德先生在下议院专员面前称量了2 145.6立方吋的蒸馏水（以国库标准的尺计算），按照英国金衡制国库标准，在温度为华氏55°的条件下发现其重量为1 131盎司14打兰。在每个秤上装入30磅时，秤杆的重量为6格令。假设1磅平均重量为金衡制7 000格令，1立方呎的水平均重量为62磅，或1 000盎司平均重量为金衡制106格令。如果视水的比重为1 000，则所有其他物体的比重比例将几乎表示为1立方呎中的平均盎司数。或者更准确地说，假设水的比重用1表示，所有其他物体的比重用比例数字表示，在上述温度下1立方呎的水正好为金衡制437 489.4格令，1立方吋的水为253.175格令，1立方呎或1吋的任何物质的绝对重量都可以通过分别乘以上述任何一个数字得到。

根据埃弗拉德的实验，以及由英国皇家学会和法国科学院确定的英国呎和法国呎的比例，确定了以下数字：

---

[1] 罗宾逊（Robinson）教授为译者提供了附录8和附录9的全部内容。——E

附表8.1　根据埃弗拉德的实验，

英国皇家学会和法国科学院确定的英国呎与法国呎的比例关系表

巴黎标准1立方呎的水重格令数据	645 511
巴黎标准1立方呎的水重英制标准格令数据	529 922
英制标准1立方呎的水重巴黎标准格令数据	533 247
英制标准1立方呎的水重格令数据	437 489.4
英制标准1立方吋的水重格令数据	253.175
根据皮卡尔使用查特莱的计量和重量进行的实验，巴黎标准1立方呎的水重格令数据	641 326
由哈梅尔认真测量得到的数据	641 376
荷伯格的测量数据	641 666

　　这些都表明在计量或重量方面存在一些不确定性，但上述来自埃弗拉德实验的计算结果最可靠，因为英制呎和法制呎的比较是由英国皇家学会和法国科学院共同完成的。它同样与拉瓦锡先生指定的重量非常接近，即1立方呎的水有70巴黎磅。

附录9

金衡制盎司、打兰和格令向12盎司金衡制磅的十进制小数换算表，以及金衡制磅的十进制小数与盎司的换算等表

附表9.1　格令换算表

格令	=	磅	格令	=	磅
1		0.000 173 6	100		0.017 361 1
2		0.000 347 2	200		0.037 422 2
3		0.000 520 8	300		0.052 083 3
4		0.000 694 4	400		0.069 444 4
5		0.000 868 1	500		0.086 805 5
6		0.001 041 7	600		0.104 166 6
7		0.001 215 3	700		0.121 527 7
8		0.001 388 9	800		0.138 888 8
9		0.001 562 5	900		0.156 249 9
10		0.001 736 1	1 000		0.173 611 0
20		0.003 472 2	2 000		0.347 222 0
30		0.005 208 3	3 000		0.520 833 0
40		0.006 944 4	4 000		0.694 444 0
50		0.008 680 6	5 000		0.868 055 0
60		0.010 416 7	6 000		1.041 866 0
70		0.012 152 8	7 000		1.215 277 0
80		0.013 888 9	8 000		1.388 888 0
90		0.015 625 0	9 000		1.562 499 0

附表9.2　打兰换算表

打兰	=	磅
1		0.010 416 7
2		0.020 833 3
3		0.031 250 0
4		0.041 666 7
5		0.052 083 3
6		0.062 500 0
7		0.072 916 7
8		0.083 333 3

附表9.3　盎司换算表

盎司	=	磅
1		0.083 333 3
2		0.166 666 7
3		0.250 000 0
4		0.333 333 3
5		0.416 666 7
6		0.500 000 0
7		0.583 333 3
8		0.666 666 7
9		0.750 000 0
10		0.833 333 3
11		0.916 666 7
12		1.000 000 0

附表9.4 磅的十进制小数部分与盎司的换算表

十分制				千分制	
磅	**盎司**	**打兰**	**格令**	**磅**	**格令**
0.1	1	1	36	0.006	34.56
0.2	2	3	12	0.007	40.32
0.3	3	4	48	0.008	46.08
0.4	4	6	24	0.009	51.84
0.5	6	0	0	万分制	
0.6	7	1	36	0.000 1	0.576
0.7	8	3	12	0.000 2	1.152
0.8	9	4	48	0.000 3	1.728
0.9	10	6	24	0.000 4	2.304
百分制				0.000 5	2.880
0.01	0	0	57.6	0.000 6	3.456
0.02	0	1	55.2	0.000 7	4.032
0.03	0	2	52.8	0.000 8	4.608
0.04	0	3	50.4	0.000 9	5.184
0.05	0	4	48.0	十万分制	
0.06	0	5	45.6		
0.07	0	6	43.2	0.000 01	0.052
0.08	0	7	40.8	0.000 02	0.115
0.09	0	3	38.4	0.000 03	0.173
—	—	—	—	0.000 04	0.230
千分制				0.000 05	0.288
磅		**格令**		0.000 06	0.346
0.001		5.76		0.000 07	0.403
0.002		11.52		0.000 08	0.461
0.003		17.28		0.000 09	0.518
0.004		23.04		—	—
0.005		28.80		—	—

附录10

根据埃弗拉德的实验，计算得出温度为55°的蒸馏水的英制立方吋和小数部分与金衡制确定重量的换算表

附表10.1　格令与盎司磅的换算表

格令对应体积		盎司对应体积	
格令	立方吋	盎司	立方吋
1	0.003 9	1	1.892 7
2	0.007 8	2	3.785 5
3	0.011 8	3	5.678 2
4	0.015 7	4	7.571 0
5	0.019 7	5	9.463 1
6	0.023 6	6	11.356 5
7	0.027 5	7	13.249 3
8	0.031 5	8	15.142 0
9	0.035 4	9	17.074 8
10	0.039 4	10	18.927 6
20	0.078 8	11	20.820 4
30	0.118 2	磅对应体积	
40	0.157 7	磅	立方吋
50	0.197 1	1	22.713 1

续表

打兰对应体积		磅对应体积	
打兰	立方寸	磅	立方吋
1	0.236 5	2	45.426 3
2	0.473 1	3	68.139 4
3	0.709 4	4	90.852 5
4	0.946 3	5	113.565 7
5	1.182 9	6	136.278 8
6	1.419 5	7	158.991 9
7	1.656 1	8	181.705 1
—	—	9	204.418 3
—	—	10	227.131 4
—	—	50	1 135.657 4
—	—	100	2 271.314 8
—	—	1 000	22 713.148 8

图版部分

　　本部分记录了拉瓦锡在本书中所使用的所有实验仪器草图，由拉瓦锡的夫人兼得力助手玛丽·波尔茨绘制。

图版 I

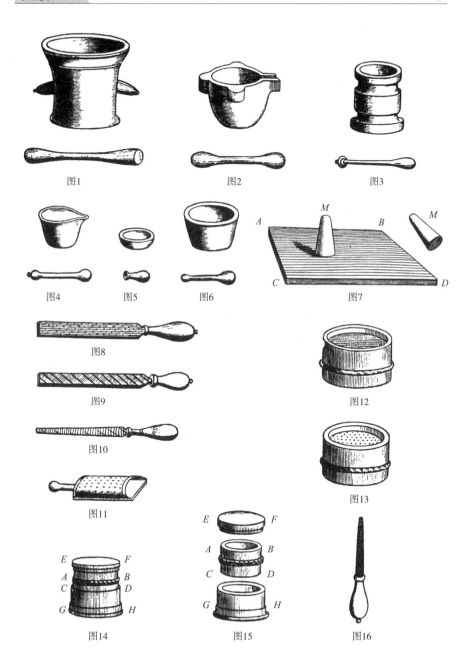

图1

图2

图3

图4

图5

图6

图7

图8

图9

图10

图11

图12

图13

图14

图15

图16

图版 Ⅱ

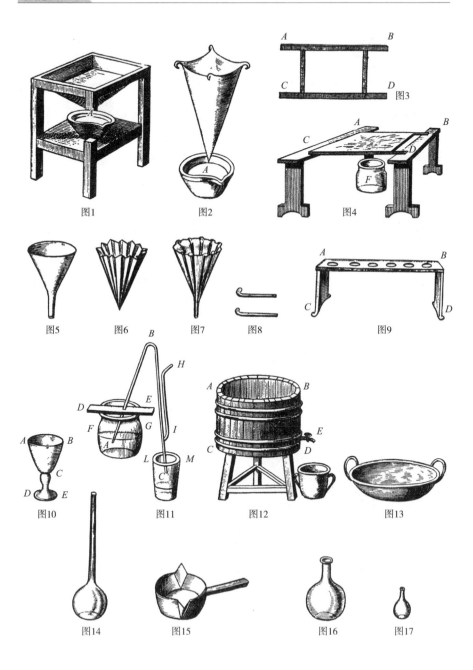

图1

图2

图3

图4

图5

图6

图7

图8

图9

图10

图11

图12

图13

图14

图15

图16

图17

图版   III

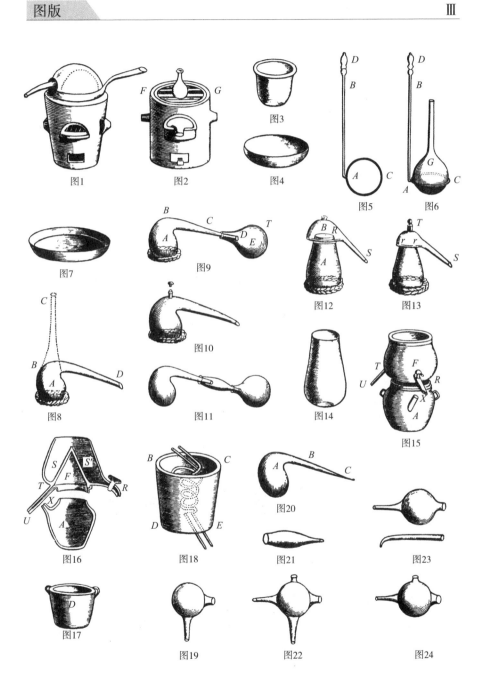

图1

图2

图3

图4

图5

图6

图7

图9

图12

图13

图8

图10

图14

图15

图11

图16

图18

图20

图17

图19

图21

图22

图23

图24

图版 IV

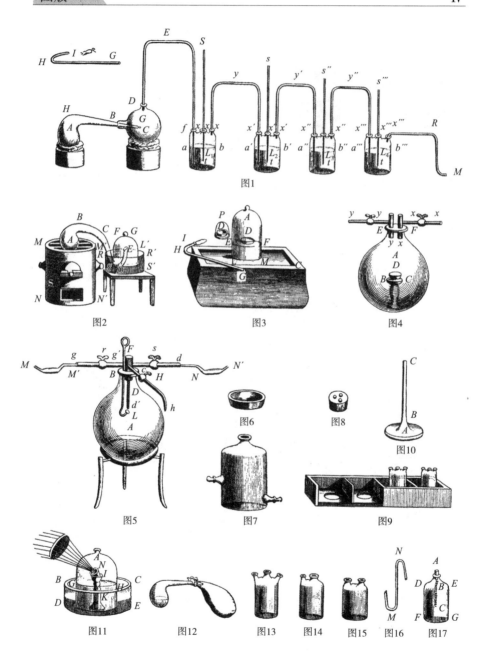

图1

图2

图3

图4

图5

图6

图8

图10

图7

图9

图11

图12

图13

图14

图15

图16

图17

图版　　　　　　　　　　　　　　　　　　　　V

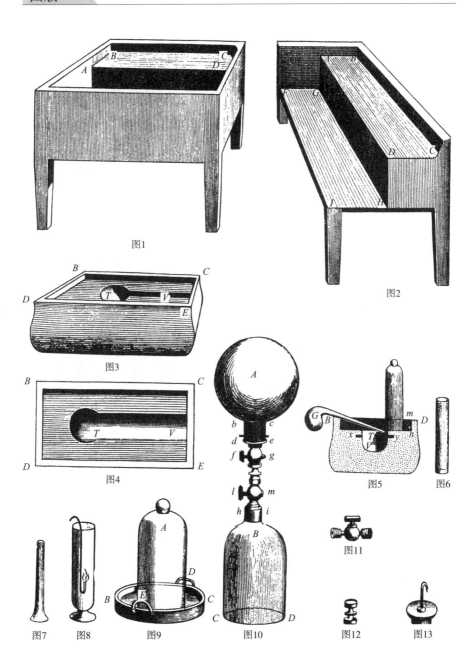

图1

图2

图3

图4

图5

图6

图7

图8

图9

图10

图11

图12

图13

图版

VI

图1

图2

图3

图5　　图6　　图7

图8　　图9　　图10

图4

图版 VII

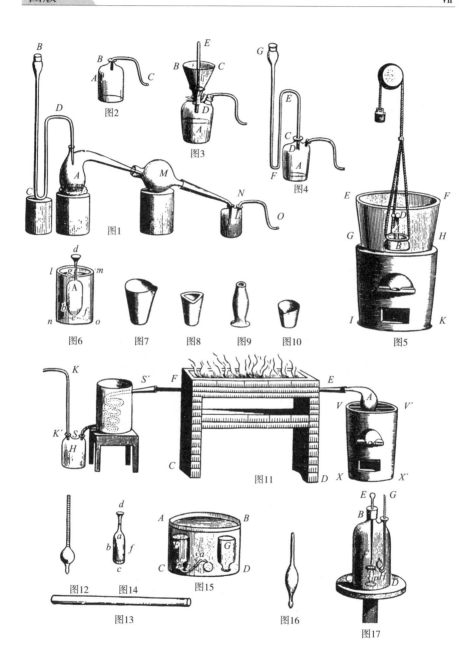

图2

图3

图4

图1

图5

图6　图7　图8　图9　图10

图11

图12　图14　图15　图16

图13

图17

图版   VIII

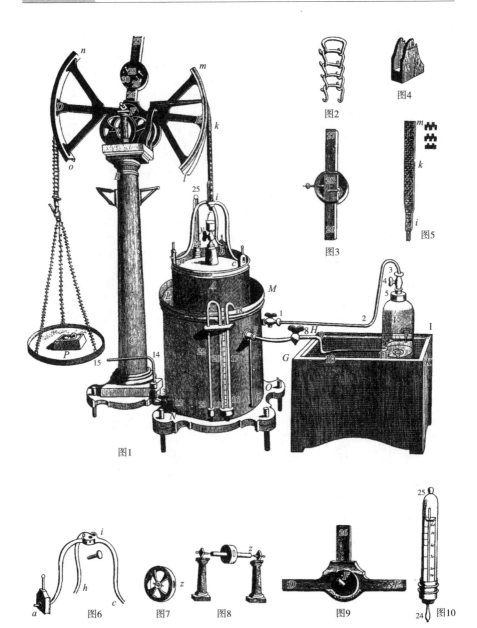

图1 图2 图3 图4 图5 图6 图7 图8 图9 图10

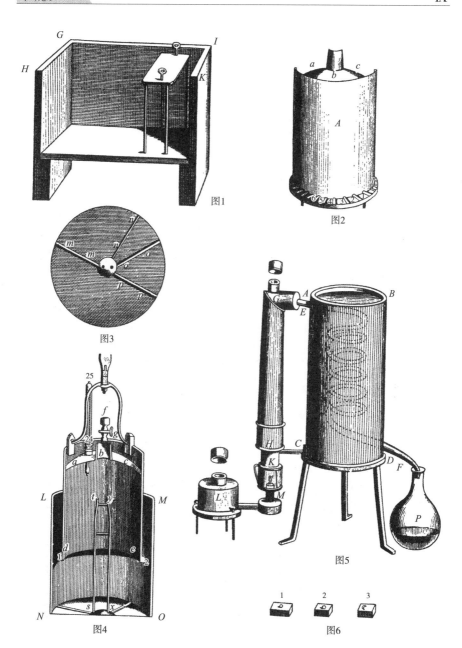

图1

图2

图3

图4

图5

图6

图版 X

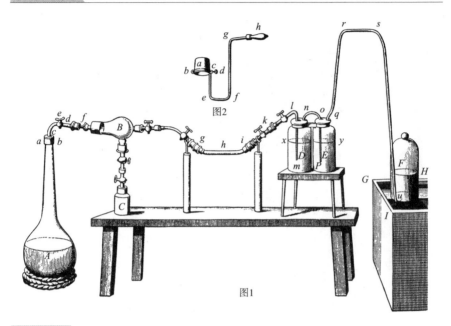

图2

图1

图版 XI

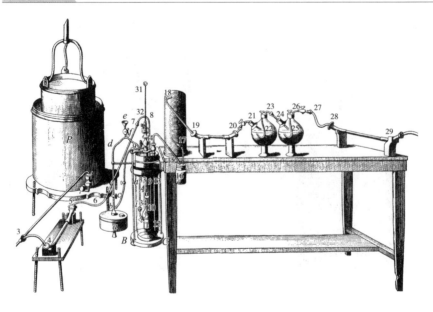

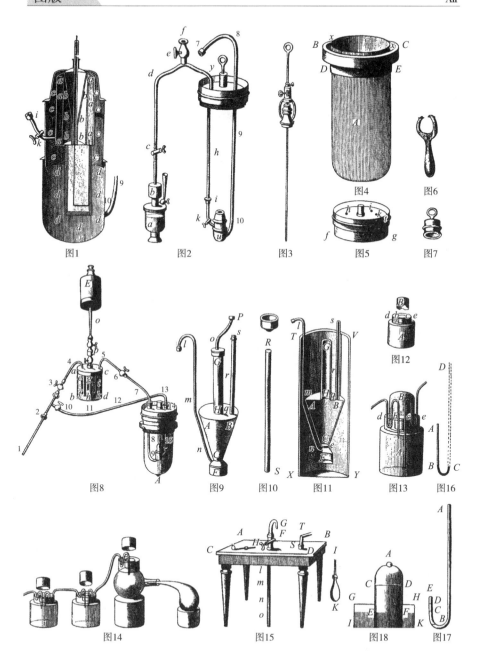

图1 图2 图3 图4 图6

图5 图7

图8 图9 图10 图11 图12 图13 图16

图14 图15 图18 图17

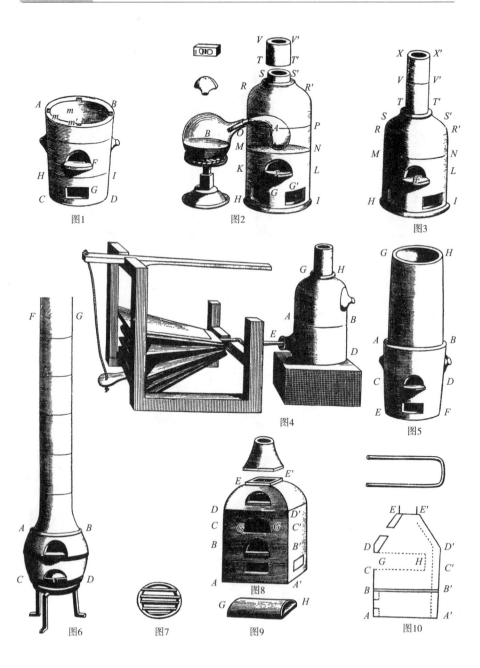

图1

图2

图3

图4

图5

图6

图7

图8

图9

图10

文化伟人代表作图释书系全系列

中国古代物质文化丛书

《长物志》
〔明〕文震亨 / 撰

《园冶》
〔明〕计 成 / 撰

《香典》
〔明〕周嘉胄 / 撰
〔宋〕洪 刍 陈 敬 / 撰

《雪宧绣谱》
〔清〕沈 寿 / 口述
〔清〕张 謇 / 整理

《营造法式》
〔宋〕李 诫 / 撰

《海错图》
〔清〕聂 璜 / 著

《天工开物》
〔明〕宋应星 / 著

《髹饰录》
〔明〕黄 成 / 著 扬 明 / 注

《工程做法则例》
〔清〕工 部 / 颁布

《清式营造则例》
梁思成 / 著

《中国建筑史》
梁思成 / 著

《文房》
〔宋〕苏易简 〔清〕唐秉钧 / 撰

《鲁班经》
〔明〕午 荣 / 编

"锦瑟"书系

《浮生六记》
〔清〕沈 复 / 著 刘太亨 / 译注

《老残游记》
〔清〕刘 鹗 / 著 李海洲 / 注

《影梅庵忆语》
〔清〕冒 襄 / 著 龚静染 / 译注

《生命是什么？》
〔奥〕薛定谔 / 著 何 滟 / 译

《对称》
〔德〕赫尔曼·外尔 / 著 曾 怡 / 译

《智慧树》
〔瑞士〕荣 格 / 著 乌 蒙 / 译

《蒙田随笔》
〔法〕蒙 田 / 著 霍文智 / 译

《叔本华随笔》
〔德〕叔本华 / 著 衣巫虞 / 译

《尼采随笔》
〔德〕尼 采 / 著 梵 君 / 译

《乌合之众》
〔法〕古斯塔夫·勒庞 / 著 范 雅 / 译

《自卑与超越》
〔奥〕阿尔弗雷德·阿德勒 / 著 刘思慧 / 译